樊瑛　狄增如　曾安　周建林◎主编

复杂网络分析

FUZA WANGLUO FENXI

图书在版编目(CIP)数据

复杂网络分析 / 樊瑛等主编. -- 北京 ：北京师范大学出版社，2024.12. -- ISBN 978-7-303-30321-2

Ⅰ. TP393.021

中国国家版本馆 CIP 数据核字第 2024QH1841 号

图书意见反馈：gaozhifk@bnupg.com 010-58805079
营销中心电话：010-58802181 58805532

出版发行：北京师范大学出版社 www.bnupg.com
北京市西城区新街口外大街 12-3 号
邮政编码：100088
印　　刷：北京虎彩文化传播有限公司
经　　销：全国新华书店
开　　本：787 mm×1092 mm 1/16
印　　张：15
字　　数：355 千字
版　　次：2024 年 12 月第 1 版
印　　次：2024 年 12 月第 1 次印刷
定　　价：45.00 元

策划编辑：赵洛育　　责任编辑：赵洛育
美术编辑：焦　丽　　装帧设计：焦　丽
责任校对：陈　民　　责任印制：马　洁

本书内容简介

本书共 11 章，内容涵盖了从基础理论到实际应用的多个主题，旨在为读者提供复杂网络分析的理论知识和实践指导。全书可分为三大模块，分别为与复杂网络分析相关的理论知识、案例分析、编程计算和网络可视化。第一模块(第 1 章至第 9 章)主要介绍复杂网络分析在复杂性研究中的地位和作用、复杂网络研究的发展历程、复杂网络分析流程、复杂网络实例、复杂网络在不同尺度上的拓扑结构特性、复杂网络模型(如随机网络、小世界网络、无标度网络、加权网络、二分网络、多层网络等)以及网络上的经典动力学过程(如网络上的传播动力学、随机游走、同步等过程)。第二模块(第 10 章)主要结合案例简述复杂网络分析在国际贸易系统和科学文献系统中的具体应用。第三模块(第 11 章)介绍了与复杂网络分析相关的软件操作，包括使用编程语言 Python 进行复杂网络分析以及基于可视化工具 Gephi 实现复杂网络的可视化等。

前　言

当今世界正经历百年未有之大变局，全球的政治经济、资源环境、健康卫生、教育文化、军事安全等方面更加紧密地联系在一起，它们之间相互作用、相互影响，构成了一个强耦合的复杂系统。同时随着数字化技术的发展，社会也越来越凸显出全局性、系统性和复杂性等特征。为了更好地认识全球系统的复杂性以及制定更优的全球治理策略，亟须运用系统观念来探索复杂系统的性质和演化规律。《中共中央关于制定国民经济和社会发展第十四个五年规划和二〇三五年远景目标的建议》指出，坚持系统观念是“十四五”时期经济社会发展必须遵循的原则之一，“加强前瞻性思考、全局性谋划、战略性布局、整体性推进，统筹国内国际两个大局，办好发展安全两件大事，坚持全国一盘棋”。党的二十大报告提出“必须坚持系统观念”“不断提高战略思维、历史思维、辩证思维、系统思维、创新思维、法治思维、底线思维能力，为前瞻性思考、全局性谋划、整体性推进党和国家各项事业提供科学思想方法”。在高等教育领域人才培养中，我们需要将“系统观念”有机融合到教学中，注重培养学生的系统思维及实践运用能力。

复杂网络是复杂系统研究的重要工具之一，它将系统中的个体抽象为网络节点，将个体间的相互作用或联系抽象为网络连边。这种抽象化方法让我们能够以网络的形式来描述各种现实世界中的复杂系统，如社会经济系统、地球系统、生命生态系统、大脑与神经系统、技术系统等，并在此基础上分析系统的性质和功能。复杂网络研究作为新兴的交叉领域，吸引了来自物理学、数学、计算机科学、生物学、社会学等多个学科领域的专家学者。随着研究成果的不断涌现，复杂网络分析已具有广泛的应用场景，展现出强大的解决实际问题的能力。本书是专为那些希望深入了解复杂网络领域和掌握复杂网络分析方法的学生及研究人员设计的，旨在提供一个系统引导，使他们不仅能够掌握复杂网络研究领域的基础知识，而且能够运用网络分析方法来解决实际问题。更进一步地，本书旨在培养他们的网络思维能力，这也是认识和理解复杂系统或者复杂性现象的关键。

本书基于系统科学的视角并结合编者们的科研成果和教学经验，全面阐述与复杂网络分析相关的理论知识，同时结合具体案例进行分析，以及介绍软件操作来实现复杂网络分析及可视化。我们希望这种内容的组合方式能够激发读者的兴趣，并帮助他们在科学研究或工作中解决实际问题。另外，与本书配套的慕课课程《复杂网络分析》已在中国大学 MOOC 平台上线，线上学习的方式也为读者提供了一个更多维度的学习途径。

本书共计 11 章，可分为三大模块。第一模块(第 1 章至第 9 章)主要介绍与复杂网络分析相关的理论知识。第 1 章简述了复杂网络分析在复杂性研究中的地位和作用、复杂网络研究的发展历程以及复杂网络分析流程。第 2 章着重于“认识复杂网络”，主要通过信息技术、社会学、生命科学和经济金融等领域中的复杂网络实例，向读者展示复杂网络在现实世界中的广泛存在。第 3 章至第 9 章深入研究“复杂网络模型、拓扑结构特性及网络上的动力学过程”，详细探讨各种网络模型，从微观、中观、宏观 3 个层面分析网络的拓扑结构特性，并介绍了网络上的传播、随机游走、同步等经典动力学过程。第二模块(第10章)为案例分析，以国际贸易系统和科学文献系统分析为具体案例，展示复杂网络分析方法的应用。第三模块(第11章)为编程计算和网络可视化，侧重复杂网络分析的实践，提供了使用编程语言Python及可视化工具Gephi进行复杂网络分析的实践指南。

本书的编写得到了多位专家学者的支持和帮助，虽然无法一一列举他们的名字，但在此向他们表示由衷的感谢。编者均工作于北京师范大学系统科学学院，研究领域集中于复杂网络的理论及实际应用，并形成了导师组模式进行研究生培养。本书在写作和出版的过程中得到了陈东瑞、崔浩川、李艾纹、李梦辉、李晓佳、刘亚芳、阮梦旂、邵旸、吴亚晶、吴宗柠、杨佳滢等多名毕业学生和在读学生的帮助和支持，感谢他们的辛勤付出。

本书所涉及的相关研究工作以及出版得到了多项项目支持，编者尤其感谢北京师范大学、国家自然科学基金委给予的支持。此外，编者还特别感谢北京师范大学出版社赵洛育编辑对本书出版给予的大力支持和帮助，她的专业指导以及严格要求使得本书更加完善。由于编者水平有限，书中难免存在不足之处，敬请广大读者批评指正，提出宝贵意见。

编者

2024.5

目　录

第 1 章　绪论

系统科学研究包括对复杂系统性质及其演化规律的研究，是当代科学发展的前沿之一。在一些传统学科，诸如物理学、化学等复杂性的研究中均涉及其前沿问题，同时在生物学、经济学、社会学等领域，复杂性的研究开拓了新的思路。通过对各个领域复杂系统宏观涌现行为的研究，抽象出具有普适性的一般规律，并将这样的一般规律用于具体系统的研究，是认识系统复杂性、发展系统学的基本途径。

现实世界中存在的复杂系统具有如下特征：系统由大量相互作用的个体组成，个体在变化的环境中利用不完全信息寻求对有限资源的充分利用，并形成系统整体的种种复杂演化行为。复杂性理论涉及面很多，如耗散结构论、协同学等非平衡自组织理论、非线性动力学、突变论、混沌动力学、分形理论等经典内容；也包含近二三十年发展起来的自适应系统和复杂网络等，这些为系统分析开辟了新的思路和技术途径。其中复杂网络领域关注系统中的相互作用，已经成为科学研究特别是复杂性研究的一个重要领域。通过分析网络的结构和动力学，可以深入理解复杂系统的性质和功能，并促进系统科学的发展。

本章第 1 节简述了复杂性研究与复杂网络，第 2 节介绍了复杂网络的发展，第 3 节介绍了如何进行复杂网络分析。

1.1　复杂性研究与复杂网络

对系统的理解可以从不同的角度进行，一般认为系统是由具有相互联系、相互制约的若干组成部分有机结合在一起并且具有特定功能的整体，这些组成部分被称为子系统，而系统本身又是它们从属的更大系统的组成部分。根据系统的不同性质和特点可将系统加以分类，由于角度不同，分类也是多种多样的。如钱学森按照系统复杂性的特点，将系统划分为简单系统、简单巨系统、复杂巨系统[1]。

有关系统的研究遵循从简单到复杂的路径。复杂性可体现在以下几个方面。第一，系统是由许多同类或不同类的部分组成的，每个部分都不同程度地影响系统的发展变化。第二，系统的层次众多，每个层次的演化现象不同，发展规律也可能存在差异。第三，耦合关系强。不同部分、不同层次甚至同部分、同层次之间相互关联、相互作用。第四，非线性。组成部分或层次之间的相互作用是非线性的，这也是复杂性和多样性产生的原因之一。第五，动态性。复杂系统是时变系统，其结构、功能及关系都是动态的，研究复杂系统的核心问题是它随时间的演化行为。第六，开放性。这是一个必要条件，复杂系统是开放的系统，它和环境进行物质、能量及信息的交流从而增加系统的适应能力。从以上意义来说，许多自然科学乃至社会科学的众多领域都属于复杂系统的范畴，如生物生态系统、社会经济系统等。

复杂性研究旨在理解复杂系统的行为和性质，尤其是系统的涌现性、非线性和自组织特征。这一领域跨越多个学科，旨在探索不同系统中普适性的结构特征和动力学规律。图 1-1 展现了随着系统自由度与系统内部的相互作用变化，系统中复杂性的转变。其中，横纵坐标分别展示了复杂系统的两个维度：系统自由度与系统内部的相互作用。随着系统自由度的增加以及相互作用关系从线性向非线性的转变，系统的复杂性逐步提升，表现出从简单到复杂的动态过程。在这一过程中，系统出现了涌现性质，标志着其向复杂系统的转变。图中示例包括：①从一个到多个耦合钟摆的转变；②从几只觅食的蚂蚁到整个蚁群；③从孤立心脏细胞的混沌动力学到心脏中的时空螺旋波；④沙堆；⑤大脑。

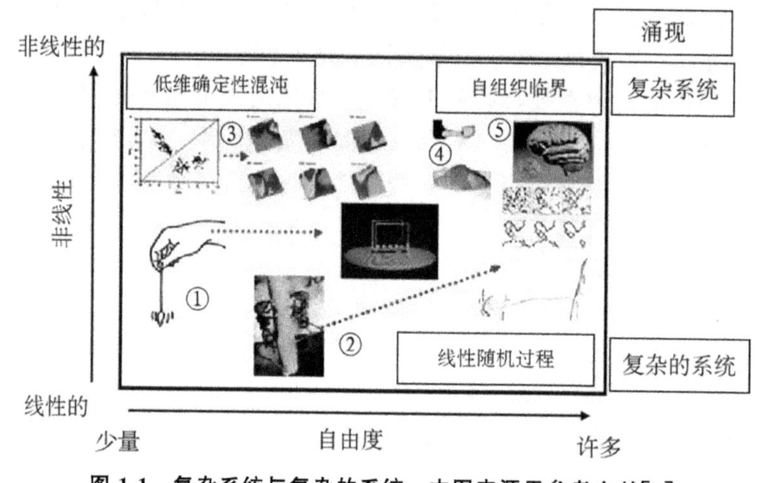

图 1-1　复杂系统与复杂的系统，本图来源于参考文献[2]

这一类系统组织是自发的，从原先相对无序、低组织程度的状态中自发地产生出高级的空间结构、时间结构或时空结构。这种对称性的破缺根源于系统内部，并不包含在外部环境中，外部的特定环境只是提供触发系统产生序的条件，所有这种自发形成的序或组织都被称为自组织。非平衡自组织理论所提出和研究的一系列问题就在于揭示系统从无序向有序转变背后存在的基本原理和基本规律。

耗散结构理论和协同学是自组织理论的基础，它们都是讨论在远离平衡态的非线性区内系统的演化、突变规律。耗散结构理论认为从无序的热力学分支进入耗散结构分支是通过自发的对称性破缺而实现的，这只有在以下情况下才会发生：开放系统在远离平衡态时，其内部存在各种形式的正反馈，造成无序的热力学分支的失稳和产生序，同时，非线性的存在让系统在热力学分支失稳的基础上使系统稳定到新的耗散结构分支上去。自组织现象总是通过某种突变过程出现，在这种过程中，“涨落导致有序”，即在非平衡系统具有了形成有序结构的客观条件后，涨落对实现某种有序起决定作用。系统在远离平衡态的非线性区，在外界物质和能量的作用下，通过系统内子系统之间的相互作用，会从均匀的热力学状态突然变为有序的耗散结构状态[3]。协同学与耗散结构理论一样，也研究了一个系统如何能够自发地产生一定的有序结构。它是通过同类现象的类比从而找出产生有序结构的共同规律，但它不受热力学概念的限制，而是从动力学的角度出发，适用范围更为广泛。协同学从非平衡相变的条件和规律出发提出了“协同”的概念，认为一个由大量子系统组成的系统，在一定条件下，其子系统之间通过非线性的相互作用能够形成一定功能的自组织结构，表现出新的有序结构。协同学用序参量来描述系统宏观有序的程度，用序参量的变化来刻画系统从无序向有序的转变。对于一个有着成千上万变量的系统，在有序结构出现的临界点附近起关键作用的只有少数几个变量，决定着演化结果所出现的结构与功能，通过子系统之间的协同作用以及序参量之间的协同竞争，当外界条件达到临界阈值时，系统处于不稳定平衡，涨落便会放大，把系统推进新的稳定平衡状态[4]。协同学采用随机过程和动力学相结合的方式描述了非平衡系统从无序向有序转化的微观机制，说明了序参量与子系统及序参量之间的协同、竞争是形成自组织结构的内在根据。非线性动力学是耗散结构理论和协同学的有效数学工具，稳定性、分支、涨落和对称性破缺是它们共同的概念。

用系统理论的方法分析系统演化，在宏观层次上可用微分方程描述系统。耗散结构理论中一般情形下演化方程可用反应扩散方程表示：

$$\frac{\partial X_i}{\partial t}=f_i(\{X_j\},\ \lambda_m,\ t)-\nabla\cdot J_i。\tag{1-1}$$

式(1-1)中，X_i 是一组变量，用来描述复杂系统自身的状态；λ_m 是一组参量，用来表征复杂系统的外界环境。右边第一项称为反映项，反映系统内部的相互作用及系统的外部环境条件对系统演化的影响；第二项是扩散项，反映由于输运过程引起的系统状态的变化。类似地，在协同学中存在着序参量和其他变量，利用支配原理减少变量个数，然后对于少数变量的方程采用方法与耗散结构理论一样。在协同学的讨论中为突出系统内部的非线性协同作用，作为理论分析通常讨论常微分方程。在非平衡系统理论中不仅讨论系统在宏观层次上的演化方程，还讨论系统在中观随机层次上的演化结果，这样不仅可用平均值表现宏观变量的性质，还能反映系统涨落的特点。朗之万方程、佛克-普朗克方程与主方程是在随机层次上描写系统演化非常广泛的三类方程。

如果对于任意时间，系统的状态都可以求知，那么我们就可以了解系统的性质，也就是要求解方程，即用显式把系统的变量用参量的形式表达，记为：

$$X_i=G_i(t,\ \lambda_m)。\tag{1-2}$$

一般情况下，由于采用的是非线性的方程，从而在数学上精确求解非常困难甚至是不可能的，因此可以利用一些数学理论如微分动力系统定性与稳定性分析理论、群分析方法、突变理论、分支理论以及计算机数值模拟技术作为讨论复杂系统演化的辅助工具。

围绕着系统理论发展了一整套研究复杂系统演化过程的基本方法，在热力学基础上提出了新的概念与思路使得我们从思想上重新认识各种系统的演化行为。从数理分析的角度来讲，描写系统的演化就可以用数学模型的方法建立微分方程，挑选尽量简单但又相对完备的变量集表现系统的状态，这些变量具有宏观或中观层次的统计意义。处理实际问题时，要把热力学和动力学相结合对实际系统进行分析，在概念的指导下，定性与定量相结合地来分析相互作用机制与系统演化行为，这就需要动力学方程及相应的数学分析方法。

20 世纪 80 年代末，美国桑塔菲研究所(Santa Fe Institute)在复杂系统方面的研究为我们提供了新的思路。他们从复杂系统的微观个体出发，考虑个体与个体、个体与子系统、子系统与子系统之间的相互作用，以及个体、子系统与外界之间的物质、信息交流，制定微观个体的行为规则，从而形成整体的宏观结构，称为涌现(Emergency)；然后再考查当外界环境或内在机制发生变化时，个体如何根据这些变化调整自己的行为，使得整体或个体最优，最终导致宏观结构的变化，从而对系统演化的方式给出清晰的描述。用这种模拟性质的方法能够将问题具体化、程序化，只需根据所要研究的对象，考虑与问题有关的微观相互作用机制，制定"游戏规则"(Game Rules)，就可在计算机上编程实现。这种方法的关键在于制定微观个体的相互作用机制，这与上述微分动力系统的方法难度相当。在解决具体的复杂系统演化问题时，可把两种方法综合使用。

其实对于系统中存在的相互作用，我们还可以从另外的角度来进行研究，那就是进行复杂网络分析。大量包含多个体和多个体相互作用的复杂系统都可以抽象成为复杂网络，其中，每个个体对应于网络中的节点，个体之间的联系或相互作用对应于连接节点的边。可见，复杂网络是对复杂系统相互作用结构的本质抽象。虽然每个系统中的网络都有自身的特殊性质，都有与其紧密联系在一起的独特背景，有自身的演化机制，但是把实际系统抽象为节点和边之后就可以用统一、一致的网络分析方法去研究系统的性质，从而可以加深对系统共性的了解。复杂系统的涌现性现象是具有整体性和全局性的行为，不能通过分析的方法去研究，必须考虑个体之间的关联和相互作用。从这个意义上讲，理解复杂系统的行为应该从理解系统相互作用的网络结构开始。

复杂网络作为研究复杂系统的框架和工具，提供了一种方法论，能够揭示系统组成部分之间相互作用的结构。它强调了个体之间的联系如何决定整体的功能和行为。复杂网络分析方法已被广泛应用于实际系统的研究中，例如，神经元网络、食物链网络、互联网、万维网以及社交网络等，这些研究结果加深了对这些具体系统的理解，并且提出了一系列新的概念和分析方法。总体上说，复杂网络研究包括以下主要内容：①如何定量刻画复杂网络？通过实证分析，了解实际网络结构的特点，并建立相应概念刻画网络结构特征，同时，拓展网络描述的维度，例如，研究加权网络、研究网络的空间结构性质、研究多层网络等；②网络是如何发展成现在这种结构的？建立网络演化模型，理解网络结构的产生和涌现；③网络特定结构的后果是什么？所谓系统功能往往与网络所实现的动力学行为和过程相关，如新陈代谢网络上的物质流、食物链网络上的能量流、互联网上的信息传播及社会网络上的舆论形成等，所以，研究网络上的各种动力学过程是探讨结构与功能之间关系的主要途径；④在掌握以上知识和理解的基础上，利用网络结构控制和优化系统功能。

探索复杂性与网络研究相结合，关注网络结构对于系统性质与功能的影响，是推进复杂性研究的重要途径。这需要我们将理论探索与具体领域的研究紧密结合起来，一方面利用系统科学的思想、方法和工具研究经济、资源环境、生物及计算机系统等领域中的相关问题；另一方面注意从具体问题中提炼具有共性的、规律性的东西，研究系统宏观层次上的涌现性行为以及对系统性质和功能的智能控制，发展系统科学的基本概念和理论。

1.2 复杂网络的发展

复杂网络的理论研究起源于图论，最早可追溯到 18 世纪由数学家欧拉(Euler)提出的哥尼斯堡(Konigsberg)七桥问题，如图 1-2 所示。该问题描述的是德国城镇哥尼斯堡由

4 块陆地组成，并由 7 座桥连接，问是否存在一条路线使得人们从 4 块陆地中的任意一块出发，经过每座桥一次且仅一次，最终返回到出发点。1736 年，欧拉将七桥问题抽象成一笔画问题，即将 4 块陆地看作 4 个节点，把桥看作连边，从 4 个节点中的任一点出发，通过每条连边一次且仅一次返回原出发点的路径是否存在，而且他还证明出这样的路径并不存在。欧拉成功解决了哥尼斯堡七桥问题，开启了数学图论。图论是网络研究的基础，任意复杂网络都可以通过图来描述。当用图来描述复杂网络时，图中的节点可以用来表示网络中的节点，而图中的连边可以用来表征网络中节点之间的某种关系，如合作关系、朋友关系等。

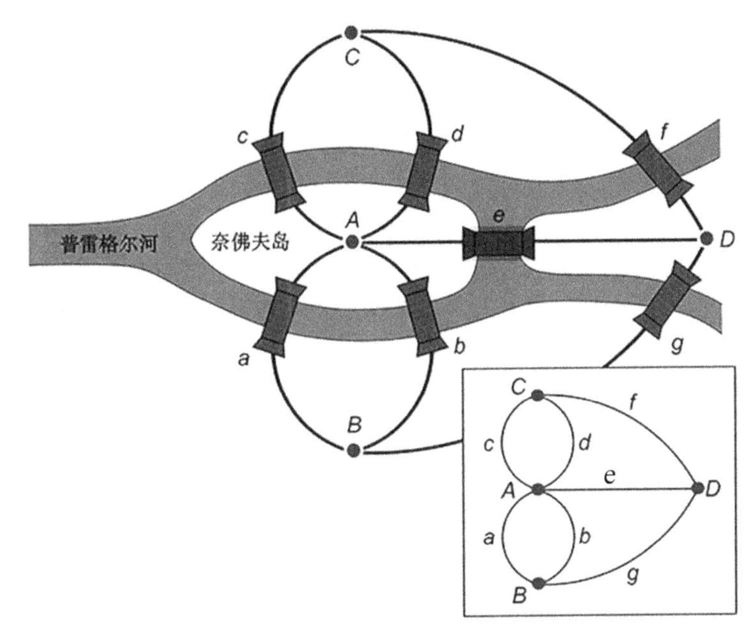

图 1-2　哥尼斯堡七桥问题，本图来源于参考文献[5]

从 19 世纪中叶开始至 1936 年，图论进入第二个发展阶段，这一时期大量经典的图论问题出现，如四色问题、哈密顿问题等。1936 年匈牙利数学家柯尼希(König)发表了第一本图论专著《有限图与无限图理论》(*Theory of directed and Undirected Graphs*)，此后，图论进入发展与突破的快车道。20 世纪 60 年代，两位伟大的匈牙利数学家额尔多斯(Erdös)和任易(Rényi)建立了随机图理论(random graph theory)，在数学上开创了复杂网络理论的系统性研究。他们探究了随机图的性质与连边概率的关系，发现随机图的许多重要性质都是突然涌现的，即对于任一给定的连边概率，要么几乎每一个随机图都具有某种性质，要么几乎每一个随机图都不具有这种性质。

20 世纪末，学者们开始注意到许多实际系统的网络结构既不像完全随机网络那样无序，也不像规则网络那样有序，而是展现出独特的结构特征，这些特征对系统的功能和动力学行为有着深刻影响。两篇论文"*Collective dynamics of 'small-world' networks*"[6] 和"*Emergence of scaling in random networks*"[7] 的发表开启了复杂网络研究的新纪元。第一篇论文是关于 WS 小世界网络的研究，是由美国康奈尔大学理论和应用力学的博士生瓦茨(Watts)及其导师斯托加茨(Strogatz)教授于 1998 年 6 月发表在顶级期刊 *Nature* 上，揭示了复杂网络的小世界特性，即该类型的网络拥有比较大的集聚系数和比较短的路径长度。而第二篇论文是关于BA无标度网络的研究，是由美国圣母大学物理系的巴拉巴西(Barabási)教授及其博士生阿尔伯特(Albert)于1999年10月发表在顶级学术期刊*Science*上，揭示了复杂网络具有无标度特性。这两项标志性工作均是针对实际网络的一些特性建立数学模型并基于实证数据加以验证。截至2024年3月31日，以上两篇论文在谷歌学术中分别已经被引用了53 901次、45 726次。

现代最伟大的物理学家之一、20世纪享有国际盛誉的英国剑桥大学教授霍金(Hawking)说过“我认为，下个世纪将是复杂性的世纪”。在21世纪这个复杂性的时代，系统思维已经成为理解和应对复杂挑战的关键。党的二十大报告也深刻阐述了习近平新时代中国特色社会主义思想的世界观和方法论，即“六个坚持”，其中第五个是“必须坚持系统观念”。面对全球化、技术革命和环境变化带来的挑战，采用整体的视角来理解复杂现象，并采取协同和综合的措施来解决问题，将是未来科学研究和社会发展的重要趋势。

复杂网络是解决复杂性研究问题的重要工具。随着计算机技术的快速发展和大数据时代的到来，人们能够快速收集并处理不同类型、大规模的网络数据，如社会网络、生物网络、信息网络、技术网络等。基于这些不同领域的大量实际网络，人们进行了广泛的实证性研究。近十年来，复杂网络研究已经不局限于静态网络和单层网络的研究，向着时序动态网络和多层网络研究迈进。复杂网络的研究涉及多个学科领域，并且各学科领域交叉融合，由此，形成了一个全新的学科——网络科学。

1.3 复杂网络分析

复杂网络是研究复杂系统的一种视角和方法，它关注系统中个体相互关联作用的结构，是理解复杂系统性质和功能的一种途径。当我们面临一个实际系统时，究竟该如何进行复杂网络分析呢？主要分为构建复杂网络模型、研究网络的基本统计性质、关注网络的演化及其机制以及研究网络功能4个步骤。

1. 构建复杂网络模型

进行网络分析的基础是首先要建立一个复杂网络，而数据是建立网络的基础和前提。因此，在构建网络之前，需要收集关于网络结构(节点、连边)的一些数据信息。然后基于收集的数据，建立节点之间的联系，确定网络的类型(无向或有向、加权或无权、一维或多维)，从而建立研究中所需要的复杂网络。

2. 研究网络的基本统计性质

当建立好网络结构后，需要定量刻画或描述网络结构，从微观、中观和宏观三个层面揭示网络的拓扑结构性质。微观层面关注单个节点的性质，如节点的度、集聚系数、介数等；中观层面重点关注网络的社团结构；宏观层面关注网络整体性质或者模式，如度分布、集聚系数分布等。通过综合这三个层面的分析方法，能够全面地理解和描述复杂网络的结构特性，为进一步的功能分析、动力学行为研究以及实际应用提供坚实的理论基础。

3. 关注网络的演化及其机制

研究网络的演化及其机制是探索网络如何随时间发展和变化的关键。网络中的节点和连边会随时间发生变化，在网络的演化过程中，有些节点或连边可能会消失，同时一些新节点和连边会产生，这样导致网络的拓扑结构性质也会相应地发生某些规律性变化。此外，网络随时间的演化不仅影响其结构特性，还影响网络功能和系统行为。基于观察到的某些网络统计特性规律，可以建立相应的演化及机制模型。通过这些机制模型，就可以预测未来网络的发展变化，以达到对复杂网络的优化控制。

4. 研究网络功能

研究网络功能是理解网络如何支持和影响其组成系统行为的重要部分。网络结构是研究网络动力学的基础，而网络动力学是研究系统功能的重要手段，目的是在变化的条件下(稳态时和网络演化时)理解网络的行为，如传播动力学、同步动力学以及网络增长与演化动力学等。因此，通过研究网络动力学，不仅能够深入理解复杂系统的行为和功能，还能够为实际应用提供理论支持和实践指导，如疾病控制、信息技术、生态管理等领域的策略制定和系统设计。

参考文献

[1]钱学森，于景元，戴汝为. 一个科学新领域——开放的复杂巨系统及其方法论[J]. 自然杂志，1990(1)：3-10.

[2]CHIALVO D R. Critical brain networks[J]. Physica A：Statistical Mechanics and its Applications，2004，340(4)：756-765.

[3]NICOLIS G，PRIGOGINE I. Self-Organization in non-equilibrium systems[M]. New York：Wiley，1977.

[4]HAKEN H. Synergetics[J]. Physics Bulletin，1977，28(9)：412-414.

[5]TOROCZKAI Z. Complex networks：The challenge of interaction topology[J]. Los Alamos Science，2005：94-109.

[6]WATTS D J，STROGATZ S H. Collective dynamics of "small-world" networks[J]. Nature，1998，393(6684)：440-442.

[7]BARABÁSI A L，ALBERT R. Emergence of scaling in random networks[J]. Science，1999，286(5439)：509-512.

第 2 章　复杂网络的典型实例与表达方法

复杂网络作为一种典型的研究复杂系统的工具与方法，可以对实际系统进行抽象与简化。目前人们已经开发了很多用于表达复杂网络的方法，包括图表达、集合表达和邻接矩阵表达。这些表达方法的本质是保留复杂系统中的核心结构，即将复杂系统简单抽象为节点与边的集合，进而挖掘网络中有价值的信息。本章将首先通过一些实例来说明复杂网络在信息技术、社会学、生命科学和经济金融等领域中的应用，然后介绍复杂网络的表达方法和基本类型。

2.1　复杂网络的实例

2.1.1　信息技术网络

信息技术网络包括互联网、航空线路网络、高铁网络以及电力网络等，这些基础设施网络和互联网为现代社会发展提供了重要的支撑与保障。它们通过光纤、航线、铁路以及电缆，将全世界联系在一起，形成一个互联互通的复杂网络。

互联网是由计算机及相关设备之间通过物理连接而形成的网络。互联网中的计算机数量庞大且不固定，针对其开展的网络拓扑性质研究通常可在以下两个层次来进行：①路由器，以路由器为节点，以路由器之间的物理连接为连边可得到路由器层次的网络拓扑结构；②自治系统，将同一个机构所管理的所有路由器看作一个自治系统，以每个自治系统为节点，以它们之间的路由器连接为连边可得到自治系统层次的网络拓扑结构。图 2-1 展示了互联网中两个路由器层次的复杂网络实例。CENIC 的主干网络由支持加利福尼亚大学系统及其他大学的高性能研究网络(HPR)和支持 K-12 教育倡议及地方政府的数字加利福尼亚网络(DC)组成。Abilene 网络的每个节点代表一个路由器，每条连边代表 Abilene 与另一网络之间的物理连接。终端用户网络以白色表示，对等网络(包括其他主干网络和交换点)以灰色表示。每个路由器拥有几个高带宽连接，但每个物理连接可以支持多个虚拟连接，从而在互联网协议栈的更高层次提供更广泛的连接性。

电力网络是指国家内部或国与国之间的远距离高压电传输网络，而局部地区的低压电传输线路并不在考虑范围之内。电力网络的节点主要包括发电站及变电站，它的边为连接电站间的高压输电线。电力网络和互联网类似，都存在地理空间分布特征，而这种具有空间分布特征的网络也被称为空间网络，即网络中的每个节点都对应地球上的一个地理位置。电力网络的研究可以为电力布局与发展提供科学的决策支持。此外，电力网络还有一些独特的现象，如级联故障。图 2-2 展示了美国佛罗里达州高压电网，图 2-2(a)是佛罗里达州高压电网地图(FLG)，图 2-2(b)为使用网络表示的 FLG，其中电力线以网络中连边表示。发电站表示为正方形，负载表示为椭圆形。较粗、较暗的连边代表节点之间有多条电线。

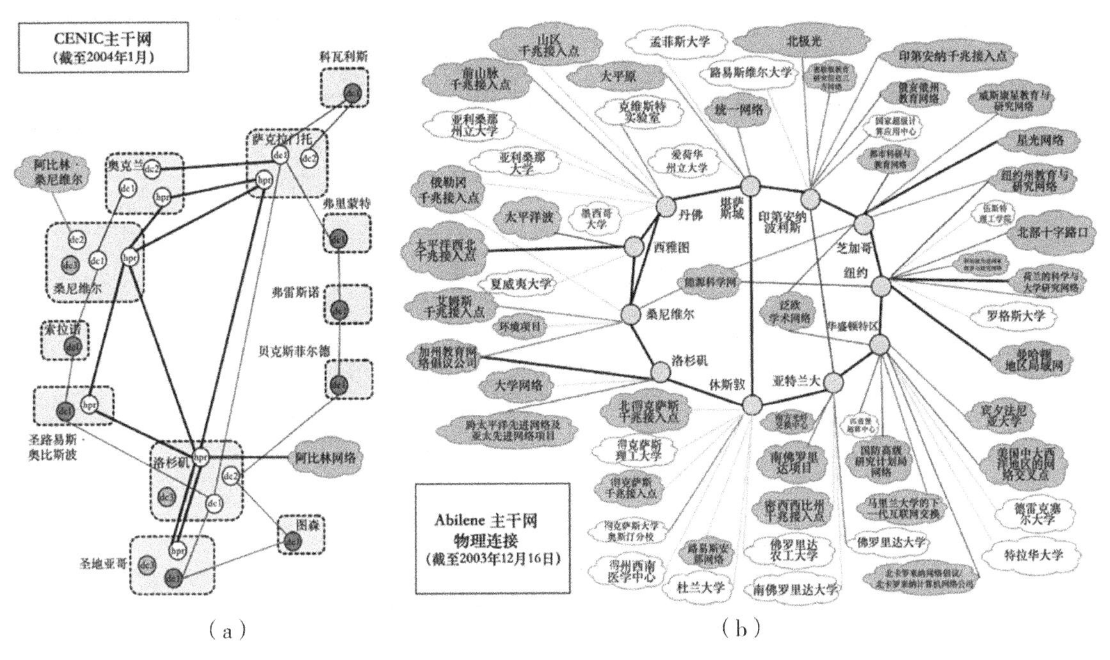

（a）　　　　　　　　　　　　　　　　（b）

图 2-1　互联网中路由器层次的连接。本图来源于参考文献[1]

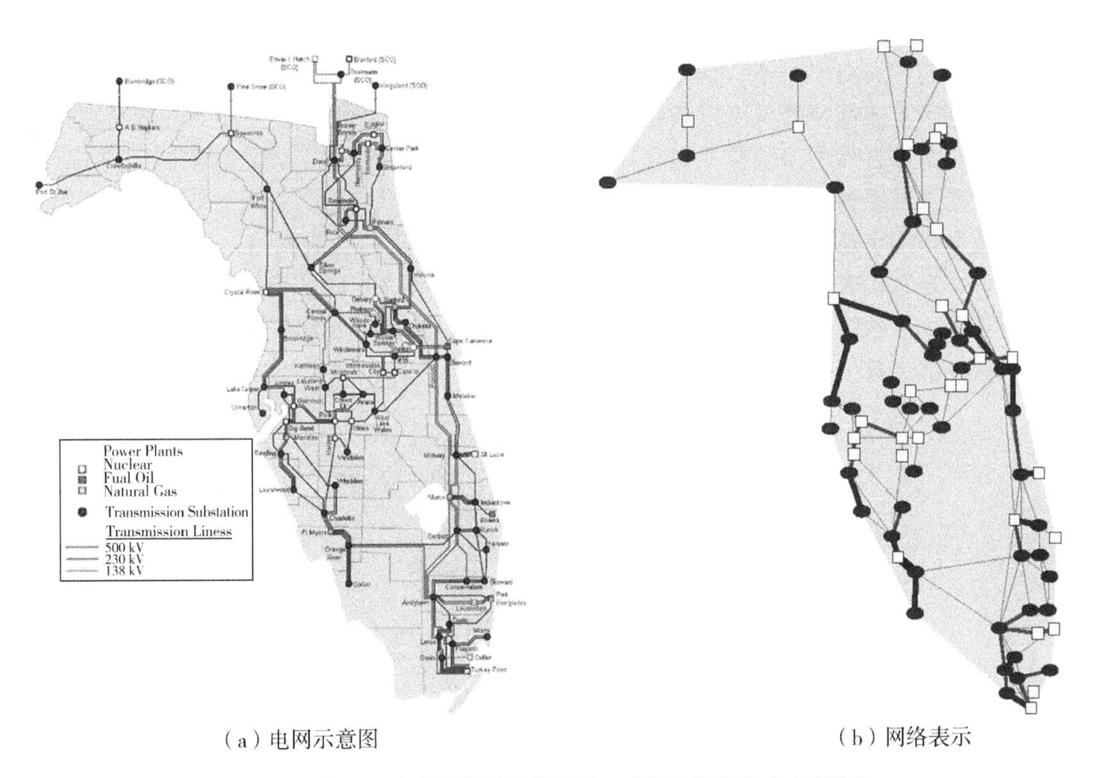

（a）电网示意图　　　　　　　　　　　　　　（b）网络表示

图 2-2　佛罗里达电网及其网络表示。本图来源于参考文献[2]

航空网络由机场之间的航线所构成，其中节点表示机场，连边表示两机场间有航线通航。航空网络也是一种空间网络，其本身会受到包括地理位置、历史因素、政治条件，以及各个航空公司自身利益在内的诸多因素的影响。航空网络的构建数据可以从航班时刻表中整理得到。图 2-3 展示了由 OpenFlights 项目提供的数据集构建的全球机场网络。其中节点代表机场，边代表直飞航班，连边的权重为这两个机场的航班类型总数。较暗的连边表示了权重较大的连接，这些连边不仅在大陆内部存在，也存在于跨大陆之间。包括欧洲至欧洲、欧洲至北美、北美至亚洲以及亚洲至亚洲等机场间的直飞航线。

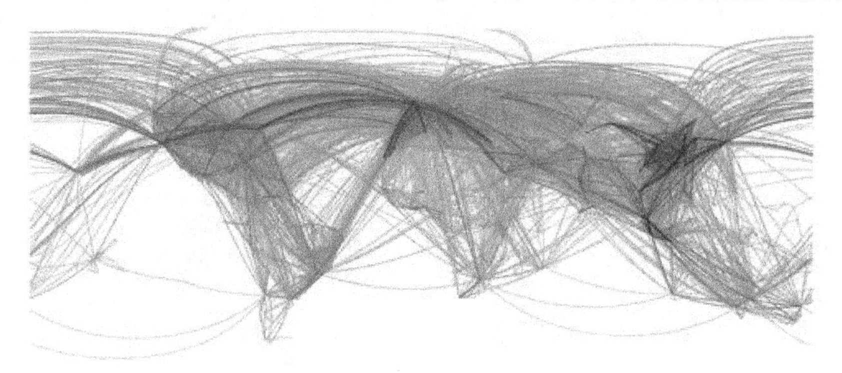

图 2-3　直飞航班的全球机场网络。本图来源于参考文献[3]

2.1.2　社会网络

社会网络是由一群人或团体按照某种社会关系组织在一起而形成的网络。社会关系是多种多样的，如朋友关系、亲戚关系、同事间的合作关系、公司间的商业投资与买卖关系等。基于上述社会关系可以获得不同种类的社会网络，常见的社会网络包括演员合作网络、科学家合作网络、空手道俱乐部网络、美国足球队网络、社交网络、E-mail 网络、手机通信网络和国际关系网络等。

演员合作网络是一种基于演员之间的合作关系所建立的社会网络，其中网络中的节点是演员，连边代表两名演员曾在同一部电影中演出。图 2-4 展示了由 3 部电影连接起来的小型演员合作网络的局部可视化图形，图中的节点表示参演电影的演员，节点间的连边表示两位演员曾至少在一部电影中共同参演。

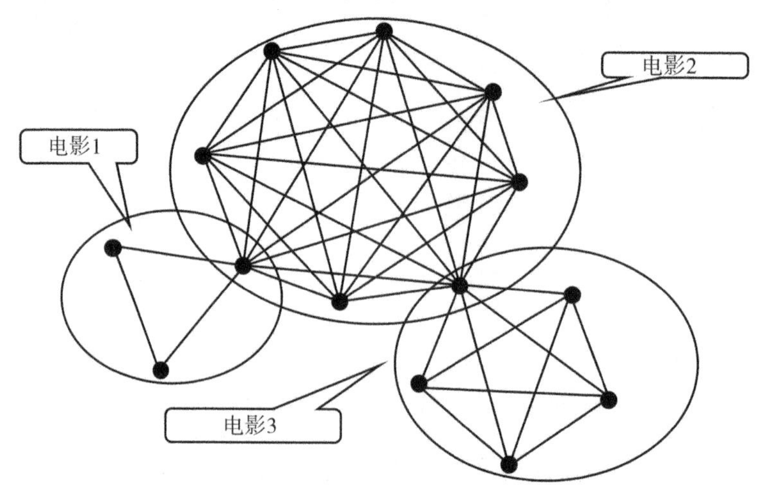

图 2-4　由 3 部电影连接起来的小型演员合作网络示意图。本图来源于参考文献[4]

科学家合作网络是一种以科学家为节点，用连边代表科学家之间的合作关系的社会网络。科学家之间合作的方式很广泛，这里定义的合作特指两名科学家曾共同发表文章。基于科学家所隶属的科研机构或研究领域可以建立不同种类的科学家合作网络，例如，桑塔菲研究所科学家合作网络(图 2-5)[5]、物理学家合作网络[6]、经济物理学家合作网络[7]。

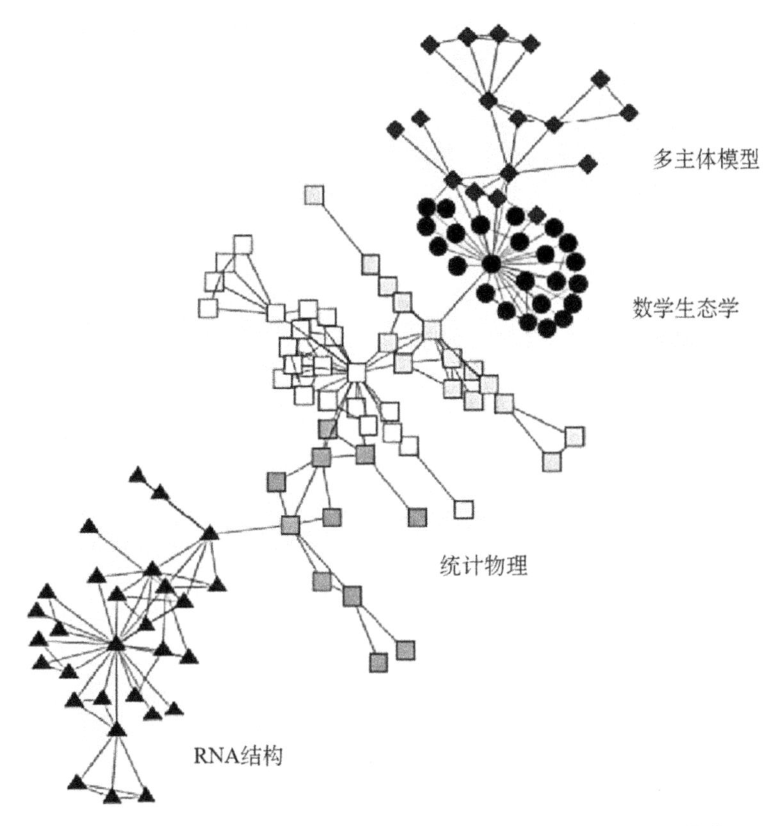

图 2-5 桑塔菲研究所科学家合作网络。本图来源于参考文献[5]

空手道俱乐部网络是根据俱乐部成员间的人际交往关系所建立的社会网络。20 世纪 70 年代初，扎卡里(Zachary)观察了美国某大学空手道俱乐部成员间的人际关系，并依据俱乐部成员间平时的交际情况建立了空手道俱乐部网，如图 2-6 所示[8]。其中 1 号节点代表管理者，33 号节点代表主教练，方形节点代表依附于俱乐部管理者的俱乐部成员，圆形节点代表依附于俱乐部主教练的成员。该网络共包含 34 个节点和 78 条边，其中节点代表俱乐部成员，连边表示他们之间的人际交往关系。后来由于俱乐部管理者与俱乐部主教练针对是否提高收费这一决策产生了激烈的争论，最终导致俱乐部成员分裂成两部分。

美国足球队网络是根据美国大学足球联赛在 2000 年的一个赛季的赛程建立的比赛网络，节点代表球队，连边表示两支球队之间至少进行过一次比赛，该网络共包含 115 个节点和 616 条连边[5]。

社交网络是基于在线社交平台中的用户与用户之间的联系所构建的网络。在线社交平台包括微博、Facebook、QQ 和微信等实时通信应用系统，以及各种 BBS 论坛、博客、App 等。而用户之间的联系主要是指在线社交平台上的用户间的关注、转发等互动行为。以 Facebook 社交网络为例，网络中的节点表示用户，连边表示用户间的关注关系。图 2-7

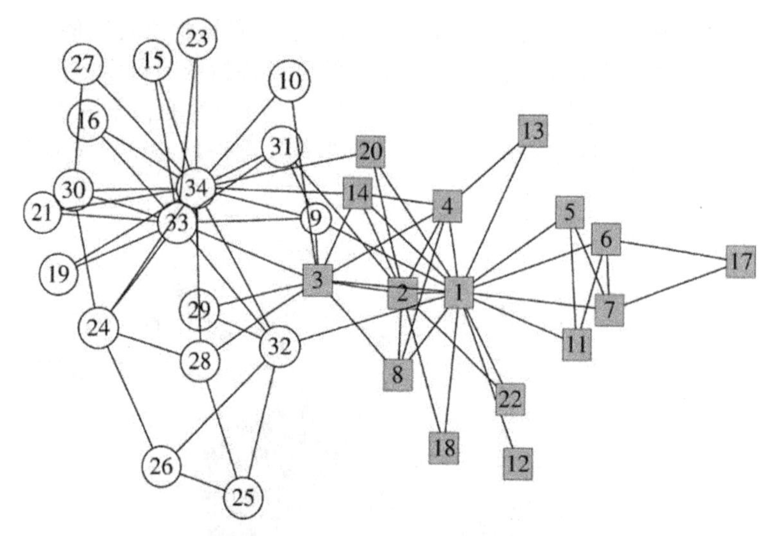

图 2-6　根据 Wayne Zachary 收集的美国某大学空手道俱乐部成员人际关系数据构建的网络。本图来源于参考文献[8]

展示了里德学院使用 Facebook 平台的学生社交网络。不同的节点形状和颜色表示不同的班级年份，灰色圆圈表示未识别隶属关系的用户。

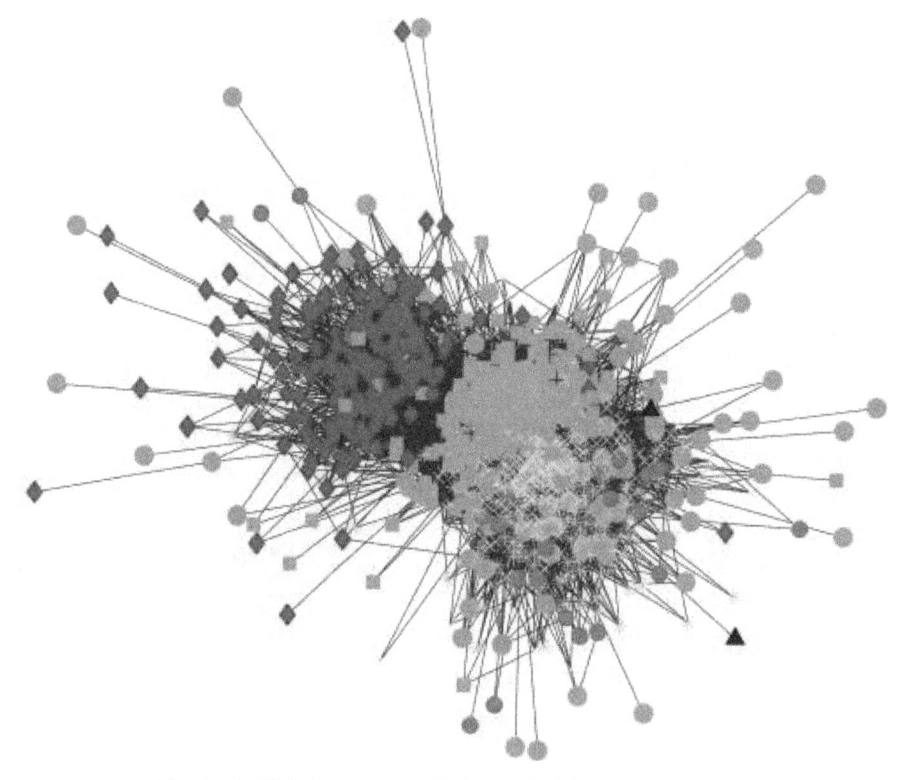

图 2-7　里德学院 Facebook 网络。本图来源于参考文献[9]

E-mail 网络是根据邮箱用户之间的邮件往来关系所构建的网络。一些经典研究中所使用的 E-mail 网络是根据 HP 实验室内的 E-mail 用户之间的通信记录构建的，如图 2-8 所示，该网络中的节点为 E-mail 用户，连边表示两个用户之间有邮件往来，共包含了 436 个节点。

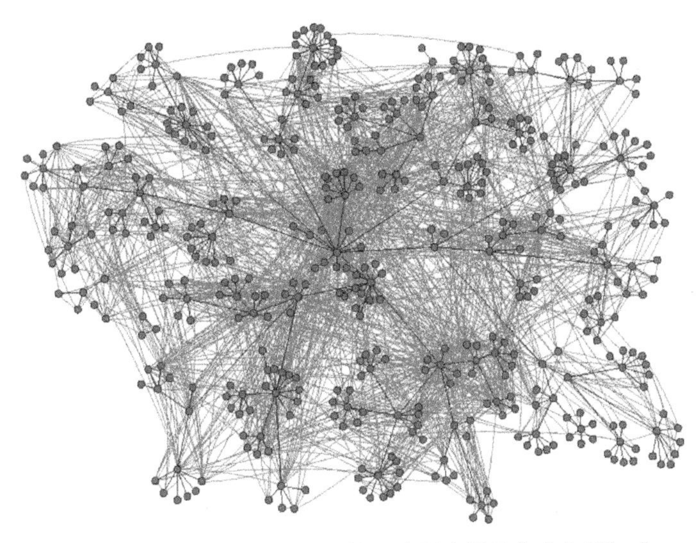

图 2-8 HP 实验室 E-mail 网络。本图来源于参考文献[10]

手机通信网是基于手机用户之间的通信往来关系所构建的网络。朗比奥特(Lambiotte)等构建了一个大型手机通信网络，网络中的节点为手机用户，连边表示两个用户之间有通信记录，共含有 250 万个节点和 3 800 万条连边[11]。

国际关系网包括外交关系、经济合作、军事同盟等多种形式，网络分析为国际关系研究提供了一个独特的视角来分析国家之间复杂的互动和联系。通过分析这些网络，研究者可以揭示国家间合作与冲突的模式，预测国际体系中的变化趋势。图 2-9 展示了使用同盟与战争等数据构建的国际关系网络，其中网络的节点代表国家，实线连边代表国家间的积极关系，虚线连边代表消极关系。正面关系可能包括同盟、意识形态一致或国际政府组织(IGOs)的成员资格，这些通常被视为促进和平和非暴力解决冲突的因素。负面关系则包括战争、冲突、边境争议以及在意识形态或政策上的尖锐分歧。

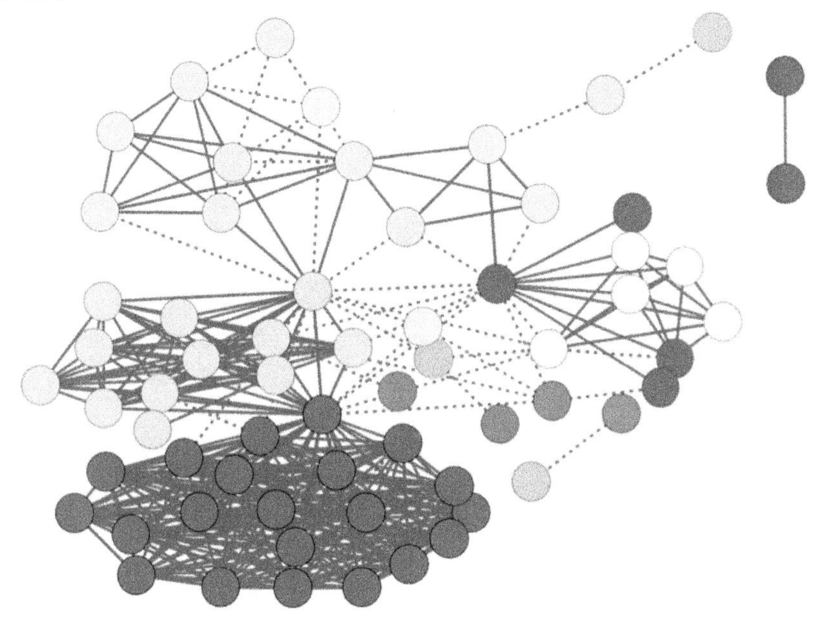

图 2-9 国际关系网络。本图来源于参考文献[12]

2.1.3 生物网络

构成生物系统的元素多样且分层，小到 DNA、mRNA、生物小分子、蛋白质等，大到细胞、组织、器官、个体、种群等。这些构成元素间存在复杂的非线性关系，因而可以构建多种类型的生物网络，如新陈代谢网络、基因调控网络和蛋白质相互作用网络等。

新陈代谢网络以网络形式来表示细胞内的各种生化反应，反映了代谢活动中所有化合物及酶之间的相互作用，其中网络中的节点表示代谢物，如果两个代谢物中存在一种化学反应，那么这两个节点之前存在连边。图 2-10 展示了大肠杆菌的代谢网络，它包含 473 种代谢物和 574 条连边。

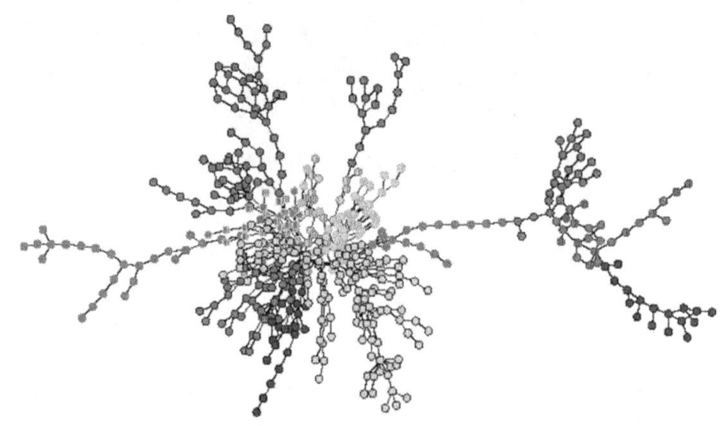

图 2-10 大肠杆菌代谢网络。本图来源于参考文献[13]

基因调控网络反映了基因之间的调控关系与相互作用机制，节点表示转录因子或推定的 DNA 调控元素，连边表示转录因子或调控元素对应的两个节点之间的绑定。图 2-11 展示了百蕊草基因调控网络中某个模块的详细网络结构。节点和边分别代表基因和基因间的共表达关系。

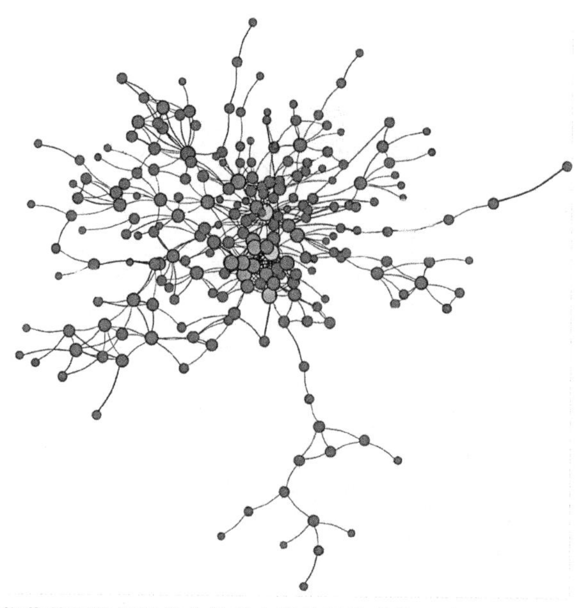

图 2-11 百蕊草基因调控网络中的某个模块网络结构。本图来源于参考文献[14]

蛋白质相互作用网络反映了蛋白质在其生命周期中相互接触(或短暂接触后分离)后形成特异的复合体共同参与某一生物学过程的行为。网络中节点表示蛋白质或者编码此蛋白质的基因，连边表示蛋白质之间的相互作用。图 2-12 展示了蛋白质相互作用网络，基于该网络可以用来研究蛋白质的功能和作用机制。

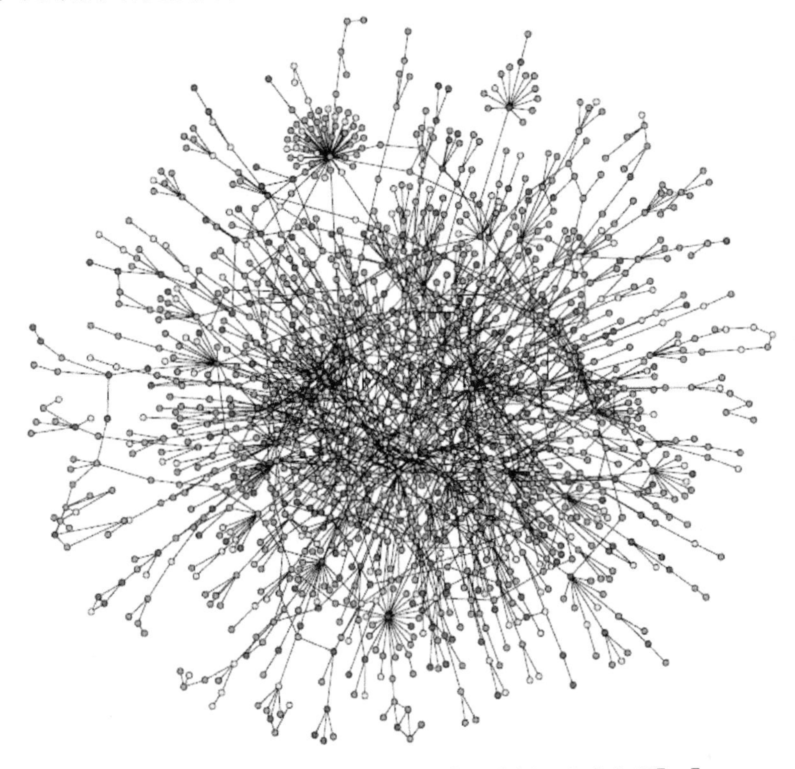

图 2-12 蛋白质相互作用网络。本图来源于参考文献[15]

秀丽隐杆线虫(Caenorhabditis elegans)神经网络反映了它的神经元之间的连接关系。如图 2-13 所示，该网络中节点是神经元，连边表示神经元之间信号的传输。秀丽隐杆线虫是一种生活在土壤中的线虫，其进化非常初级，它的神经网络包含大约 300 个神经元和通过化学突触与缝隙连接形成的许多神经连接。

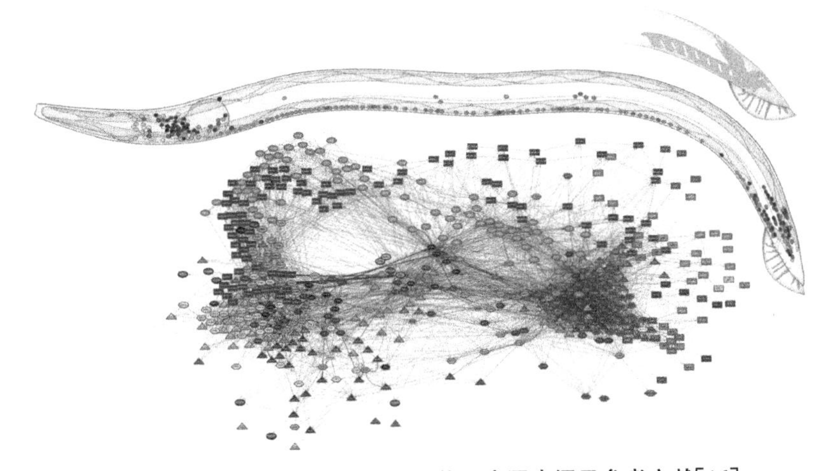

图 2-13 秀丽隐杆线虫的神经网络。本图来源于参考文献[16]

生物网络除了上述比较微观层面的网络外，还存在很多宏观层面的网络，如食物链网络、动植物共生网络等。食物链网络反映了捕食者与被捕食者间的相互作用关系。研究者根据切萨皮克湾海生生物的捕食关系构建了食物链网络[17]，其中 33 个节点代表 33 个重要的物种，连边代表捕食关系。动植物共生网络反映了植物及其种子传播者之间的互利作用关系，如图 2-14 所示，其中节点为植物和动物，连边表示它们之间的共生关系。

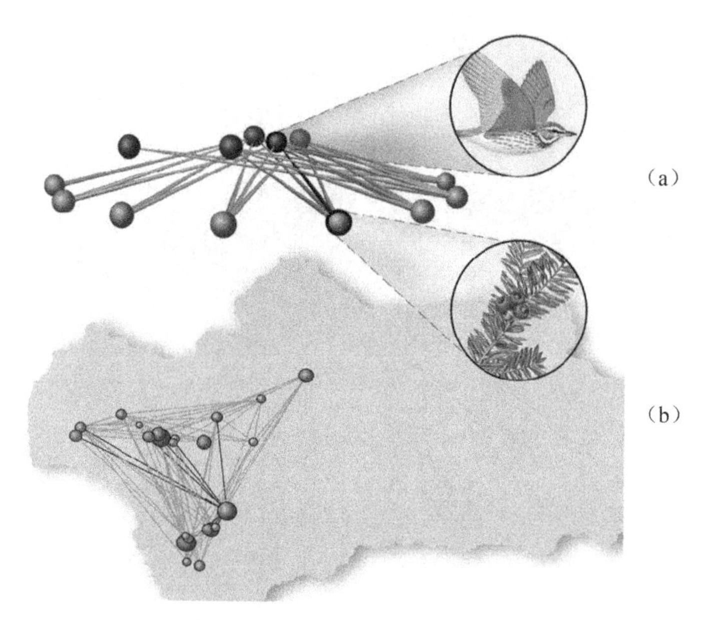

图 2-14　生物网络的两个例子

(a)是基于植物及其种子传播者之间的互利作用而构建的动植物共生网络，
(b)是一种在异质地貌的栖息地板块之间的地中海植物的空间遗传变异网络。本图来源于参考文献[18]

2.1.4　经济金融网络

随着全球经济一体化进程的加快，不同经济主体(如国家、地区、金融机构等)之间的联系也越来越紧密，这些主体之间存在着贸易、投资、银行借贷以及经济关联性等错综复杂的关系，进而借助复杂网络能够反映这些主体间的联系。在以往的研究中已构建了多种类型的经济金融网络，如金融网络、国际贸易网络等。

金融网络是由施魏策尔(Schweitzer)等于 2009 年 7 月发表的文章《经济网络的新挑战》中首次提出的[19]。图 2-15 展示了一个包含 40 个节点的国际金融网络例子，其中每个节点表示一个非银行类的大型金融机构，连边代表两个机构之间已存在的最强关系(如贸易量和投资资本等)。另一个经典的经济金融网络是由瑞士学者提供的一个包含 43 060 家跨国公司的大规模全球经济网络，其中节点表示跨国公司，连边代表股权所有关系[20]。

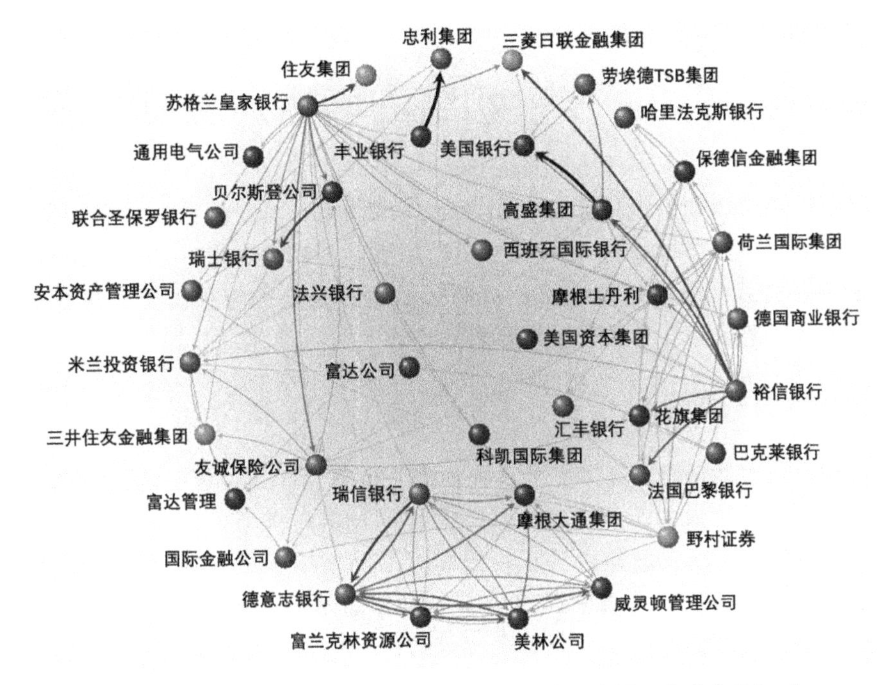

图 2-15　包含 40 个机构的国际金融网络。本图来源于参考文献[21]

国际贸易网络反映了不同国家间的贸易往来关系，它是以国家为节点，以国家间存在贸易关系为连边，如图 2-16 所示。该网络不仅是对全球贸易体系骨架的抽象，同时也考虑了国际贸易关系复杂性与多边作用关系。国际贸易网络数据可以从联合国商品贸易数据库中获得。由于国家间的贸易关系会随时间发生动态的变化，这使得在不同时间能够建立不同拓扑结构的国际贸易网络，例如，李翔等建立了包含 188 个节点和 12 413 条连边的国际贸易网络[22]。塞拉诺(Serrano)等构建了包含 179 个节点和 7 510 条连边的国际贸易网络[23]。

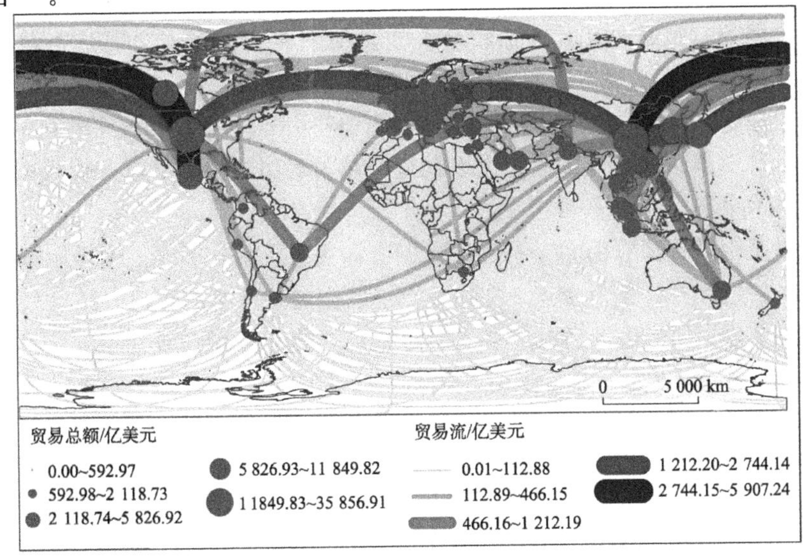

图 2-16　国际贸易网络。本图来源于参考文献[24]

2.2 复杂网络的表达方法

复杂网络反映了复杂系统中个体间的相互作用关系，是对复杂系统骨架的抽象。只有将复杂网络通过某种方式表达出来，才能利用数学、物理、计算机等多学科的研究方法和工具来刻画实际网络的拓扑性质，进而揭示实际系统的特征。本节将介绍图表达、集合表达和邻接矩阵表达 3 种重要的网络表达方式。

2.2.1 复杂网络的图表达

复杂网络的图表达是指将具体复杂系统抽象为由节点和连边组成的图(也称为网络)，其中节点表示实际系统内的个体，连边代表个体间的某种关系。例如，在朋友关系网络中连边的有无可以表示朋友间是否认识；国际贸易网络中连边的有无可以表示两个国家间是否发生贸易行为；航空网络中连边的有无可以表示两个机场间是否有直达航线等。如果一条边的两个端点是同一个节点，则称该边为环(自回路)；如果两个节点之间存在多条连边，则称该边为多重边。不含环和多重边的图称为简单图，而简单图按照连边的种类可以分为以下 4 种类型。

1. 无权无向图

无权无向图中的边没有方向和权重。该类型的图关心两个节点间是否存在相互作用关系，若两个节点间存在相互作用关系，则这两个节点间存在一条连边。无权指的是图中所有边的权值都是相同的，在无权无向图中边权值通常设为 1。无权无向图是最基本的网络类型，它的特点是具有对称性。空手道俱乐部网络就是无权无向图，其中节点表示俱乐部成员，连边代表成员间的友谊关系。

2. 加权无向图

加权无向图的边是无向且具有边权值。该类型图在关注节点之间是否存在相互关系的同时还考虑了关系的强弱。这种关系的强弱可通过边权值的相对大小来衡量。例如，在加权的科学家合作网络中，节点表示科学家，连边代表科学家之间的科研合作关系，连边权重表示科学家间的合作次数，连边权重值越大表明两个科学家合作越密切。

3. 无权有向图

无权有向图中的边是有向和无权的。对于有向边(i, j)，节点 i 称为始点，节点 j 称为终点，它指的是存在一条由节点 i 指向节点 j 的连边；而有向边(j, i)则表示存在一条由节点 j 指向节点 i 的连边。当由节点 i 指向节点 j 的连边存在时，不一定存在由节点 j 指向节点 i 的连边，即无权有向图具有不对称性。例如，基于微博上用户的关注行为构成的社交网络就属于无权有向图。若社交网络中的用户 A 关注了用户 B 而用户 B 却没有关注用户 A，于是就产生了边的方向性，此时，用户 A、B 在互相关注与否的关系上具有不对等的地位。

4. 加权有向图

加权有向图中的边是有向和有权的。加权有向图的特点是它在连边方向和连边权重两方面都具有不对称性。例如，国际贸易网络就是一个典型的加权有向图，网络中的连边代表国家间的贸易关系，连边权重表示国家间的贸易量。在国际贸易网络中存在以下几种情况：国家 A 出口产品到国家 B，但是国家 B 没有出口产品到国家 A，这体现了 A、B 两个国家在贸易地位上的不对等性；若国家 A 和国家 B 互相出口产品到对方的国家，但是国家 A 对国家 B 的出口量大于(或小于)国家 B 对国家 A 的出口量，这同样体现了两国贸易关系的不对称性。相比于其他类型的图，加权有向图能够更加丰富地刻画图中点和连边的特性及关系。此外，加权无向图还可通过对加权有向图的对称化处理得到，这种对称化处理方法将在第 10 章中详细介绍。

2.2.2 网络的集合表达

根据上一节网络的图表达方式可以得知，复杂系统被抽象成网络的过程其实是将个体及其相互关系转换成节点和连边的形式，而网络的集合表达则是指用集合的数学语言表述网络的节点和连边。具体而言，复杂网络是由点集 $V=\{v_i\}$ 和边集 $E=\{e_k\}$ 组成的图 $G=(V,E)$。网络中的节点数记为 $N=|V|$，边数记为 $M=|E|$。边集 E 中每条边都有点集 V 中的一对点 (u,v) 与之相对应。如果网络中的任意节点对 (u,v) 与节点对 (v,u) 对应同一条连边，则称该网络为无向网络，否则称为有向网络；如果任意 $|e_i|=1$，则称该网络为无权网络，否则称为加权网络。

2.2.3 网络的邻接矩阵表达

邻接矩阵表达方式是复杂网络表达最常用的一种方法。使用该表达方式的好处是能够运用计算机对相关问题进行编程与建模，让复杂网络研究更加便利。下面将具体介绍图的邻接矩阵表达方法以及 4 种简单图对应的邻接矩阵表达。

对于一个含有 N 个节点的复杂网络 G，可以使用邻接矩阵 $\mathbf{A}=(a_{ij})_{N\times N}$ 来表达，其中矩阵 $\mathbf{A}$ 是一个 N 阶方阵。对于矩阵 $\mathbf{A}$ 中第 i 行第 j 列的元素 a_{ij} 可以根据不同的图类型给出不同的定义，具体定义如下：

1. 无权无向图

$$a_{ij}=\begin{cases}1, & \text{如果节点 } i \text{ 和节点 } j \text{ 之间存在连边}\\ 0, & \text{如果节点 } i \text{ 和节点 } j \text{ 之间不存在连边}\end{cases}$$

图 2-17 给出了无权无向图的示例及其对应的邻接矩阵。

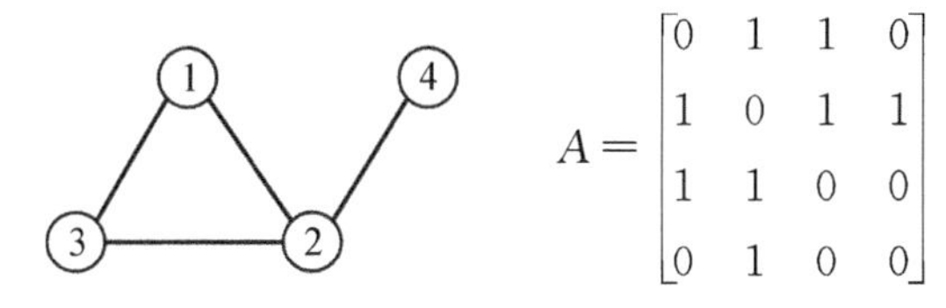

图 2-17 无权无向图及其邻接矩阵

2. 加权无向图

$$a_{ij}=\begin{cases}w_{ij}, & \text{如果节点 } i \text{ 和节点 } j \text{ 之间存在权值为 } w_{ij} \text{ 的连边}\\ 0, & \text{如果节点 } i \text{ 和节点 } j \text{ 之间没有连边}\end{cases}$$

图 2-18 给出了加权无向图的示例及其对应的邻接矩阵。

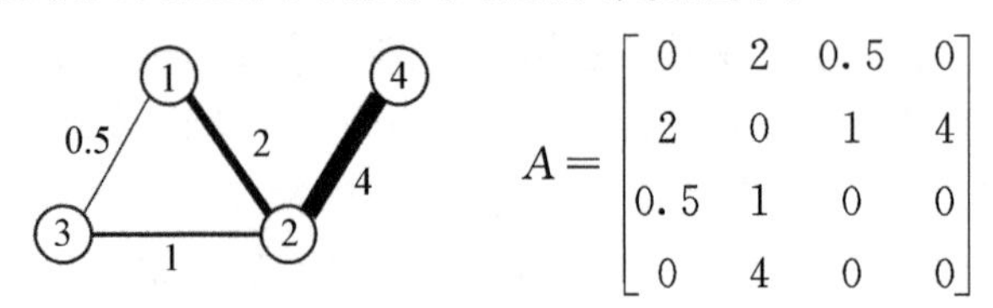

$$A=\begin{bmatrix}0 & 2 & 0.5 & 0\\ 2 & 0 & 1 & 4\\ 0.5 & 1 & 0 & 0\\ 0 & 4 & 0 & 0\end{bmatrix}$$

图 2-18　加权无向图及其邻接矩阵

3. 无权有向图

$$a_{ij}=\begin{cases}1, & \text{如果存在由节点 } i \text{ 指向节点 } j \text{ 的连边}\\ 0, & \text{如果不存在由节点 } i \text{ 指向节点 } j \text{ 的边}\end{cases}$$

图 2-19 给出了无权有向图的示例及其对应的邻接矩阵。

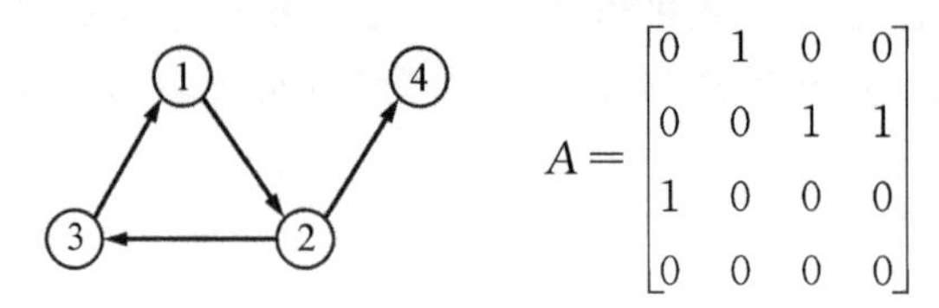

$$A=\begin{bmatrix}0 & 1 & 0 & 0\\ 0 & 0 & 1 & 1\\ 1 & 0 & 0 & 0\\ 0 & 0 & 0 & 0\end{bmatrix}$$

图 2-19　无权有向图及其邻接矩阵

4. 加权有向图

$$a_{ij}=\begin{cases}w_{ij}, & \text{如果存在由节点 } i \text{ 指向节点 } j \text{ 的权值为 } w_{ij} \text{ 的连边}\\ 0, & \text{如果不存在由节点 } i \text{ 指向节点 } j \text{ 的连边}\end{cases}$$

图 2-20 给出了加权有向图的示例及其对应的邻接矩阵。

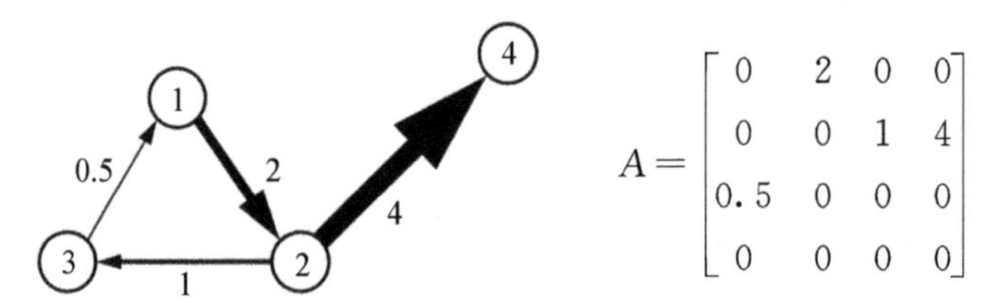

$$A=\begin{bmatrix}0 & 2 & 0 & 0\\ 0 & 0 & 1 & 4\\ 0.5 & 0 & 0 & 0\\ 0 & 0 & 0 & 0\end{bmatrix}$$

图 2-20　加权有向图及其邻接矩阵

另外，基于复杂网络的邻接矩阵 $\boldsymbol{A}$，还可以得到网络或图的拉普拉斯矩阵(Laplacian matrix)。拉普拉斯矩阵 $\boldsymbol{L}$ 也叫作导纳矩阵、基尔霍夫矩阵或离散拉普拉斯算子，主要应用在图论中。拉普拉斯矩阵 $\boldsymbol{L}=\boldsymbol{K}-\boldsymbol{A}$，其中 $\boldsymbol{A}$ 为网络的邻接矩阵；$\boldsymbol{K}$ 为一对角矩阵，其对角线上的元素为网络中各个节点所对应的度即节点的邻居数目，如图 2-21 所示。

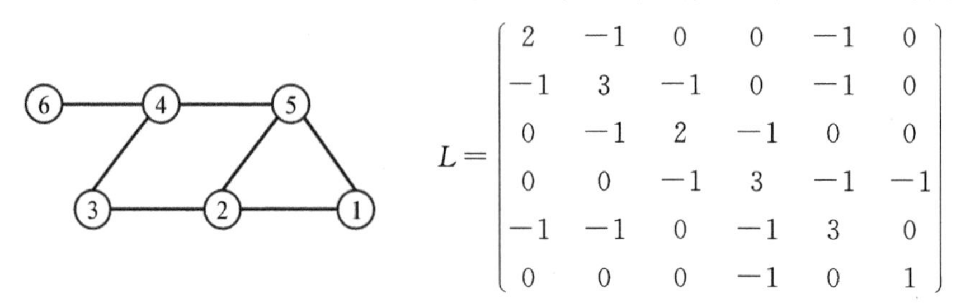

$$L=\begin{pmatrix}2 & -1 & 0 & 0 & -1 & 0\\ -1 & 3 & -1 & 0 & -1 & 0\\ 0 & -1 & 2 & -1 & 0 & 0\\ 0 & 0 & -1 & 3 & -1 & -1\\ -1 & -1 & 0 & -1 & 3 & 0\\ 0 & 0 & 0 & -1 & 0 & 1\end{pmatrix}$$

图 2-21　拉普拉斯矩阵

2.3 复杂网络的其他类型

2.2 节所提及的 4 类简单图主要是依据连边的方向以及连边权重来对复杂网络进行分类，并且这些网络中节点和连边的类型单一。而在实际系统中个体和连边的种类多样，例如，在交通系统中，人们由地方 A 到地方 B 可能存在多种出行方式(如长途车、高铁、飞机等)，还需要借助其他类型的复杂网络来对实际系统进行刻画，如二分网络、多层网络、超图等。二分网络突破了单一节点类型的限制，可以包含两种不同类型的节点；多层网络突破了单一连边类型的限制，可以包含多种类型的连边。

2.3.1 二分网络

二分网络是由两类节点及两类节点之间的连边组成的网络，在同类节点之间不存在连边。给定图 G=(V，E)。如果节点集 V 可分为两个互不相交的非空子集 X 和 Y，且图中的每条边(i，j)的两个端点 i 和 j 分别属于两个不同的节点子集，就称图 G 为一个二分网络，记为 G=(X，E，Y)。如果在子集 X 中的任一节点 i 和子集 Y 中的任一节点 j 之间都存在一条边，那么称图 G 为一个完全二分网络。进一步地，二分网络可用邻接矩阵表达，把子集 X 的节点作为矩阵的行，把子集 Y 的节点作为矩阵的列，若两节点之间有连边，则邻接矩阵中对应位置的元素置为 1。若二分网络是加权的，则邻接矩阵中有连边的对应位置元素为边权重。图 2-22 是一个二分网络的示意图。假设这是一个电子商务网络，左边的集合是用户，右边的集合是商品，连边代表购买关系。该图反映用户 a 购买了 α，β，δ 等商品的信息。与无向简单图相同，在二分网络中，一个节点的度是与其相连的边的总数。如果这个二分网络是无权的，那么一个用户的度就是购买商品的种类数目，一件商品的度就是购买它的用户数目。

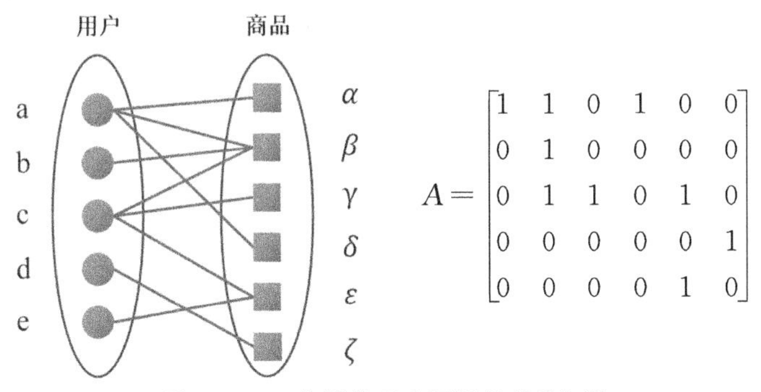

$$A=\begin{bmatrix}1&1&0&1&0&0\\0&1&0&0&0&0\\0&1&1&0&1&0\\0&0&0&0&0&1\\0&0&0&0&1&0\end{bmatrix}$$

图 2-22 二分网络示意图及其邻接矩阵

许多实际网络都呈现出二分特性，例如，社会中的一系列合作网：演员—电影网[25]、科学家—论文网[26-28]等。这些合作网都存在两类不同的节点，一类节点是某类活动、事件的参与者，如演员、科学家等；另一类节点是参与的活动或者事件，如电影、文章等，这些合作网都可以被描述为合作主体与合作事件构成的二分网络。

2.3.2 多层网络

多层网络更加关注复杂系统中连边的异质性，这种异质性包括不同类型节点以及属于不同网络层节点之间的相互作用模式的刻画。这使得多层网络研究范式能够更全面、完整地描述复杂系统的结构。

多层网络是由多个简单网络组成的网络集，每个简单网络对应为一个网络层，网络连边不仅包含网络层内连边，还包含不同层间连边。多层网络的集合可表示为 $M=(G, C)$。$G=\{G_\alpha, \alpha\in\{1, \cdots, m\}\}$ 表示多层网络中每一层的网络结构，其中 $G_\alpha=(V_\alpha, E_\alpha)$，$V_\alpha$ 表示第 α 层网络内的节点集合，E_α 表示第 α 层网络内的连边集合；而 $C=\{E_{\alpha\beta}\in X_\alpha * X_\beta; \alpha, \beta\{1, \cdots, m\}, \alpha\neq\beta\}$ 是属于不同的层 G_α，$G_\beta(\alpha\neq\beta)$ 的节点之间所有连接的集合(若 $\alpha=\beta$，则 $E_{\alpha\beta}$ 代表 E_α)。

多层网络的结构可以用超邻接矩阵来描述，该矩阵是一个分块矩阵，主对角线的矩阵块代表的是多层网络中层内节点之间的连边关系，其余矩阵块表示的是层间节点之间的连边关系。多层网络的示意图及其超邻接矩阵如图 2-23 所示。

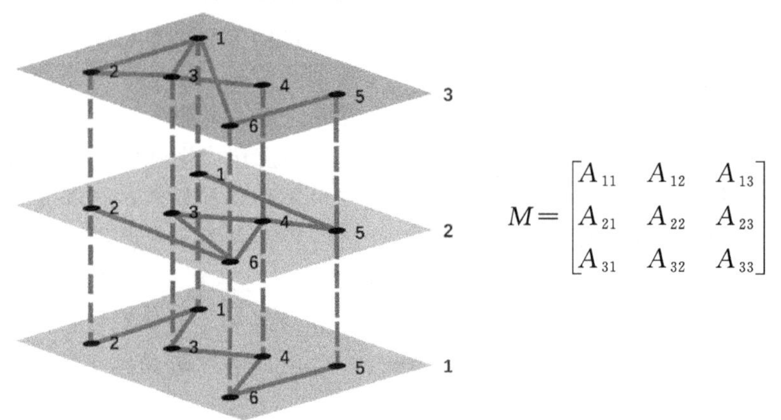

$$M=\begin{bmatrix}A_{11} & A_{12} & A_{13}\\ A_{21} & A_{22} & A_{23}\\ A_{31} & A_{32} & A_{33}\end{bmatrix}$$

图 2-23 多层网络的示意图及其超邻接矩阵

此外，多层网络还可以用张量的形式表达。张量的本质是多维数组，一个 N 阶张量是 N 个向量空间元素的张量积。张量是数量、向量、矩阵的自然推广。一阶张量是一个向量，二阶张量是一个矩阵，三阶以上的张量称为高阶张量。张量的阶(order)表示为张量维度的数目。一个多层网络的张量表达为 $M=(M_{i\alpha j\beta})\in\mathbb{R}^{N\times L\times N\times L}$，这是一个四阶(fourth-order)加权张量。M 中每个元素可以被定义为：

$$M_{i\alpha j\beta}=\begin{cases}\omega_{i\alpha j\beta}, & \text{如果 } v_i^\alpha\rightarrow v_j^\beta\\ 0, & \text{其他}\end{cases}$$

其中，$1\leqslant i, j\leqslant N$，$1\leqslant\alpha, \beta\leqslant L$，$v_i^\alpha$ 表示在 α 层的 i 节点，$\omega_{i\alpha j\beta}$ 表示 α 层的 i 节点和 β 层的 j 节点之间连边的权重。与超矩阵表达和聚合表达相比，多层网络的张量表达不仅可以直接得出不同层之间的对应关系，还不会丢失网络的细节信息，同时也节约了存储空间。

2.3.3 超图

超图(或超网络)指由网络组成的网络，其概念最早由丹宁(Denning)[29] 提出。纳古尼(Nagurney)等将规模巨大、连接复杂的网络，或网络中嵌套网络的大型网络称为超网络[30]。例如，基于作者的科研合作关系可以构建科研合作超网络，网络中的节点表示科学家，而将含有多名作者的合著论文看作一条超边[31]。超网络的特点是网络节点本身即为一个复杂网络，不具有同质性，而具有多层、多级、多维、多属性等特性。超图的数学表达如下：设 $V=\{v_1, v_2, \cdots, v_n\}$ 是一个有限集，若 $E_i \neq \varphi (i=1, 2, \cdots, m)$，且 $\bigcup_{i=1}^{m} E_i = V$，记 $E=\{E_1, E_2, \cdots, E_m\}$，则称二元关系 $H=(V, E)$ 为超图。其中 V 中的元素称为超图的节点，E 中的元素称为超图的边。节点的超度定义为包含该节点的超边的个数，记为 $d_H(i)$ 或 k_i。如果两个节点属于同一条超边，则称这两个节点邻接。如果两条超边的交集非空，则称这两条超边邻接。如果一个超图中的每条超边的节点数相等，则称该超图为均匀超图或一致超图。

超图 H 用图形来表示，即由点的集合表示 V 中的元素。下面通过一个实例对超网络的表现进行具体分析。如图 2-24 所示的超网络 H 中，节点集 $V=\{v_1, v_2, v_3, v_4, v_5, v_6\}$，超边集 $E=\{E_1, E_2, E_3, E_4\}$，其中 $E_1=\{v_1, v_2, v_6\}$，$E_2=\{v_2, v_3, v_4\}$，$E_3=\{v_4, v_5\}$，$E_4=\{v_5, v_6\}$，则节点 v_1，v_2，v_3，v_4，v_5，v_6 的超度分别为 1，2，1，2，2，2。

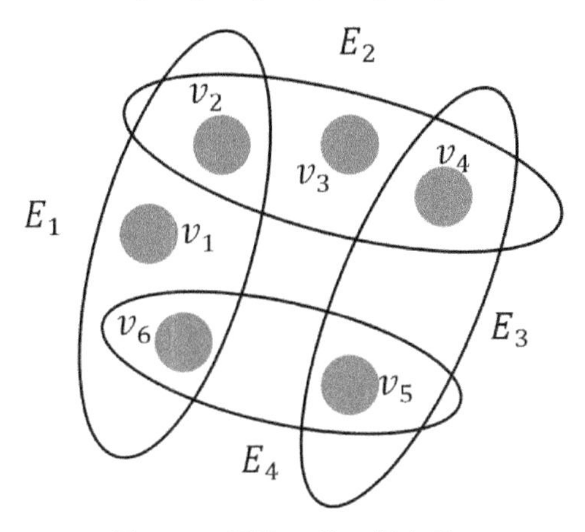

图 2-24　超图 *H* 的一般表示

参考文献

[1]LI L，ALDERSON D，WILLINGER W，et al. A first-principles approach to understanding the internet's router-level topology[J]. ACM SIGCOMM Computer Communication Review，2004，34(4)：3-14.

[2]XU Y，GURFINKEL A J，RIKVOLD P A. Architecture of the Florida power grid as a complex network[J]. Physica A：Statistical Mechanics and its Applications，2014，401：130-140.

[3]TRAN Q H A，NAMATAME A. Worldwide aviation network vulnerability analysis：a complex network approach[J]. Evolutionary and Institutional Economics Review，2015，12：349-373.

[4]赫南，淦文燕，李德毅，等. 一个小型演员合作网的拓扑性质分析[J]. 复杂系统与复杂性科学，2006，3(4)：1-10.

[5]GIRVAN M，NEWMAN M E J. Community structure in social and biological networks[J]. Proceedings of the National Academy of Sciences，2002，99(12)：7821-7826.

[6]NEWMAN M E J. Scientific collaboration networks. I. Network construction and fundamental results[J]. Physical Review E，2001，64(1)：016131.

[7]FAN Y，LI M，CHEN J，et al. Network of econophysicists：a weighted network to investigate the development of econophysics[J]. International Journal of Modern Physics B，2004，18(17n19)：2505-2511.

[8]NEWMAN M E J，GIRVAN M. Finding and evaluating community structure in networks[J]. Physical Review E，2004，69(2)：026113.

[9]TRAUD A L，MUCHA P J，PORTER M A. Social structure of facebook networks[J]. Physica A：Statistical Mechanics and its Applications，2012，391(16)：4165-4180.

[10]HUBERMAN B A，ADAMIC L A. Information dynamics in the networked world[M]//Complex networks. Berlin，Heidelberg：Springer Berlin Heidelberg，2004：371-398.

[11]LAMBIOTTE R，BLONDEL V D，DE KERCHOVE C，et al. Geographical dispersal of mobile communication networks[J]. Physica A：Statistical Mechanics and its Applications，2008，387(21)：5317-5325.

[12]DOREIAN P，MRVAR A. Structural balance and signed international relations[J]. Journal of Social Structure，2015，16(1)：1-49.

[13]GUIMERA R，NUNES AMARAL L A. Functional cartography of complex metabolic networks[J]. Nature，2005，433(7028)：895-900.

[14]ICHIHASHI Y，KUSANO M，KOBAYASHI M，et al. Transcriptomic and metabolomic reprogramming from roots to haustoria in the parasitic plant，Thesium chinense[J]. Plant and Cell Physiology，2018，59(4)：729-738.

[15]JEONG H，MASSON S P，BARABÁSI A L，et al. enthality and centrality in protein networks[J]. Nature，2001，411(6833)：41-42.

[16]COOK S J，JARRELL T A，BRITTIN C A，et al. Whole-animal connectomes of both Caenorhabditis elegans sexes[J]. Nature，2019，571(7763)：63-71.

[17]PLUCHINO A，RAPISARDA A，LATORA V. Communities recognition in the Chesapeake Bay ecosystem by dynamical clustering algorithms based on different oscillators systems[J]. The European Physical Journal B，2008，65(3)：395-402.

[18]BASCOMPTE J. Disentangling the web of life[J]. Science，2009，325(5939)：416-419.

[19]SCHWEITZER F，FAGIOLO G，SORNETTE D，et al. Economic networks：

The new challenges[J]. Science, 2009, 325(5939): 422-425.

[20] VITALI S, GLATTFELDER J B, BATTISTON S. The network of global corporate control[J]. PLoS ONE, 2011, 6(10): e25995.

[21] GLATTFELDER J B. Decoding complexity: uncovering patterns in economic networks[M]. Heidelberg: Springer, 2013.

[22] LI X, JIN Y Y, CHEN G. Complexity and synchronization of the World trade Web[J]. Physica A: Statistical Mechanics and its Applications, 2003, 328(1-2): 287-296.

[23] SERRANO M A, BOGUNÁ M. Topology of the world trade web[J]. Physical Review E, 2003, 68(1): 15101.

[24] SONG Z, CHE S, YANG Y. Topological relationship between trade network in the Belt and Road Initiative area and global trade network[J]. Progress in Geography, 2017, 36(11): 1340-1348.

[25] LATAPY M, MAGNIEN C, DEL VECCHIO N. Basic notions for the analysis of large two-mode networks[J]. Social Networks, 2008, 30(1): 31-48.

[26] GOLDSTEIN M L, MORRIS S A, YEN G G. Group-based Yule model for bipartite author-paper networks[J]. Physical Review E, 2005, 71(2): 026108.

[27] PELTOMÄKI M, ALAVA M. Correlations in bipartite collaboration networks [J]. Journal of Statistical Mechanics: Theory and Experiment, 2006(1): P01010.

[28] ZHOU Y B, LÜ L, LI M. Quantifying the influence of scientists and their publications: distinguishing between prestige and popularity[J]. New Journal of Physics, 2012, 14(3): 33033.

[29] DENNING P J. The Science of Computing: What is computer science? [J]. American Scientist, 1985, 73(1): 16-19.

[30] NAGURNEY A, DONG J. Supernetworks: decision-making for the information age[M]. Elgar, Edward Publishing, Incorporated, 2002.

[31] 胡枫，赵海兴，何佳倍，等. 基于超图结构的科研合作网络演化模型[J]. 物理学报，2013，62(19)：547-554.

第 3 章　复杂网络的基本统计特性

在当今快速发展的信息时代，复杂网络已成为研究各种自然和人造系统相互作用的重要工具。从社交媒体网络、互联网的庞大结构，到生物系统内的细胞互作网络，以及交通和供应链网络，复杂网络无处不在，深刻影响着人类生活、科学研究和工业应用。而复杂网络的基本统计特性是用于描述网络结构和功能的关键度量。因此，深入理解这些网络的基本统计特性，不仅有助于揭示网络背后的基本原理，还能提高预测、控制和优化这些系统的能力。

本章旨在全面介绍复杂网络的基本统计特性，包括网络的度和度分布、集聚系数、路径和距离度量、网络的稀疏性与连通性等核心概念。此外，还讨论了这些统计特性如何影响网络的动态行为，包括网络的鲁棒性、效率和演化过程。通过对这些基本特性的深入分析，我们不仅可以更好地理解网络的结构和功能，还可以发现网络设计的普遍规律，从而为复杂网络理论的进一步发展以及在不同领域的应用提供坚实的基础。

3.1　网络的度和度分布

网络的度和度分布是网络的基本结构特性，也是理解和操作复杂网络系统的基石。通过分析节点的度，可以评估网络的连接性、鉴别网络的异质性，以及预测网络在面对随机故障或针对性攻击时的鲁棒性和脆弱性等。

3.1.1　度

在一个给定的网络中，每个节点都可能与其他节点通过边相连。网络的“度”刻画了一个节点的一阶邻居数量。具体来说，在无向网络中，节点的度是与该节点直接相连的边的数量。在有向网络中，节点的度被进一步细分为“入度”和“出度”，其中入度是指向该节点的边的数量，而出度是从该节点出发指向其他节点的边的数量。

在无向网络中，节点 i 的度 k_i 定义为与节点 i 直接相连的边数量。对于没有自环和多重边的简单图，节点 i 的度 k_i 的值也等于与节点 i 直接相连的节点数目。网络中所有节点的度值的平均称为网络的平均度，记为 $\langle k \rangle$，可以帮助理解网络的整体连接性。给定一个无向网络 G 的邻接矩阵 $\boldsymbol{A}=(a_{ij})_{N\times N}$，将网络的总连边数记为 M，则有：

$$k_i=\sum_{j=1}^{N}a_{ij}=\sum_{j=1}^{N}a_{ji}, \tag{3-1}$$

$$\langle k \rangle=\frac{1}{N}\sum_{i=1}^{N}k_i=\frac{1}{N}\sum_{i,\ j=1}^{N}a_{ij}=2M/N。 \tag{3-2}$$

在有向网络中，每个节点的度包括出度和入度。节点 i 的出度 k_i^{out} 的值等于从节点 i

指向其他节点的边数目，节点 i 的入度 k_i^{in} 的值等于所有从其他节点指向节点 i 的边数目。尽管有向网络中单个节点的出度和入度的值可能并不相等，但网络的平均出度$\langle k^{\text{out}}\rangle$和平均入度$\langle k^{\text{in}}\rangle$的值是相等的。通过邻接矩阵的元素可将它们表示为：

$$k_i^{\text{out}}=\sum_{j=1}^{N}a_{ij}\text{，}k_i^{\text{in}}=\sum_{j=1}^{N}a_{ji}\text{，}k_i=k_i^{\text{out}}+k_i^{\text{in}}\text{，} \tag{3-3}$$

$$\langle k^{\text{out}}\rangle=\langle k^{\text{in}}\rangle=\frac{1}{N}\sum_{i,\ j=1}^{N}a_{ij}=\frac{M}{N}\text{。} \tag{3-4}$$

有向网络中的总连边数目 M 等于所有节点的入边数总和或出边数总和，则：

$$M=N\langle k\rangle=\sum_{i=1}^{N}k_i=\sum_{i,\ j=1}^{N}a_{ij}\text{，}\langle k\rangle=\frac{M}{N}\text{。} \tag{3-5}$$

表 3-1 给出了有向网络和无向网络具体的网络样例，并计算了相应的度指标。

表 3-1　网络样例及度指标

无向网络	有向网络
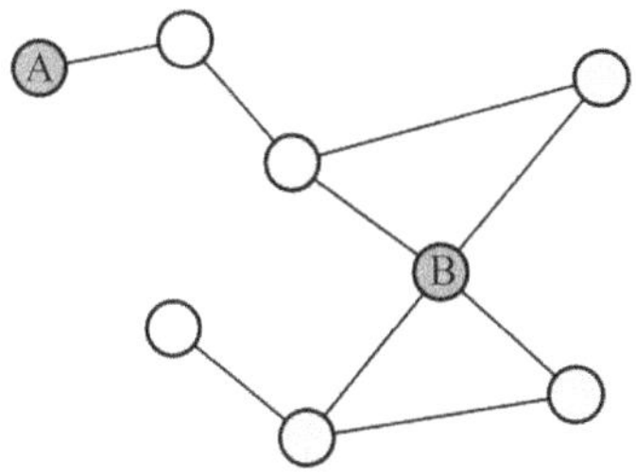	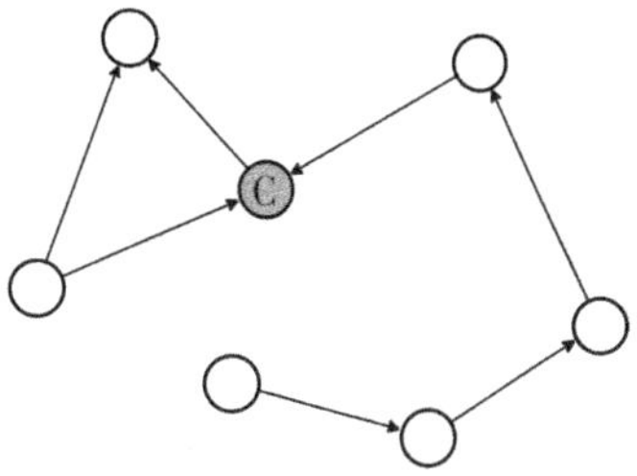
$k_A=1$，$k_B=4$	$k_C^{\text{in}}=2$，$k_C^{\text{out}}=1$，$k_C=3$

对于无向网络，由于与节点 A 直接相连的连边数为 1，因此节点 A 的度值 $k_A=1$，而与节点 B 直接相连的连边数为 4，因此节点 B 的度值 $k_B=4$。对于有向网络，由于与节点 C 直接相连的连边数为 3，因此，节点 C 的总度值 $k_C=3$。而在这 3 条边中，存在 2 条入边和 1 条出边，因此，节点 C 的入度值 $k_C^{\text{in}}=2$，出度值 $k_C^{\text{out}}=1$。

3.1.2　度分布

度分布描述了网络中各个度值的节点所占的比例，是研究网络结构的重要工具，可以揭示网络的拓扑结构特征。例如，随机网络的度分布通常遵循泊松分布，而许多实际网络，如互联网、社交网络和生物网络，则显示出幂律分布的特点，意味着网络中存在少数几个高度节点(即具有非常高连边数的节点)，而大多数节点的度相对较低。

复杂网络的度分布可用分布函数 $P(k)$来描述，它表示从网络中随机选取的一个节点的度值为 k 的概率。具体而言，无向网络的度分布 $P(k)$定义为从网络中随机选取一个节点的度为 k 的概率。有向网络的出度分布 $P(k^{\text{out}})$定义为网络中随机选取的一个节点的出度为 k^{out} 的概率；而入度分布 $P(k^{\text{in}})$同理定义为网络中随机选取的一个节点的入度为 k^{in} 的概率。通常情况下可以用直方图来描述网络的度分布性质。图 3-1 展示了一个包含 10 个节点的无向网络。我们以该网络作为示例，计算它的度分布。

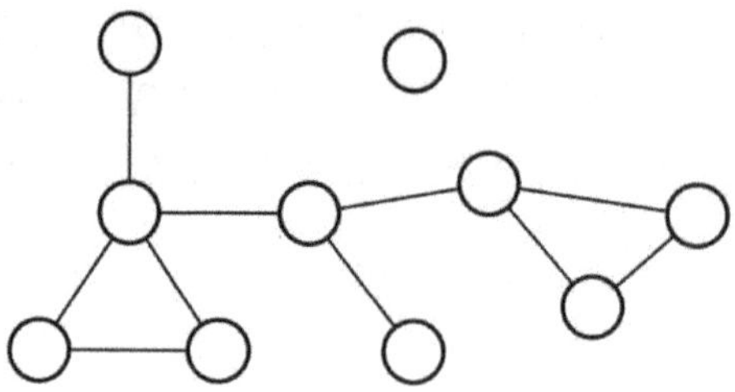

$P(0)=\frac{1}{10}$，$P(1)=\frac{2}{10}$，$P(2)=\frac{4}{10}$，$P(3)=\frac{2}{10}$，$P(4)=\frac{1}{10}$，$P(k)=0(k>4)$

图 3-1　网络度分布的计算示例

在图 3-1 中，由于度值为 0 的节点有 1 个，因此，$P(0)=\frac{1}{10}$，表示有 10%的节点是孤立的，没有与任何其他节点相连；由于度值为 1 的节点有 2 个，因此，$P(1)=\frac{2}{10}$，表示有 20%的节点恰好与一个其他节点相连；由于度值为 2 的节点有 4 个，因此，$P(2)=\frac{4}{10}$，表示有 40%的节点有 2 个连接，这是网络中最常见的连接数；由于度值为 3 的节点有 2 个，因此，$P(3)=\frac{2}{10}$，表示有 20%的节点有 3 个连接；由于度值为 4 的节点有 1 个，因此，$P(4)=\frac{1}{10}$，表示有 10%的节点有 4 个连接；而图中不存在度值大于 4 的节点，因此，$P(k)=0(k>4)$，表示没有节点的连接数超过 4。该无向网络的度分布直方图如图 3-2 所示。

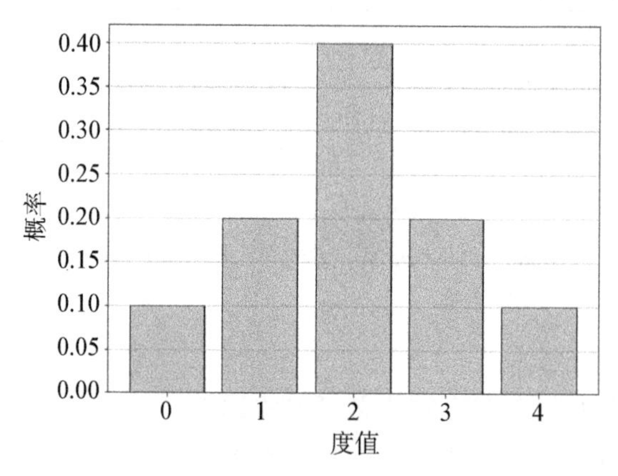

图 3-2　网络的度分布直方图

3.1.3　累积度分布

累积度分布是网络度分布的一个补充描述，它强调了网络中高度节点的比例。它表示从网络中随机选取一个节点，其度大于或等于 k 的概率，记作 P_k。累积度分布提供了一种从全局视角评估网络连接密度的方式，能够更平滑地描述网络的度结构，特别是在度值分布较为分散时。它与度分布的关系为：

$$P_k=\sum_{k'=k}^{\infty}P(k')。\tag{3-6}$$

直方图也可以用来表示累积度分布，只是每个柱子的高度表示所有度大于或等于某个值的节点所占的总比例。以图 3-1 网络为例，其累积度分布的直方图如图 3-3 所示。

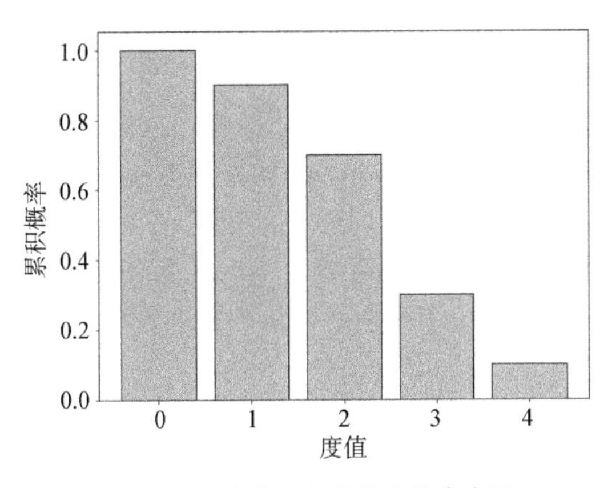

图 3-3 网络的累积度分布的直方图

此外，累积度分布图通常在双对数坐标系中呈现为一个斜率为负的直线，特别是对于那些度分布遵循幂律的网络。例如，图 3-4 为一些实证网络的累积度分布曲线[1]，图中的横轴表示节点的度，纵轴表示累积度分布。其中图 3-4(a)为数学家合作网络，图 3-4(b)为 1981—1997 年在 *Institute for Scientific Information* 上发表的文献之间的引文网络，图 3-4(c)为 1999 年的 WWW 中的一个拥有 3 亿个节点的子网，图 3-4(d)为 1999 年 4 月的自治层互联网，图 3-4(e)为美国西部电力网络，图 3-4(f)为酵母菌代谢中的蛋白质相互作用网络。其中图 3-4(a)如同是两个不同指数的幂律曲线的组合；图 3-4(b)只在末端符合幂律分布；图 3-4(c)、(d)、(f)的图像符合幂律分布形式，其分布曲线在双对数坐标系中基本为直线形式；图 3-4(e)网络度分布服从指数分布(半对数坐标)。

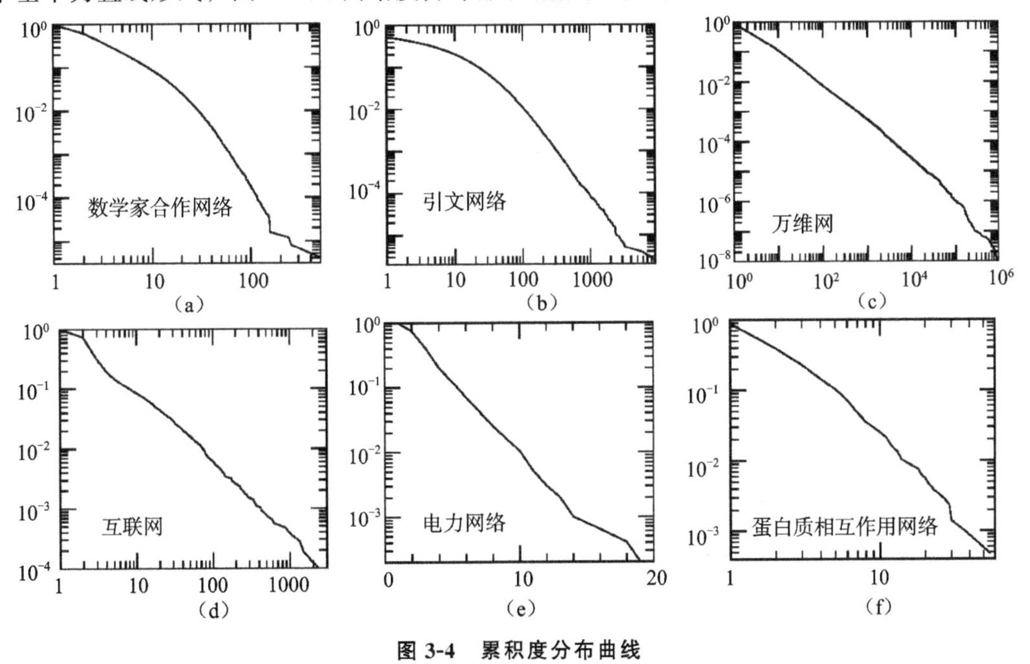

图 3-4 累积度分布曲线

(a)数学家合作网络，(b)引文网络，(c)万维网，(d)互联网，(e)电力网络，(f)蛋白质相互作用网络。本图来源于参考文献[1]

3.2 网络的集聚系数

在朋友关系网络中，经常能看到一个人的两个朋友也互为朋友的现象，当然这两位朋友也未必互为朋友。为了度量一个人的任意两位朋友也互为朋友的概率，于是引入了集聚系数这个指标。网络的集聚系数是网络中节点集聚程度的度量，它有助于理解网络的局部集聚结构。集聚系数通常分为两种：局部集聚系数和全局集聚系数。

3.2.1 局部集聚系数

局部集聚系数是用来度量网络中单个节点的邻居节点相互之间连接的程度。对于网络中的一个节点，它的局部集聚系数指的是其邻居节点之间实际存在的边数与可能存在的最大边数之间的比例。局部集聚系数是一个重要的度量指标，它可以帮助理解网络中微观层面上的连通性。例如，在社交网络中，一个高局部集聚系数可能意味着一个人的朋友彼此之间也是朋友。在生物网络中，高局部集聚系数可能表明存在功能上紧密相连的蛋白质复合体或代谢通路。

一般地，假设网络中的节点 i 有 k_i 条边，并将它和其他 k_i 个节点相连，这 k_i 个节点称为节点 i 的邻居。如果节点 i 的 k_i 个相邻节点之间存在连边，那么这些相邻节点之间存在的最大可能边数为 $k_i(k_i-1)/2$。对于节点 i 的集聚系数 c_i，可以用两种不同的计算方式：

一是将节点 i 的 k_i 个相邻节点之间实际存在的边数 E_i 和最大可能边数 $k_i(k_i-1)/2$ 之比定义为节点 i 的集聚系数 c_i，即：

$$c_i=2E_i/k_i(k_i-1)。\tag{3-7}$$

二是从几何角度来给出节点的集聚系数。将 E_i 看作以节点 i 为顶点的三角形的数目。由于节点 i 只有 k_i 个相邻节点，包含节点 i 的三角形至多有 $k_i(k_i-1)/2$ 个。如果用以节点 i 为中心的连通三元组表示包括节点 i 在内的 3 个节点，并且在这 3 个节点中至少存在从节点 i 到另外两个节点的两条边，那么以节点 i 为中心的连通三元组的数目实际上就等于包含节点 i 的三角形的最大可能数目，即 $k_i(k_i-1)/2$。因此，节点 i 的集聚系数的几何定义为：

$$c_i=\frac{\text{包含节点 } i \text{ 的三角形的数目}}{\text{以节点 } i \text{ 为中心的连通三元组的数目}}。\tag{3-8}$$

基于邻接矩阵可将式(3-7)和式(3-8)分别表示为：

$$c_i=\frac{2E_i}{k_i(k_i-1)}=\frac{1}{k_i(k_i-1)}\sum_{j,\ k=1}^{N}a_{ij}a_{jk}a_{ki},\tag{3-9}$$

$$c_i=\frac{\text{包含节点 } i \text{ 的三角形的数目}}{\text{以节点 } i \text{ 为中心的连通三元组的数目}}=\frac{\sum\limits_{j\neq i,\ k\neq j,\ k\neq i}a_{ij}a_{ik}a_{jk}}{\sum\limits_{j\neq i,\ k\neq j,\ k\neq i}a_{ij}a_{ik}}。\tag{3-10}$$

局部集聚系数 c_i 的值范围为 0～1，值越接近 1，表示邻居之间的连接越紧密，形成一个紧凑的团簇；值越接近 0，表示邻居之间几乎没有直接的连接。

3.2.2 全局集聚系数

全局集聚系数是对整个网络集聚倾向的度量，它描述了网络中形成完整三角形(即闭合三元组)的倾向。与局部集聚系数不同，它不是针对单个节点而是针对网络整体。在得到网络中所有节点的集聚系数之后，一个网络的全局集聚系数 C 可定义为网络中所有节点的集聚系数值的平均，即：

$$C=\frac{1}{N}\sum_{i=1}^{N}c_i,\tag{3-11}$$

显然有，$0\leqslant c_i\leqslant 1$，$0\leqslant C\leqslant 1$。若节点 i 只有一个相邻节点或没有相邻节点，则 $E_i=0$。当且仅当节点 i 的任意两个相邻节点都不互为邻居或节点 i 至多有一个相邻节点，则 $c_i=0$。当且仅当网络中的所有节点的集聚系数均为 0，$C=0$；当且仅当网络中的所有节点的聚类系数均为 1，$C=1$，此时网络是全局耦合的，即网络中任意两个节点都直接相连。这里通过一个具体网络为例计算集聚系数，如图 3-5 所示。

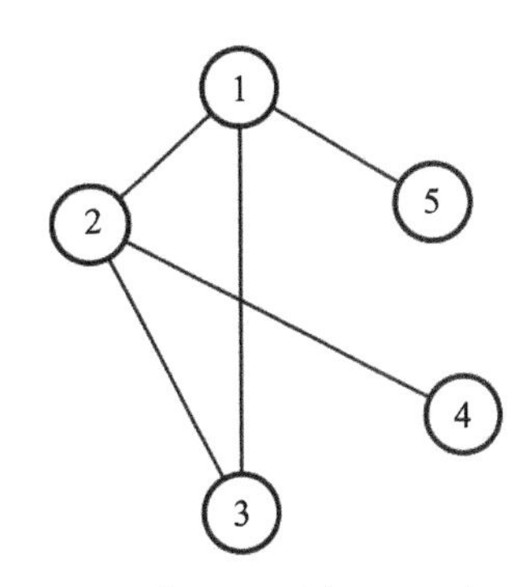

$c_1=1/3$，$c_2=1/3$，$c_3=1$，
$c_4=0$，$c_5=0$，$C=1/3$

图 3-5 网络集聚系数的计算示例

图 3-5 展示了一个包含 5 个节点的无向网络以及它每个节点的集聚系数值。对于节点 1 有 $E_1=1$，$k_1=3$，于是有 $c_1=2E_1/k_1(k_1-1)=1/3$，对于节点 2 有 $E_2=1$，$k_2=3$，于是有 $c_2=2E_2/k_2(k_2-1)=1/3$。同理可求得 $c_3=1$，$c_4=0$，$c_5=0$。于是整个网络的集聚系数为 $C=\sum_{i=1}^{5}c_i/5=1/3$。

3.3 网络的距离与介数

网络的距离与介数从不同的角度量化了网络中节点的相对位置和重要性，为我们提供了深入分析和优化网络结构的工具。本节重点介绍路径与距离、平均路径长度与直径以及介数的相关概念。

3.3.1 路径与距离

路径是网络中从一个节点到另一个节点的连接序列，其中每一对连续的节点都通过网络中的边相连。路径可以是简单的，也就是说，路径不包括重复的节点或边，或者可以是复杂的，包含重复的节点或边(“回路”或“环”)。路径的概念在社交网络、交通网络以及通信网络等多种类型的网络中都非常重要。以无向网络为例，路径是指沿着网络中的连边行走所经过的节点，它是一个节点序列，可表示为：

$$P=\{v_0,\ v_1,\ v_2,\ \cdots,\ v_n\}=\{(v_0,\ v_1),\ (v_1,\ v_2),\ \cdots,\ (v_{n-1},\ v_n)\},\tag{3-12}$$

其中 P 为从节点 v_0 到节点 v_n 的一条路径，且任意相邻的节点 v_i 和 v_{i+1} 都存在一条连边(v_i, v_{i+1})。路径 P 包含 $n+1$ 个节点和 n 条连边，将路径的长度定义为其所包含的连边数，即路径 P 的长度为 n。对于网络中的任意一对节点，它们之间可能存在不止一条路径。

网络中两个节点 v_i 和 v_j 之间的距离 d_{ij} 通常指的是网络中两个节点之间的最短路径长度，它是衡量网络中信息传递速度和效率的基本指标。在一个给定的网络中，两个节点之间的距离被定义为连接这两个节点的最短路径上的边数(在无权图中)或边权重的总和(在加权图中)。在无权图中，每条边的权重相同，可以简单地视为 1。因此，两个节点之间的距离就是连接它们的最短路径上的边数。在加权图中，每条边都有一个权重，代表从一个节点到另一个节点的“成本”或距离。在这种情况下，两个节点之间的距离是所有可能路径中权重总和最小的路径的权重和。当 v_i 和 v_j 之间没有连通路径时，$d_{ij}=\infty$。测定最短路径的算法主要有 Dijkstra 算法和 Floyd 算法。

Dijkstra 算法用于寻找一个节点到图中其他所有节点的最短路径。其主要特点是从起始节点出发，逐步扩展最短路径，直到达到目标节点或者所有节点都被遍历。以下是算法的具体步骤。

(1)初始化：初始时，点集 S 只包含起始节点 v，点集 U 包含除起始节点 v 外的其他节点。将起始节点 v 到点集 U 中的每个节点的距离设为与起始节点 v 直接相连的边的权重值。与节点 u 的距离等于连接节点 v 与节点 u 的连边权重值。

(2)选择下一个节点：从点集 U 中选取一个到起始节点 v 距离最小的节点 k，将节点 k 加入点集 S 中。该选定的距离即为起始节点 v 到节点 k 的最短路径长度。

(3)更新距离：将节点 k 作为中间节点，修改起始节点 v 与点集 U 中各节点的距离。若从起始节点 v 经过节点 k 到点集 U 中的节点 u 的距离比起始节点 v 直接到节点 u 的距离更短，则更新节点 v 与节点 u 的距离值。更新后的距离值等于节点 v 到节点 k 的距离加上节点 k 到节点 u 的距离。

(4)重复步骤(2)和(3)：重复选择下一个节点和更新距离的步骤，直到所有节点都被包含在点集 S 中。

(5)结束：当所有节点都被包含在点集 S 中后，算法结束。此时，起始节点 v 到每个节点的最短路径长度已经确定。

Floyd 算法是一种用来计算图中所有节点对之间最短路径的经典算法。它的主要思想是通过逐步考察是否存在经过其他节点的路径比直接路径更短来更新节点对之间的距离。以下是算法的具体步骤。

(1)初始化：输入初始矩阵 $D(0)=D=(d_{ij})_{n\times n}$，$d_{ij}=\begin{cases} l_{ij}, & \text{当连边}(v_i,\ v_j)\text{存在} \\ \infty, & \text{其他} \end{cases}$。其中，$d_{ij}$ 表示节点 i 到节点 j 的直接距离。若节点 i 到节点 j 之间存在连边，则将距离设为边的权重值；否则，将距离设为无穷大。

(2)逐步更新距离：考察每一个节点对 i 和 j 是否存在某个节点 k，使得经过节点 k 到达节点 j 的路径比直接到达节点 j 的路径更短。如果存在这样的节点 k，则更新节点 i 到节点 j 的距离为经过节点 k 的路径长度。具体更新公式为：$D(k)=(d_{ij}^{(k)})_{n\times n}$，其中 $d_{ij}^{(k)}=\min[d_{ij}^{(k-1)},\ d_{ik}^{(k-1)}+d_{kj}^{(k-1)}]$。其中 $D(k)$表示第 k 次迭代后的距离矩阵。

(3)重复步骤(2)：重复进行逐步更新距离的操作，直到进行了 n 次迭代。这里的 n

是图中节点的数量。

(4)最终距离矩阵：得到最终的距离矩阵 $D(n)=(d_{ij}^{(n)})_{n\times n}$，其中的元素 $d_{ij}^{(n)}$ 即为节点 i 到节点 j 的最短路径长度。

3.3.2 平均路径长度与直径

网络的平均路径长度描述的是网络中所有节点对之间路径长度的平均值，是衡量网络全局连通性的一个重要指标。一个较短的平均路径长度通常意味着网络中的信息或资源可以更快、更有效地传递。对于一个给定的网络，网络的平均路径长度 L 定义为任意两个节点之间的平均距离，即：

$$L=\frac{2\sum_{i\geqslant j}d_{ij}}{N(N-1)}, \tag{3-13}$$

式中，d_{ij} 表示节点 i 和节点 j 之间的最短路径长度。

在不同类型的网络中，平均路径长度的特点可以大不相同：在小世界网络中，即使是在大规模网络中，任意两个节点之间的平均距离也相对较小。这种现象在许多真实世界的网络中被观察到，如社交网络、互联网、生物网络等。小世界网络具有较短的平均路径长度，这可能导致信息或疾病的快速传播；在规则网络(每个节点以相同的方式连接到其他节点)中，平均路径长度可能会更长，因为节点之间的连接更加均匀和有序；在随机网络中，平均路径长度通常介于规则网络和小世界网络之间。

网络的直径 D 是网络中所有节点对之间最短路径的最大值。在实际网络中，网络直径指的是任意两个存在有限距离的节点之间的最大距离，即：

$$D=\max_{1\leqslant i<j\leqslant N} d_{ij}, \tag{3-14}$$

式中，d_{ij} 表示节点 i 和节点 j 之间的最短路径长度。网络直径给出了网络大小的一个上限，反映了在最坏情况下，信息或影响力在网络中传播所需的最大步数或时间。在不同类型的网络中，网络直径的特征类似于平均路径长度。小世界网络中网络的直径可能较小，而在规则网络中，直径可能会比较大。

3.3.3 介数

介数是图论中的一个概念，用于衡量某个节点在网络中的重要性或中心性。它基于这样一个假设：在网络中传递信息或资源时，会优先选择最短路径。介数定义为任意一对节点间的最短路径经过某节点或连边的次数，从而表明了这个节点在网络传递信息过程中的重要性。介数可以分为点介数和边介数。

点介数衡量的是一个节点在所有最短路径中出现的频率。一个高点介数的节点在网络中的许多最短路径上，表明它在连接网络各部分方面起着重要的作用，定义为：

$$B_i=\sum_{1\leqslant j<l\leqslant N} n_{jl}(i)/n_{jl}, \tag{3-15}$$

式中，n_{jl} 为节点 v_j 和 v_l 之间的最短路径数；$n_{jl}(i)$为节点 v_j 和 v_l 之间的所有最短路径中经过节点 v_i 的条数。

边介数衡量了一条边在所有最短路径中出现的频率，即网络中所有的最短路径中经

过边 e_{ij} 的数量比例，定义为：

$$\widetilde{B}_{ij}=\sum_{1\leqslant l<m\leqslant N} N_{lm}(e_{ij})/N_{lm}, \tag{3-16}$$

式中，N_{lm} 为节点 v_l 和 v_m 之间的最短路径条数；$N_{lm}(e_{ij})$为节点 v_l 和 v_m 之间的最短路径中经过边 e_{ij} 的数目。一条具有高边介数的连边通常会在网络上信息传递过程中发挥着重要作用。下面通过一个具体的网络示例来计算网络的平均路径长度，如图 3-6 所示。

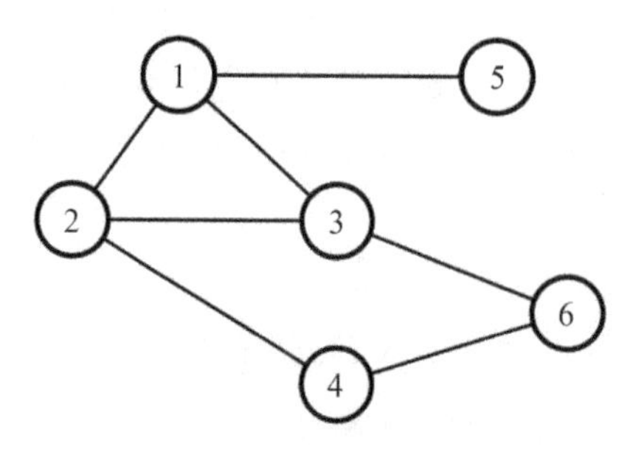

图 3-6　网络的平均路径长度的计算示例

首先计算所有节点对的距离：$d_{12}=1$；$d_{13}=1$；$d_{14}=2$；$d_{15}=1$；$d_{16}=2$；$d_{23}=1$；$d_{24}=1$；$d_{25}=2$；$d_{26}=2$；$d_{34}=2$；$d_{35}=2$；$d_{36}=1$；$d_{45}=3$；$d_{46}=1$；$d_{56}=3$；

由此可得直径：$D=\max\{d_{ij}\}=d_{45}=d_{56}=3$；

平均路径长度为：$L=\frac{2}{6(6-1)}\sum_{i>j} d_{ij}=(2\times25)/(6\times5)\approx1.67$。

3.4　网络的稀疏性与连通性

在网络科学和图论中，网络的稀疏性与连通性是两个核心概念，它们从不同的角度描述了网络结构的重要属性。这些概念不仅对于理解网络的基本特性至关重要，而且从宏观上对于分析网络的效率、鲁棒性和功能性具有深远的影响。

3.4.1　稀疏性

稀疏性是描述网络中连接的稀少程度的一个指标。在一个稀疏的网络中，节点间的连接数远远少于节点数的最大可能连接数(在一个完全连接的网络中，任何两个不同的节点之间都有一条边)。稀疏性的网络具有较少的边，这意味着网络的存储和处理需要较低的计算资源。此外，稀疏网络中的信息传播可能更慢、更不均匀，这可能影响网络的效率和效果。

网络的稀疏程度即网络的密度，定义为网络中实际存在的边数 M 与最大可能的边数之比。如果一个网络中任意两个节点间都有连边，则称该网络为完全连接网络，它的平均度$\langle k\rangle=N-1$，并且拥有连边数 $L_{\max}=C_N^2=\frac{N(N-1)}{2}$。网络的稀疏程度可定义为(在有向图网络中，去掉式(3-17)分母中的 1/2)：

$$\rho=\frac{M}{L_{\max}}=\frac{M}{\frac{1}{2}N(N-1)}, \tag{3-17}$$

平均度与网络密度之间的关系：

$$\langle k \rangle = \frac{2M}{N} = (N-1)\rho \approx N\rho, \tag{3-18}$$

若当 $N \to \infty$ 时网络密度趋于一个非零常数，则可认为该网络是稠密的，此时邻接矩阵中非零元素的比例也会趋于一个常数；若 $N \to \infty$ 时网络密度趋于 0 或网络平均度趋于一个常数，则称该网络是稀疏的，邻接矩阵中非零元素的比例也会趋于 0。如果在 t 时刻网络中的节点数 $N(t)$ 和边数 $M(t)$ 呈线性比例关系，那么平均度 $\langle k \rangle$ 为常数；若二者呈平方关系，则平均来说每个节点均会与网络中一定比例的其他节点直接相连，网络会演化为非常稠密的网络。许多实际网络的演化介于上述两种情形之间，服从以下的超线性关系：

$$M(t) \sim N^{\alpha}(t), \quad 1 < \alpha < 2, \tag{3-19}$$

也称为稠密化幂律。这表明，一方面，实际网络会随着时间的演化而变得越来越稠密；另一方面，与稠密的全耦合网络相比，实际网络仍然是稀疏的。现实中大规模网络的一个共有特征就是稀疏性，即网络中实际存在的边数远小于最大可能的边数，$L \ll L_{\max}$ 或 $\langle k \rangle \ll N-1$。

3.4.2 连通性

连通性描述的是网络中节点之间连接的紧密程度。一个高连通性的网络意味着网络中的任何一个节点都可以通过网络中的路径到达任何其他节点。连通性是衡量网络能够有效进行信息传递的一个关键指标。在许多情况下，提高网络的连通性可以增强网络的鲁棒性，即使一部分节点或连边失效，网络中的信息仍然可以传播。

一个图中任意两点间至少有一条路径相连，则称该图为连通图。任何一个非连通图都可分为若干个连通子图，每个子图称为原图的一个分图。含有节点数最多的连通子图称为最大连通集团。一个连通图 G 的连通程度也称作连通度。若一个图的连通度越大，则该网络越稳定。对于非连通网络的邻接矩阵，所有的非零元素都存在于沿着矩阵对角线排列的一些方块中，矩阵中的其余元素均为零。

图 3-7 为连通图和非连通图及其邻接矩阵表示。

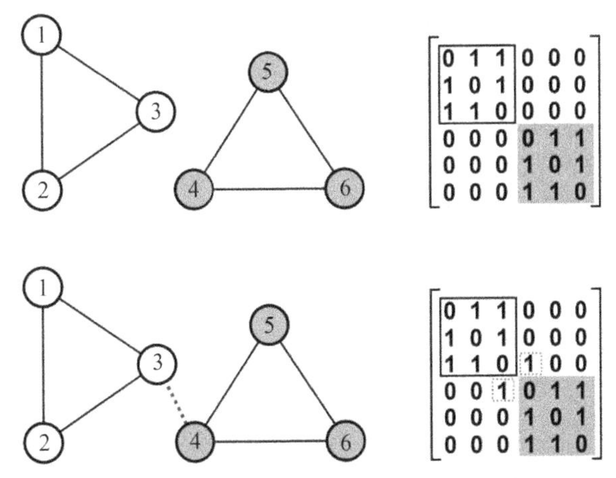

图 3-7 连通图和非连通图及其邻接矩阵表示

3.5 度度相关性与富人俱乐部

度度相关性与富人俱乐部现象是显示网络中节点间连接模式的重要指标，对理解网络的形成机制、演化动态，以及信息传播特性等方面都具有重要意义。

3.5.1 度度相关性

度与度之间的相关性，也称为度度相关性，是分析复杂网络特性的重要统计特性。这种相关性描述了网络中节点如何根据它们的度(即连接数)相互连接。它反映了网络的结构特征，影响着网络的动态行为和稳健性。根据度度相关性的不同，网络可以被分类为同配网络、异配网络或中性网络，如图 3-8 所示。

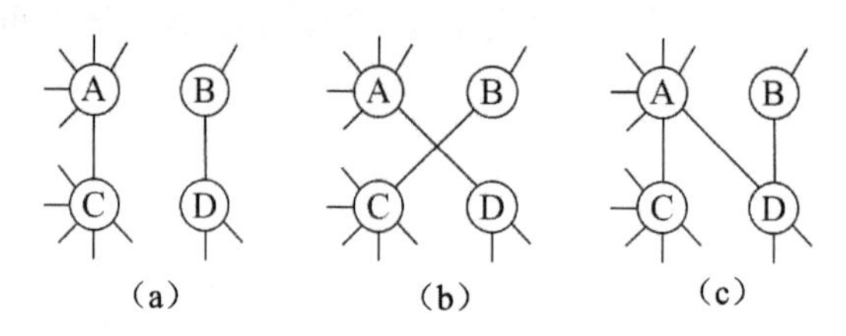

图 3-8 网络的 3 种度度相关性

(a)同配网络，(b)异配网络，(c)中性网络

在同配网络中，高度节点倾向于与其他高度节点连接，而低度节点倾向于与其他低度节点连接，如图 3-8(a)所示。这种模式促进了网络中高度节点的紧密互联，可能形成一个高度互连的核心群体。同配性增强了网络中高度节点的连通性，有时可以提高网络的鲁棒性，因为网络的核心部分由许多互相连接的高度节点组成。社交网络经常显示出这种类型的相关性，因为人们倾向与拥有相似社会连接数量的其他人建立联系。

在异配网络中，网络中高度节点倾向于与低度节点连接，反之亦然，如图 3-8(b)所示。这种模式导致网络中的连接更加分散，高度节点作为桥梁连接不同的低度节点或节点群体。异配性可能会减弱网络的整体连通性和鲁棒性，因为移除少量的高度节点可能导致网络的大规模分裂。这种情况在生物网络和技术网络中比较常见，例如，互联网的路由网络中，一些高度节点(如路由器)服务于许多低度节点(如个人计算机)。

在中性网络中，节点的连接完全是随机的，不受节点度的影响，如图 3-8(c)所示。这意味着网络中任意两个节点相连的概率与它们的度无关，也就是度度相关性既不呈现正相关也不呈现负相关。在理想的随机图或某些类型的人工生成网络中可能会观察到这种情况。

下面将介绍 4 种常用的度度相关性的计算方法，包括可视化描述[2]、度相关函数[3]、相关系数和皮尔逊(Pearson)相关系数[4]。其中，可视化描述提供直观理解，度相关函数和相关系数提供定量分析，皮尔逊相关系数则是一种广泛使用的统计工具，用于测量线性相关性。通过这些方法，可以深入理解网络结构的复杂性和节点间的相互作用模式。

1. 可视化描述

可视化描述是一种通过图形化手段来观察网络中节点度之间的关系和模式的方法。如果网络中两个节点之间是否有边相连与这两个节点的度值无关，即网络中随机选择的一条边的两个端点的度值完全随机，则有：

$$e_{jk}=q_j q_k,\quad \forall j,\ k, \tag{3-20}$$

其中，e_{jk} 表示在网络中随机选择一条连边，它的两端点的度值分别为 j 和 k 的概率。$q_k=kp_k/\langle k\rangle$ 表示网络中随机选择的一条连边，它有一个端点的度值为 k 的概率，其中 p_k 为网络的度分布，它代表网络中随机选择一个节点，其度值为 k 的概率。因此，可以通过可视化描述 e_{jk} 的概率分布来定性判断网络的度度相关性。若在可视化图形中观测到 e_{jk} 的变化没有表现出任何趋势，这表示网络是中性的，即不具有度度相关性；否则，就称网络具有度度相关性。同配网络的可视化展示了高度节点之间的密集连接，形成了网络的核心集群，而异配网络的可视化则展示了高度节点与低度节点之间的广泛连接，形成了中心—边缘的网络结构。这两种可视化反映了网络中节点连接倾向性的根本不同。图 3-9 为科学家合作网络、ER 随机网络和 C. elegans 线虫网络可视化的结果，可以看到在图 3-9(a)中网络具有同配性质，而在图 3-9(c)中网络具有异配性质。

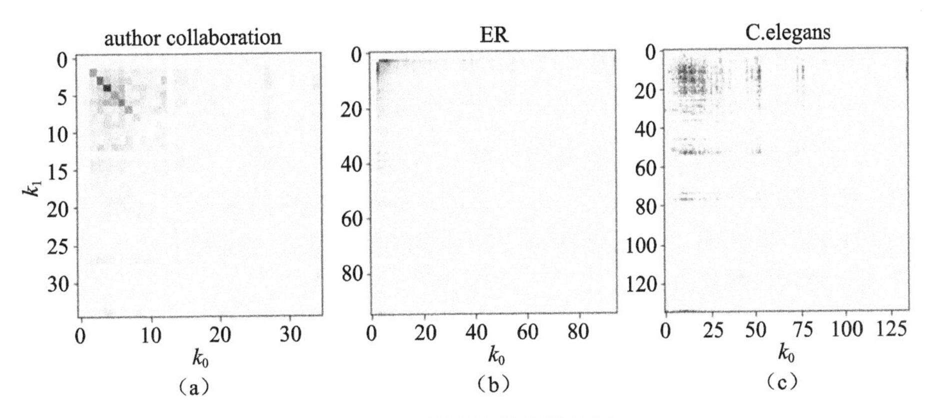

图 3-9 不同网络的计算结果

2. 度相关函数

度相关函数是衡量网络中节点度之间关系的统计指标，巴斯克斯(Vázquez)等提出该方法用于量化网络的同配性或异配性[3]。将节点 i 的最近邻平均度值定义为：$k_{nn,i}=\left[\sum_j a_{ij}k_j\right]/k_i$，其中，$k_i$ 表示节点 i 的度值，a_{ij} 为邻接矩阵的元素。那么所有度值为 k 的节点的最近邻平均度值的平均值 $k_{nn}(k)$ 定义为：

$$k_{nn}(k)=\left[\sum_{i|k}k_{nn,\ i}\right]/[N*P(k)]\propto k^{\mu}, \tag{3-21}$$

其中，N 为网络的节点总数，$P(k)$为网络的度分布函数。如果 $k_{nn}(k)$是随着 k 值上升的增函数，即 $\mu>0$，则说明大度节点倾向于连接大度节点，网络具有正相关特性，称该网络为同配网络；若 $\mu<0$，则网络表现为负相关特性，称该网络为异配网络；若 $\mu=0$，则称该网络为中性网络。图 3-10 为科学家合作网络、ER 随机网络和 C. elegans 线虫网络度相关函数的结果。可以看到图 3-10(a)的结果为增函数，网络具有正相关性，为同配网络，而在图 3-10(b)和(c)中，网络具有负相关性，为异配网络。

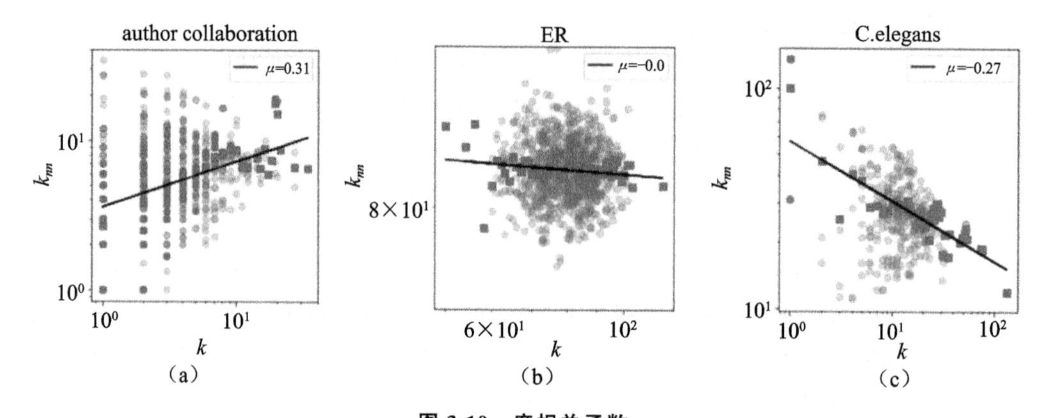

图 3-10 度相关函数

(a)科学家合作网络，(b)ER 随机网络，(c)C. elegans 线虫网络

3. 相关系数

相关系数是一种用来量化两个变量之间线性相关程度的统计指标。在分析度度相关性时，相关系数用于衡量网络中节点的度与其邻居节点的度之间的关系。由前面的可视化描述方法可知，如果网络是度相关的，则 e_{jk} 不等于 $q_j q_k$，可以考虑用它们两者之间的差值大小来刻画网络的度相关程度，即：

$$\langle jk\rangle-\langle j\rangle\langle k\rangle=\sum_{jk} jk(e_{jk}-q_j q_k), \tag{3-22}$$

若 $\langle jk\rangle-\langle j\rangle\langle k\rangle$ 的差值为正值，则网络为同配的；若差值为零，则网络为中性的；若差值为负值，则网络为异配的。然而，这种度量方法会受到网络规模的影响，通常网络的规模越大，上述差值的绝对值也会越大。为了消除网络规模对度量方法的影响，可通过归一化处理得到相关系数 r：

$$r=\frac{\sum_{jk} jk(e_{jk}-q_j q_k)}{\sigma_r^2},\quad -1\leqslant r\leqslant 1, \tag{3-23}$$

其中 $\sigma_r^2=\max\sum_{jk} jk(e_{jk}-q_j q_k)=\sum_{jk} jk(q_k\delta_{jk}-q_j q_k)$。$r$ 的取值范围为$[-1,1]$。若 $r<0$，则网络为异配的；若 $r=0$，则网络为中性的；若 $r>0$，则网络为同配的。相关系数法消除了网络规模对网络度相关性定量化的影响，使其能够比较不同规模网络的度相关程度。

4. 皮尔逊相关系数

为了使度量网络相关性的相关系数更加方便计算，纽曼(Newman)进一步简化了度相关系数的计算方法[4]，他利用网络中所有连边两端节点的度值的皮尔逊相关系数 r 来描述网络的度度相关性：

$$r=\frac{M^{-1}\sum_{e_{ij}} k_i k_j-\left[M^{-1}\sum_{e_{ij}}\frac{1}{2}(k_i+k_j)\right]^2}{M^{-1}\sum_{e_{ij}}\frac{1}{2}(k_i^2+k_j^2)-\left[M^{-1}\sum_{e_{ij}}\frac{1}{2}(k_i+k_j)\right]^2}, \tag{3-24}$$

其中，k_i 和 k_j 分别表示边 e_{ij} 的两个端点 i，j 的度值，M 表示网络的总边数。相关系数 r 的取值范围为：$-1\leqslant r\leqslant 1$。当 $r<0$ 时，网络是负相关的；当 $r>0$ 时，网络是正相关的；当 $r=0$ 时，网络是不相关的。经过计算，科学家合作网络的皮尔逊相关系数为 0.46，表明该网络具有同配特性。ER 随机网络和线虫网络的皮尔逊相关系数分别为 -0.06 和 -0.16，表明这两个网络均具有异配特性。皮尔逊相关系数法给出的这三个网络的定量结果与上面提到的定性方法给出的结果一致。

3.5.2 富人俱乐部

实际网络中存在少量的节点却拥有大量的连边，这些节点被称为“富节点”；它们倾向于彼此之间相互连接，出现了“富人俱乐部”现象[5]。在社交网络中，研究发现人们倾向于与社会经济地位相似的人建立联系。在科学家合作网络中，高产科学家更有可能与其他高产科学家合作。在互联网和其他技术网络中，高度集中的节点(如主要路由器或服务器)通常高度互联，确保了网络的高效运行。“富节点”之间连接往往比较多，形成的网络子图密度也比较大。这些“富”节点在网络功能和结构中扮演着关键角色。

富人俱乐部连通性是一种用于衡量网络中特定高度节点群体内部连接密集程度的指标。它可以使用富人俱乐部系数 $\phi(r/N)$ 来描述，表示网络中前 r 个度值最大的节点之间实际存在的连边数 L 与这 r 个节点之间总的最大可能边数 $r(r-1)/2$ 的比值，即：

$$\phi(r/N)=\frac{L}{r(r-1)/2}=\frac{2L}{r(r-1)}, \tag{3-25}$$

如果 $\phi(r/N)=0$，则不存在富人俱乐部现象；如果 $\phi(r/N)=1$，则前 r 个度最大的节点组成的富人俱乐部为一个完全连通子图。

科利扎(Colizza)等人通过对比现实世界网络和生成模型来探索这一现象[6]。他们比较了实际网络和零模型的富人俱乐部系数，定量地判断网络中是否存在富人俱乐部现象。包括蛋白质相互作用网络、空中运输网络、互联网和科学家合作网络等实例，并将其与 ER 随机网络、BA 网络等进行了比较。结果显示，无论网络的具体类型或其度分布的性质如何，富人俱乐部系数呈现出随节点度增加而单调增加的行为。即使在非同配网络中，也可能观察到这一现象，这表明富人俱乐部现象与网络的度相关是独立的。这一现象证实了富人俱乐部现象在不同的网络中普遍存在，网络中的“富节点”有更高的概率互相连接，形成一个紧密相连的核心群体。

此外，富人俱乐部现象也普遍出现在生物神经网络中。例如，格里法(Griffa)等人发现在神经系统中富人俱乐部现象普遍存在[7]。这种拓扑结构可能是具有信息处理能力的生物系统的一个显著特征，从而促进了对大脑功能整合的更深入概念化，既通过功能神经影像学研究，也通过计算研究，并且与潜在的解剖结构基础相关。

3.6 模体

模体是复杂网络中的局部结构，也是网络中最基本的结构和功能单元。它被定义为网络中出现频率特别高的连通子图，并且这些模式在网络中出现的次数显著高于在随机化网络中的出现次数。研究者们在生物化学、神经生物学、生态学和工程学的网络中发现了这样的模体结构，它不仅可以反映网络的通用类型，也可以作为揭示复杂网络结构设计原则的有用概念[8-10]。

网络中的模体可以提供对网络功能的深入了解，但是如何检测及识别这些模体十分具有挑战性。为判断实际网络的子图 j 是否为模体，可以比较该子图在实际网络中所出现的次数 $N(j)$ 与其在相应的随机化网络中出现次数的平均值 $\langle N_r(j)\rangle$ 的大小，一般要求：

$$R(j)=\frac{N(j)}{\langle N_r(j)\rangle}>1.1。\tag{3-26}$$

判断实际网络中的一个子图 i 是否为模体的具体依据如下。

(1)该子图在与实际网络对应的随机化网络中出现的次数大于它在实际网络中出现次数的概率很小，通常要求这个概率小于某个阈值 P。

(2)该子图在实际网络中出现的次数 Nreali 不小于某个下限 U。

(3)该子图在实际网络中出现的次数 Nreali 明显高于它在随机化网络中出现的次数 Nrandi，一般要求 Nreali>1.1Nrandi。

此外，可以通过计算 Z 得分来进行归一化，Z 得分定义为：

$$Z(j)=\frac{N(j)-\langle N_r(j)\rangle}{\sigma_r(j)},\tag{3-27}$$

其中，$\sigma_r(j)$是在随机网络中子图 j 出现次数的标准差。如果 $Z(j)$的值大于某个阈值(例如，$Z(j)>2$，意味着出现频率高于随机期望的两个标准差)，则可以认为子图 j 在网络中的出现具有统计学上的显著性，从而被认为是模体。$Z(j)$越大，子图作为模体的意义也就越大。

模体一般由少数节点连接构成。在大多数网络中，三节点和四节点模体较为常见。三节点模体出现在转录水平调控和神经网络中，而四节点模体往往是电子电路而不是生物系统中的特征模体。

对于无向网络，包括 2 种三节点模体结构和 6 种四节点模体结构。2 种三节点模体结构包括闭三元组和开三元组。闭三元组表示 3 个节点彼此相连，形成一个闭环，如图 3-11(a)所示。这种模体结构在社交网络中反映了朋友的朋友也是我的朋友的社交规则。开三元组表示 3 个节点中有一个节点与其他两个节点相连，但这两个节点之间没有直接连接，如图 3-11(b)所示。这反映了某种层级或辐射型的连接模式。

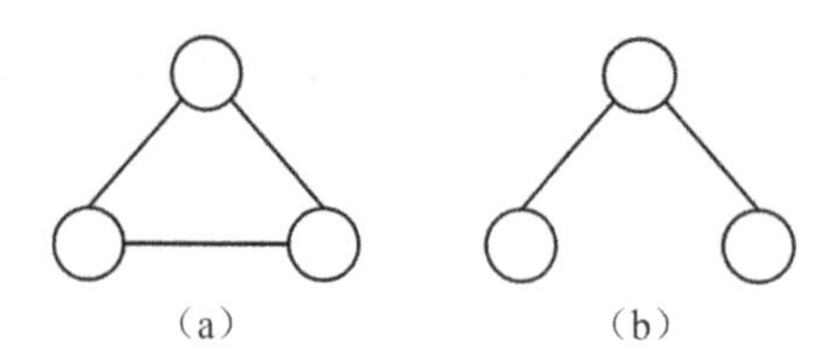

图 3-11 无向网络的三节点连通关系图

(a)闭三元组，(b)开三元组

对于有向网络，3 个节点之间可以形成 13 种连通关系，包括单向连接、双向连接、闭环连接等不同组合，如图 3-12 所示。4 个节点之间可以形成 199 种连通关系。这些关系在描述复杂系统的信息流、控制路径和功能组织方面非常重要。这种丰富的模体类型反映了有向网络在组织和功能上的复杂性。

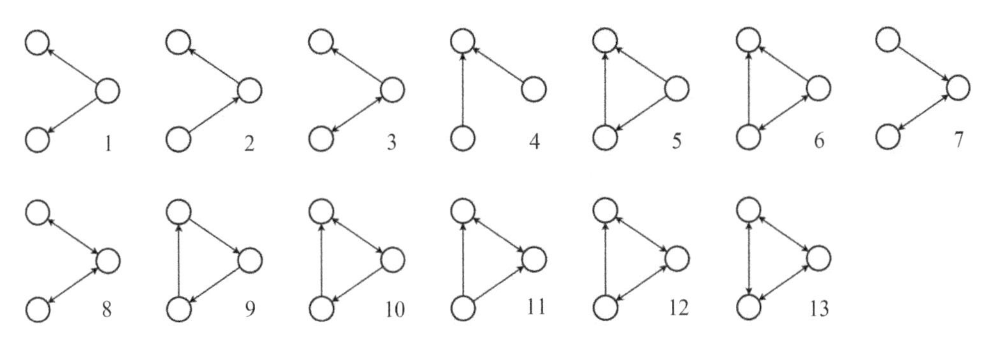

图 3-12 有向网络的三节点连通关系图，本图来源于参考文献[10]

无向网络中的模体结构是有向网络中的模体结构的特殊情况。研究者开发了一种检测网络模体的算法，并将该算法应用于生物化学(转录基因调控)、生态学(食物网)、神经生物学(神经元连接)和工程学(电子电路、万维网)等多个网络，检测出的网络模体如图 3-13 所示。

网络	节点	连边	N_{real}	N_{rand} ± SD	Z score	N_{real}	N_{rand} ± SD	Z score	N_{real}	N_{rand} ± SD	Z score
基因调控网络			X→Y→Z, X→Z		前馈环	X, Y→Z, W		双扇			
E. coli	424	519	40	7 ± 3	10	203	47 ± 12	13			
S. cerevisiae[b]	685	1,052	70	11 ± 4	14	1812	300 ± 40	41			
神经元网络			X→Y→Z, X→Z		前馈环	X, Y→Z, W		双扇	X→Y, Z→W		双平行
C. elegans†	252	509	125	90 ± 10	3.7	127	55 ± 13	5.3	227	35 ± 10	20
食物网			X→Y→Z		三链	X→Y, Z→W		双平行			
Little Rock	92	984	3219	3120 ± 50	2.1	7295	2220 ± 210	25			
Ythan	83	391	1182	1020 ± 20	7.2	1357	230 ± 50	23			
St. Martin	42	205	469	450 ± 10	NS	382	130 ± 20	12			
Chesapeake	31	67	80	82 ± 4	NS	26	5 ± 2	8			
Coachella	29	243	279	235 ± 12	3.6	181	80 ± 20	5			
Skipwith	25	189	184	150 ± 7	5.5	397	80 ± 25	13			
B. Brook	25	104	181	130 ± 7	7.4	267	30 ± 7	32			
电子电路网（正向逻辑芯片）			X→Y→Z, X→Z		前馈环	X, Y→Z, W		双扇	X→Y, Z→W		双平行
s15850	10,383	14,240	424	2 ± 2	285	1040	1 ± 1	1200	480	2 ± 1	335
s38584	20,717	34,204	413	10 ± 3	120	1739	6 ± 2	800	711	9 ± 2	320
s38417	23,843	33,661	612	3 ± 2	400	2404	1 ± 1	2550	531	2 ± 2	340
s9234	5,844	8,197	211	2 ± 1	140	754	1 ± 1	1050	209	1 ± 1	200
s13207	8,651	11,831	403	2 ± 1	225	4445	1 ± 1	4950	264	2 ± 1	200
电子电路网（数字分数乘法器）			X→Z→Y→X		三节点反馈环	X, Y→Z, W		双扇	X→Y→W→Z→X		四节点反馈环
s208	122	189	10	1 ± 1	9	4	1 ± 1	3.8	5	1 ± 1	5
s420	252	399	20	1 ± 1	18	10	1 ± 1	10	11	1 ± 1	11
s838‡	512	819	40	1 ± 1	38	22	1 ± 1	20	23	1 ± 1	25
万维网			X⇄Y⇄Z, X→Z		带有两个互连结构的反馈环	X, Y, Z (Y⟷Z)		全连接三元组	X, Y, Z (Y⟷Z)		
nd.edu§	325,729	1.46e6	1.1e5	2e3 ± 1e2	800	6.8e6	5e4±4e2	15,000	1.2e6	1e4 ± 2e2	5000

图 3-13 生物和技术网络中发现的网络模体。本图来源于参考文献[10]

利用模体这一单元可以在网络分析中进行有效的实际应用[11]。例如，模体的出现频率和类型可以作为区分不同类型网络(如社交网络、生物网络、技术网络)的特征。这种方法可以帮助研究人员理解不同网络的结构特性和功能差异；在缺少完整数据的情况下，模体分析可以用于预测网络中可能存在的链接，或者帮助重建网络的结构。这对于理解疾病网络、蛋白质相互作用网络等领域尤为重要；在处理多层网络(例如，同时包含社交、经济和通信层的网络)时，模体分析可以揭示不同层之间的相互作用和协同效应，为理解复杂系统的动态行为提供新的视角。总之，模体分析作为一种强大的网络分析工具，能够帮助研究人员从微观结构出发深入理解网络的宏观功能和行为。

参考文献

[1] NEWMAN, M. E J. The Structure and Function of Complex Networks [J]. SIAM Review, 2003, 45(2): 167-256.

[2] MASLOV S, SNEPPEN K. Specificity and stability in topology of protein networks[J]. Science, 2002, 296(5569): 910-913.

[3] VÁZQUEZ A, PASTOR-SATORRAS R, VESPIGNANI A. Large-scale topological and dynamical properties of the Internet[J]. Physical Review E, 2002, 65(6): 066130.

[4]NEWMAN M E J. Assortative mixing in networks[J]. Physical Review Letters, 2002, 89(20): 208701.

[5] ZHOU S, MONDRAGÓN R J. The rich-club phenomenon in the Internet topology[J]. IEEE Communications Letters, 2004, 8(3): 180-182.

[6] COLIZZA V, FLAMMINI A, SERRANO M A, et al. Detecting rich-club ordering in complex networks[J]. Nature Physics, 2006, 2(2): 110-115.

[7]GRIFFA A, VAN DEN HEUVEL MP. Rich-club neurocircuitry: function, evolution, and vulnerability [J]. Dialogues in Clinical Neuroscience, 2018, 20(2): 121-132.

[8] ALON U. Network motifs: theory and experimental approaches [J]. Nature Review Genetics, 2007, 8(6): 450-461.

[9]BASCOMPTE J. Disentangling the web of life[J]. Science, 2009, 325(5939): 416-419.

[10]MILO R, SHEN-ORR S S, ITZKOVITZ S, et al. Network motifs: simple building blocks of complex networks[J]. Science, 2002, 298(5594): 824-827.

[11]LIU S Y, XIAO J, XU X K. Link prediction in signed social networks: From status theory to motif families [J]. IEEE Transactions on Network Science and Engineering, 2020, 7(3): 1724-1735.

第 4 章　几种基本的网络拓扑模型

复杂网络作为现代科学研究和实际应用中的重要工具，在描述和理解各种实际系统中的相互关系和结构性质方面发挥着关键作用。而复杂网络的拓扑结构是其研究的核心，它不仅揭示了网络中节点之间的连接方式，更反映了网络的整体性质和动态行为。在复杂网络领域，一些经典的拓扑模型被广泛研究和应用，它们从不同角度解释了网络的形成机制和演化规律。

本章将系统介绍几种基本的复杂网络拓扑模型，涵盖了规则网络、ER 随机网络、小世界网络以及无标度网络。这些模型代表了复杂网络研究中的重要里程碑，通过对其特性和应用的深入剖析，读者将能够全面了解复杂网络拓扑结构的多样性和复杂性，为进一步探索网络科学的前沿提供基础和启示。

4.1　规则网络

规则网络是具有完全规则且固定结构的网络。常见的规则网络有完全连接网络、最近邻居连接网络、星形网络等。研究规则网络一方面是需要了解其连接方式，另一方面是探索网络基本统计特征，如度、集聚系数等。下面将分别介绍几种常见的规则网络。

4.1.1　完全连接网络

如果一个网络中的任意两个节点间都具有连边，则称该网络为完全连接网络。完全连接网络在图论中又称完全图，它表示网络中的任意两个节点间都存在相互作用。一般来说，对于规模小的网络，很容易形成一个完全连接网络。例如，一个办公室的成员或一间茶餐厅的店员，由于这些成员彼此都互相认识，因此，基于他们之间是否相识所建立的社会网络就是一个完全连接网络。然而当网络的规模达到一定程度时，网络中任意两个节点间都存在连边是难以实现的，此时的网络就是一个非完全连接网络。另外，由于在完全连接网络中，每个节点的地位都是等价的，因此，可以很方便地对该网络的统计特性进行相应的理论分析。例如，在由 N 个节点构成的完全连接网络中有 $N(N-1)/2$ 条连边，由于在该网络中任意两个节点之间都存在连边，相对于相同规模的其他类型网络，完全连接网络具有最多的连边数目，对应的网络最大集聚系数 $C=1$ 以及最小的平均最短路径长度 $L=1$。图 4-1 为完全连接网络示意图。

4.1.2　最近邻居连接网络

在一个网络中，如果每一个节点只与它周围的邻居节点相连，就称该网络为最近邻居连接网络。常见的最近邻居连接网络是一个由 N 个节点组成的闭环，其中每个节点都

与它左右各 $K/2$ 个邻居点相连。这里的 K 是一个偶数，通常 $K \ll N$ 且 K 的取值与 N 无关。由于在该最近邻居连接网络中，每个节点都有 K 个邻居相连，因此，该网络也被称为 K 近邻网络。图 4-2 为一个 4 近邻网络的示意图。

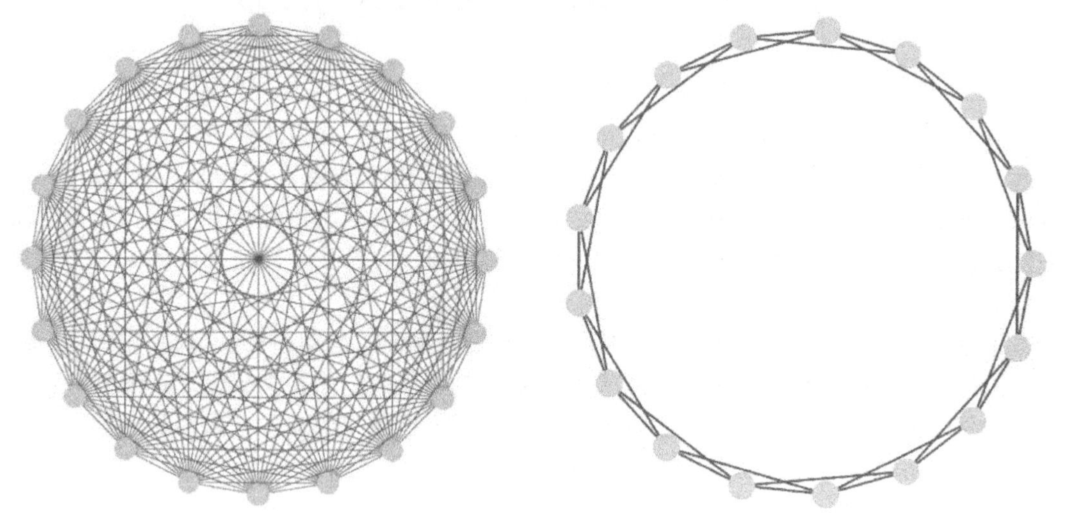

图 4-1　完全连接网络示意图

图 4-2　近邻网络示意图($K=4$)

对于一个环状 K 近邻网络，可以基于网络中三角形的数量来计算该网络的集聚系数。假设 K 近邻网络的规模 N 充分大，K 是一个与 N 无关的常数，并且 $K \ll N$。网络中的任意一个三角形都可以看作从一个节点出发，沿着同一个方向(如顺时针方向)走两条边，再沿着反方向走一条边返回出发点而形成的。由于走反方向的边的最大跨度为 $K/2$ 个节点，那么从一个节点出发的三角形数目就等于从 $K/2$ 个节点中任意选取 2 个节点的组合数，即：

$$\binom{K/2}{2}=\frac{1}{4}K\left(\frac{1}{2}K-1\right)。\tag{4-1}$$

而网络中以任意一个节点为中心的连通三元组的数目为：

$$\binom{K}{2}=\frac{1}{2}K(K-1)。\tag{4-2}$$

则 K 近邻网络的集聚系数为：

$$C=\frac{3\times\text{网络中的三角形数目}}{\text{网络中的连通三元组数目}}=\frac{3\times N\times\binom{K/2}{2}}{N\times\binom{K}{2}}=\frac{3(K-2)}{4(K-1)}。\tag{4-3}$$

在环状 K 近邻网络中，任意一个节点通过一步能到达的节点与该节点的最大距离为 $K/2$，那么两个中间间隔 $m-1$ 个节点之间的最短距离为不小于 $2m/K$ 的最小整数，记为 $\lceil 2m/K \rceil$。从而 K 近邻网络的平均路径长度为：

$$L\approx\frac{1}{N/2}\sum_{m=1}^{N/2}\left\lceil\frac{2m}{K}\right\rceil\approx\frac{N}{2K}(N\to\infty)。\tag{4-4}$$

4.1.3 星形网络

星形网络仅含有一个中心节点，其余节点都只与该中心节点相连而彼此不相连，如图 4-3 所示。

对于一个星形网络，由于它不存在三角形结构，所以该网络的集聚系数为 0。星形网络中的非中心节点之间的距离为 2，而中心节点到非中心节点的距离为 1，因此，该网络的平均路径长度为：

$$L=2-\frac{2(N-1)}{N(N-1)}\rightarrow 2(N\rightarrow\infty)。\tag{4-5}$$

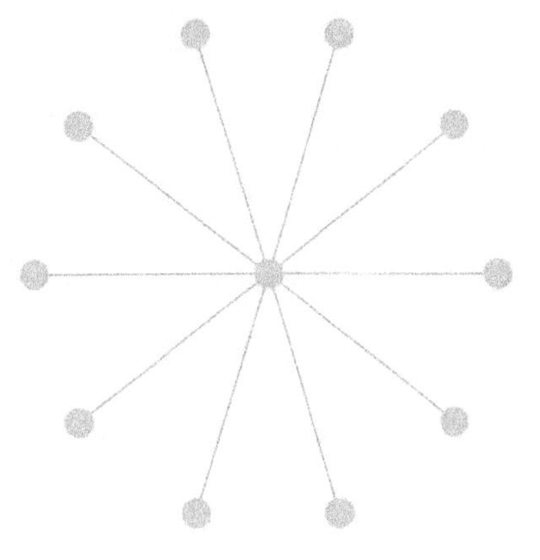

图 4-3 星形网络示意图

在现实生活中，星形网络很常见。例如，听一门课的学生都和教授这门课的教师构成师生关系，就形成了以该教师为中心的师生关系星形网络。在计算机网络中，每台计算机都分别通过一根电缆与中枢装置(交换机或集线器)相连，就形成了以中枢装置为中心节点的星形网络。

4.2 ER 随机网络

在一些社交场合，如在一场大型聚会中，每个人由于受时间和空间的限制只能认识有限的人。那在这样的环境中，如何将一条信息快速传递给所有人呢？一种方式就是由主持人向所有人发出公告，这种信息传递的方式与前面提到的星形网络一致，主持人就是网络中的中心节点。另一种方式是拥有信息的人会将信息传递给正在与之交谈的人，之后他将随机更换交谈对象，而得到消息的人会以同样的方式继续将信息扩散出去。那第二种方式的信息传递过程对应着怎样的网络结构呢？实际上人们通过随机交谈将他们联系在一起所形成的网络结构正是本节将要介绍的随机网络。

4.2.1 ER 随机网络的生成机制

ER 随机网络是最经典的随机网络模型，它有两种定义方式，分别为固定连边数的 $G(N, M)$模型和固定连接概率的 $G(N, p)$模型。$G(N, M)$模型是额尔多斯(Erdös)和任易(Renyi)首次提出的随机网络模型，并建立了随机图理论(random graph theory)，这开创了从数学上对复杂网络拓扑结构的系统性分析的研究[1]。而 $G(N, p)$模型是吉尔伯特(Gilbert)提出的另一种随机网络构建模型[2]。

1. 具有固定连边数的 *ER* 随机网络 G(N, M)

在 $G(N, M)$模型中 N 代表网络中的节点总数，M 代表网络中生成的连边总数。在这 N 个节点中，每次随机选择一对节点并在它们之间建立一条连边，并且保证已建立连边的节点对不会被重复选择。当重复 M 次之后，就得到了一个包含 N 个点、M 条边的 *ER* 随机网络，并且该网络还是一个不存在重边和自环的简单图。由于 $G(N, M)$模型固定了网络的总连边数，这种建网方式也被称为具有固定边数的 *ER* 随机网络。同时，很容易计算网络中节点的平均度$\langle k \rangle$为$2M/N$。具有固定边数的ER随机网络的具体构建过程如下：

(1)初始化：给定N个节点和待添加的连边数目M。

(2)随机连边：随机选择两个节点，并在这对节点之间添加一条边。

(3)重复步骤(2)，直到在不同的节点对之间各添加了一条边。

2. 具有固定连接概率的*ER*随机网络G(N，p)

在$G(N, p)$模型中，N代表网络中的节点总数，p代表网络中任意一对节点间存在连边的概率。它的建网方式是考虑网络中的任意一对节点，然后以概率p建立节点对之间的连边。图4-4展示了参数$N=20$，连边概率p分别等于0.1、0.2、0.3的3个随机网络。由于$G(N, p)$模型是将网络中所有节点对进行考虑，并以一定的概率生成连边，这使得即使在相同的N和p的条件下每次生成的随机网络中的连边总数也不同。$G(N, p)$模型下生成的随机网络具有如下几种情形。

(1)当$p=0$时，生成的随机网络只有一种情况：N个孤立节点，含有0条边；

(2)当$p=1$时，生成的随机网络只有一种情况：由N个节点组成的全连接网络；

(3)当$p\in(0, 1)$时，在理论上可生成具有N个节点和不超过最大边数的任意数目的边($M\in[0, N(N-1)/2]$)。

具有固定连接概率的ER随机网络的具体构建过程如下。

(1)初始化：给定N个节点和连接概率$p\in[0, 1]$。

(2)随机连边：选择网络中的一对节点，并生成一个随机数$r\in[0, 1]$。如果$r<p$，则在该节点对之间添加一条边；否则就不添加连边。

(3)遍历网络中的所有节点对，重复步骤(2)。

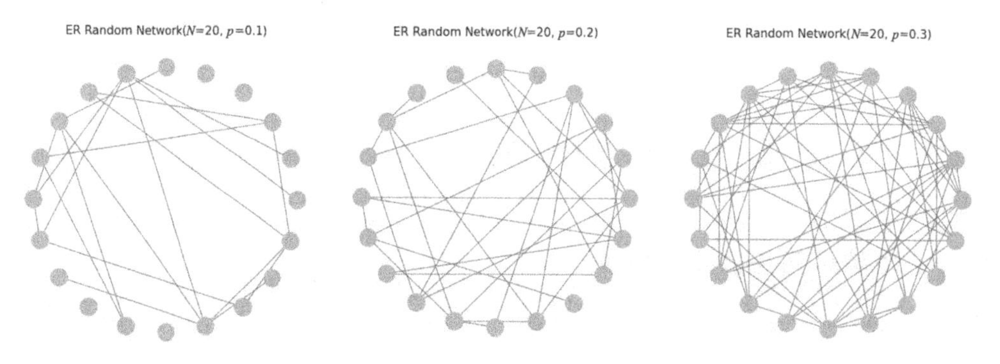

图4-4　$N=20$，$p=0.1$、0.2、0.3情形下所生成的随机图示例

由于随机网络并不是指用随机方式生成的单个网络，而是一簇网络。因此，在讨论随机网络的性质时，通常都是指这一簇网络平均意义上的性质。采用这种平均化定义的合理性在于，许多网络模型的度量值的分布都具有显著的尖峰特征，当网络规模变大时，度量值越来越集聚于这簇网络的平均值附近。因此，当网络规模趋于无穷大时，绝大部分度量值会很接近这个值。对于涉及随机网络的实验，应该考虑重复实验，再取平均值。额尔多斯(Erdös)等人证明，当网络规模趋于无穷大时，随机网络的许多平均性质都可以精确计算[1]。而大部分关于随机网络的理论工作都是基于具有固定连接概率的ER随机网络开展的。

4.2.2 ER随机网络的拓扑性质

这里以具有固定连接概率的ER随机网络$G(N,p)$为例，介绍ER随机网络的拓扑统计性质。

1. 度分布

网络中任意节点与其他K个节点有边连接的概率为$p^k(1-k)^{N-1-k}$。由于有$\binom{N-1}{k}$种选取k个节点的方式，因此网络中任意一个给定节点的度为k的概率服从二项分布：

$$P(k)=\binom{N-1}{k}p^k(1-p)^{N-1-k}。\tag{4-6}$$

度分布的均值：

$$\langle k\rangle=p(N-1)。\tag{4-7}$$

当N很大，$p=\langle k\rangle/(N-1)$很小时，有：

$$\ln(1-p)^{N-1-k}=(N-1-k)\ln(1-p)\approx-(N-1-k)\frac{\langle k\rangle}{N-1}\approx-\langle k\rangle。\tag{4-8}$$

等式两边同时以e为底取指数，当N趋于无穷大时，有$(1-p)^{N-1-k}=e^{-\langle k\rangle}$。

当N足够大时，即：

$$\binom{N-1}{k}=\frac{(N-1)!}{(N-1-k)!k!}\approx\frac{(N-1)^k}{k!}。\tag{4-9}$$

此时，度分布可以近似为泊松分布，即：

$$P_k=\binom{N-1}{k}p^k(1-p)^{N-1-k}\approx\frac{\langle k\rangle^k}{k!}e^{-\langle k\rangle}。\tag{4-10}$$

2. 边数分布

给定网络节点数N和连边概率p，生成的随机网络恰好具有M条边的概率满足标准的二项分布：

$$P(M)=\binom{\binom{N}{2}}{M}P^M(1-p)^{\binom{N}{2}-M},\tag{4-11}$$

其中，$\binom{\binom{N}{2}}{M}$表示从$\binom{N}{2}$条边中选出M条边的组合数；P^M表示这M条边都存在的概率；$(1-p)^{\binom{N}{2}-M}$表示其余$\binom{N}{2}-M$条边不存在的概率。

边数分布的期望值为：

$$\langle M\rangle=pN(N-1)/2。\tag{4-12}$$

随机网络的稀疏性：如果连边概率p与$\frac{1}{N}$同阶，如果$P=O\left(\frac{1}{N}\right)$，那么：

$$\langle M\rangle=\frac{pN(N-1)}{2}\sim O(N)。\tag{4-13}$$

这意味着当网络规模 N 充分大时所得到的 ER 随机网络为稀疏网络。

3. 集聚系数与平均路径长度

在 ER 随机网络 $G(N, p)$中，两个节点之间无论是否有共同的邻居，其连接概率均为 p。因此，ER 随机网络的集聚系数是：

$$C=p=\frac{\langle k\rangle}{N-1}。\tag{4-14}$$

由于 ER 随机网络的集聚系数很小，因此网络中的三角形数量相对很少。在 ER 随机网络中随机选取一个节点，网络中大约有$\langle k\rangle$个节点与该节点的距离为 1，大约有$\langle k\rangle^2$ 个节点与该节点的距离为 2。由于网络的总节点数为 N，设 ER 随机网络的网络直径为 D，则有 $N\sim\langle k\rangle^D$。因此，网络的直径 D 和平均路径长度 L 满足：

$$L\leqslant D\sim\frac{\ln N}{\ln\langle k\rangle}。\tag{4-15}$$

这种平均路径长度为网络规模的对数增长函数的特性是典型的小世界特性。由于 $\ln N$ 的值随 N 增长的很缓慢，这使得即使网络的规模很大，它也能具有很小的平均路径长度和网络直径。

4.3 小世界网络

规则网络的特征是具有较高的集聚特性且具有较长的平均路径长度，而随机网络的特征是具有较低的集聚特性，且具有较短的平均路径长度。这引发了一个问题：是否存在一种网络，既具有较高的集聚特性，又具有较短的平均路径长度呢？在现实生活中，很多实际网络都具有较高集聚系数和较短平均路径长度的特征，这类网络被称为小世界网络。小世界网络这一概念最早是由瓦茨(Watts)和斯托加茨(Strogatz)在 1998 年提出的[3]，他们发现只要在规则网络中引入少许的随机性就可以产生具有小世界特征的网络模型，该模型也被称为 *WS* 小世界模型。本节将主要介绍小世界现象，*WS* 小世界模型的生成机制以及小世界网络的统计特性。

4.3.1 小世界实验与小世界特性

小世界现象，也被称为六度分隔，是指世界上任意两个人只需要通过很少的中间人就能建立起联系。最早关于小世界现象的研究可以追溯到 20 世纪 60 年代社会心理学家米尔格拉姆(Milgram)进行的“六度分隔”实验[4]。该实验旨在研究人类社会网络中的路径长度，即任何两个人之间的社交链条有多长。实验随机选择了 296 位居住在美国中西部的参与者作为起始点，要求他们通过自己认识的朋友将一封信件传递给一位居住在波士顿郊区的股票经纪人。每个收到信件的人都需在信中添加自己的名字，并将信继续传递给他们认为离目标更近的人。实验结果显示，最终共有 64 封信件成功到达目标人物，并且平均经过了 5～6 个中间人，从而验证了人际关系链的短路径现象，即“六度分隔”理论。

尽管“六度分隔”理论很快被广泛接受，然而米尔格拉姆(Milgram)实验中信件成功送达目标的比率较低，而且成功的信件传递链很短，这可能是因为实验选择的目标本身具有较高的社会地位。为了克服这些缺陷，多兹(Dodds)等通过互联网在全球范围内进行了类似的社会搜寻实验[5]。实验初始选择了 24 163 位参与者作为起始点并选择了分布于 13 个国家的 18 位目标人物，参与者通过他们认识的人利用互联网平台进行消息传递，最终共有 166 个国家的 61 168 人参与。实验结果显示成功到达目标人物的消息平均经过约 6 个中间人，进一步验证了“六度分隔”理论，并展示了现代社交网络中信息传递的高效性。

后来，利本-诺威尔(Liben-Nowell)等意识到，在米尔格拉姆(Milgram)和多兹(Dodds)的实验中，参与者中途放弃任务是一个主要的限制因素。为了克服这一问题，他们选择了 LiveJournal 社交网络平台作为实验平台[6]。该平台具有丰富的用户信息和好友关系数据，可以较为完整地追踪信息传递路径。实验结果显示，成功到达目标人物的信息平均经过了 4～5 名中间人，证明了 LiveJournal 网络存在“小世界”现象。

此外，随着互联网的飞速发展，许多研究者利用社交网络平台来分析用户之间的连接和路径长度。例如，Facebook 在 2011 年的研究发现，全球范围内的任何两个 Facebook 用户之间的平均路径长度约为 4.74；Twitter 的类似研究也表明其用户之间的路径长度较短；LinkedIn 作为一个职业社交网络平台，它的用户之间平均路径长度在 3～4，这有助于职业网络的高效拓展和信息传递。可以看到，以上实验研究的网络结构都同时具有高集聚系数和短平均路径长度，体现出小世界特性。

小世界特性可以揭示复杂网络的重要特征，如高效传播和强鲁棒性等。表 4-1 展示了一些实际网络的平均路径长度与平均集聚系数的统计结果。可以发现这些实际网络与相应的随机网络相比具有高集聚系数和接近的平均路径长度，表明这些实际网络介于规则网络与随机网络之间，均具有小世界特性。

表 4-1 实际网络的相关统计指标。本表来源于参考文献[7]

网络	网络大小	平均度	平均路径长度	随机网络平均路径长度	集聚系数	随机网络集聚系数
万维网站点级别	153 127	35.21	3.1	3.35	0.107 8	0.000 23
互联网域名级别	3 015—6 209	3.52—4.11	3.7—3.76	6.36—6.18	0.18—0.3	0.001
电影演员	225 226	61	3.65	2.99	0.79	0.000 27
LANL 合著	52 909	9.7	5.9	4.79	0.43	1.8×10^{-4}
MEDLINE 合著	1 520 251	18.1	4.6	4.91	0.066	1.1×10^{-5}
SPIRES 合著	56 627	173	4.0	2.12	0.726	0.003
NCSTRL 合著	11 994	3.59	9.7	7.34	0.496	3×10^{-4}
Math 合著	70 975	3.9	9.5	8.2	0.59	5.4×10^{-5}
Neurosci 合著	209 293	11.5	6	5.01	0.76	5.5×10^{-5}
E. coli 底物图	282	7.35	2.9	3.04	0.32	0.026
E. coli 反应图	315	28.3	2.62	1.98	0.59	0.09
Ythan 河口食物网	134	8.7	2.43	2.26	0.22	0.06
Silwood Park 食物网	154	4.75	3.40	3.23	0.15	0.03

续表

网络	网络大小	平均度	平均路径长度	随机网络平均路径长度	集聚系数	随机网络集聚系数
单词共现	460 902	70.13	2.67	3.03	0.437	0.000 1
单词同义词	22 311	13.48	4.5	3.84	0.7	0.000 6
电网	4941	2.67	18.7	12.4	0.08	0.005
线虫	282	14	2.65	2.25	0.28	0.05

4.3.2 WS小世界网络的生成机制

针对在一些实际网络中观察到的小世界和集聚特性，瓦茨（Watts）和斯托加茨(Strogatz)提出了WS小世界模型并基于实证数据进行验证[3]。他们通过对规则网络进行一些随机化的改动(对网络中的连边进行随机化地断边重连)，发现调整后的网络介于规则网络和随机网络之间，可以同时具有较短的平均路径长度和较高的集聚系数，即小世界网络在平均路径长度上类似于ER随机网络模型，而在集聚系数上类似于规则网络模型，如图4-5所示。

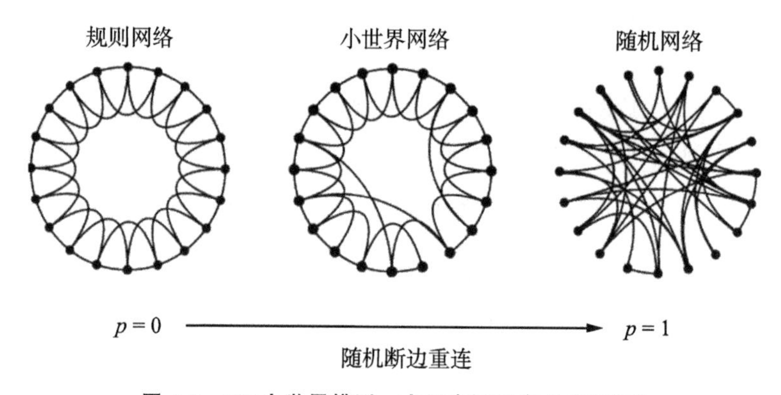

图4-5 WS小世界模型，本图来源于参考文献[3]

在构建小世界模型时，首先建立规则网络，然后对于规则网络中的每一个节点的所有连边，都以概率 p 重新连接到一个随机选择的节点。当 $p=0$ 时，生成的网络为完全规则网络。当 $p=1$ 时，对初始规则网络中的每条连边都进行了断边重连的操作，生成的网络为完全随机网络。当 p 比较小时，生成的网络可以保持规则网络高集聚的特性，同时基于随机化的断边重连带来的长程连边也缩短了网络中节点间的平均距离。WS小世界模型的具体构造算法如下。

(1)从规则网络开始：给定一个含有 N 个节点的环状最近邻耦合网络，其中每个节点都与它左右相邻的各 $\frac{K}{2}$ 个节点相连，其中 K 为偶数。

(2)随机化重连：以概率 p 随机地重新连接网络中原有的每条边，即每条边的一个端点保持不变，另一个端点改取为网络中随机选择的一个节点。规定生成的网络不能有重边和自环。

4.3.3 WS 小世界网络的统计特性

WS 小世界网络介于规则网络与随机网络之间，这使得小世界网络在某些统计特性上与规则网络具有相似之处，如比较大的网络平均集聚系数，而在某些统计特性上与随机网络具有相似之处，如比较短的网络平均路径长度。下面将主要介绍 WS 小世界网络在度分布、集聚系数、平均路径长度这三方面的统计特性。

1. 度分布

WS 小世界模型在重连概率 $p=0$ 时，其度分布与环状最近邻耦合网络的度分布相同，每个节点的度都为 K，即每个节点都与 K 条边相连。当重连概率 $p>0$ 时，基于 WS 小世界模型的随机重连规则可知每条边保留一个端点不变，且每个节点都至少与顺时针方向的$\frac{K}{2}$条边相连，因此，在断边重连后每个节点的度至少为$\frac{K}{2}$。此时，可以将节点 i 的度写为 $k_i=c_i+\frac{K}{2}$，$c_i=c_i^1+c_i^2$，其中 c_i^1 表示在原有的与节点 i 相连的逆时针方向的$\frac{K}{2}$条边中仍然保持不变的边的数目，其中每条边保持不变的概率为 $1-p$。c_i^2 表示节点 i 从其他节点获得的长程连边数。则 c_i^1 和 c_i^2 的概率分布为：

$$P_1(c_i^1)=C_{K/2}^{c_i^1}(1-p)^{c_i^1}p^{K/2-c_i^1}, \tag{4-16}$$

$$P_2(c_i^2)=C_{pNK/2}^{c_i^2}\left(\frac{1}{N}\right)^{c_i^2}\left(1-\frac{1}{N}\right)^{pNK/2-c_i^2}\simeq\frac{(pK/2)^{c_i^2}}{c_i^2!}\mathrm{e}^{-pK/2}。 \tag{4-17}$$

当网络中的节点数 N 充分大且节点的度值 $k\geqslant K/2$ 时，结合 c_i^1 和 c_i^2 的概率分布可得到网络的度分布为：

$$P(k)=\sum_{n=0}^{f(k,\,K)}C_{K/2}^{n}(1-p)^{n}p^{K/2-n}\ \frac{(pK/2)^{k-K/2-n}}{(k-K/2-n)!}\mathrm{e}^{-pK/2}, \tag{4-18}$$

其中，$f(k,\ K)=\min(k-K/2,\ K/2)$。由此可以看出，小世界模型的度分布类似于随机网络的度分布，都近似于泊松分布。

2. 集聚系数

WS 小世界模型在重连概率 $p=0$ 时，该网络的平均集聚系数等于最近邻耦合网络的平均集聚系数：$C_{WS}=\frac{3(K-2)}{4(K-1)}$，其中 K 为最近邻耦合网络中每个节点的度值。而当重连概率 $p>0$ 时，小世界模型中任意一个节点的两个邻居节点仍旧是它的邻居节点的概率分别都是$(1-p)$，这两个邻居节点也彼此相连的概率也为$(1-p)$，因此，WS 小世界模型的平均集聚系数的期望值为[7]：

$$C_{WS}=\frac{3(K-2)}{4(K-1)}(1-p)^3。 \tag{4-19}$$

图 4-6 显示了在给定参数 $N=1\ 000$，$K=10$ 下，WS 小世界网络的集聚系数与随机重连概率 p 之间的函数关系。其中 $C(0)$和 $C(p)$分别表示小世界模型所对应的规则网络的平均集聚系数以及小世界模型的平均集聚系数。从图中可以看出，当随机重连概率 p

从零开始逐渐增大时，$C(p)/C(0)$这个量先缓慢下降，而当 $p>0.01$ 时，这个量开始快速下降。这表明在 p 比较小时，WS 小世界模型的平均集聚系数与规则网络的平均集聚系数接近，都呈现出高集聚的特性。

3. 平均路径长度

计算 WS 小世界模型的平均路径长度要比计算该网络的度分布及平均集聚系数更加困难。虽然对于 WS 模型的平均路径长度已存在一些准确性非常高的近似表达式，但是目前却还没有计算它的精确表达式。关于小世界模型的平均路径长度的解析计算，大家普遍接受的是纽曼(Newman)、穆尔(Moore)以及瓦茨(Watts)基于平均场方法得到的解析表达式[8]：

$$\langle L\rangle(N,p)\approx\frac{N^{1/d}}{K}f(pKN), \tag{4-20}$$

其中，$f(u)$为一个普适的标度函数，

$$f(u)=\begin{cases}\text{常数} & \text{如果 } u\ll 1\\ \dfrac{4}{\sqrt{u^2+4u}}\operatorname{artanh}\dfrac{u}{\sqrt{u^2+4u}} & \text{如果 } u\simeq 1\text{。}\\ \ln(u)/u & \text{如果 } u\gg 1\end{cases} \tag{4-21}$$

图 4-6 还显示了在给定参数 $N=1000$，$K=10$ 下，WS 小世界网络的平均路径长度与随机重连概率 p 之间的函数关系。其中 $L(0)$和 $L(p)$分别表示小世界模型所对应的规则网络的平均路径长度以及小世界模型的平均路径长度。当 WS 小世界模型的随机重连概率从零增加时，与规则网络的平均集聚系数及平均路径长度相比较可以发现，WS 小世界模型的平均集聚系数下降缓慢但它的平均路径长度却下降很快，即当 $p(0<p\ll 1)$较小时，$C(p)\sim C(0)$，$L(p)\ll L(0)$。这意味着，当随机重连概率 p 很小且在一定范围时，如 $0.001<p<0.1$，WS 小世界模型既具有较短的平均路径长度又具有较高的集聚系数。

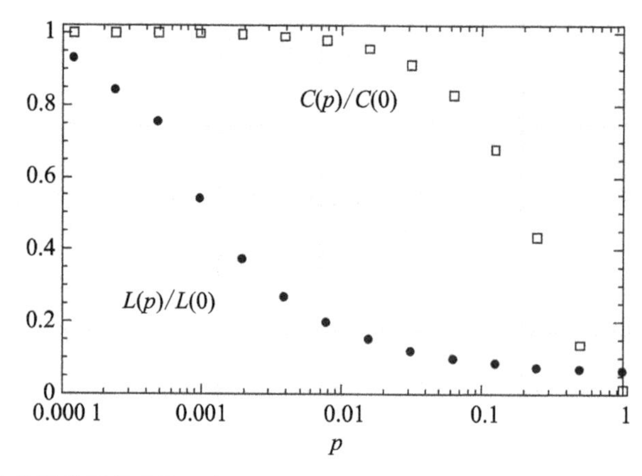

图 4-6　WS 小世界模型的集聚系数和平均路径长度与随机重连概率 p 之间的函数关系，本图来源于参考文献[3]

4.4 无标度网络

无标度网络(Scale-Free Network)是一类节点度分布遵循幂律分布(power-law distribution)的复杂网络，它的典型特征是网络中的大部分节点只与很少的节点连接，而有极少的节点与非常多的节点连接。在一般的随机网络(如 ER 随机网络)中，大部分节点的度都集中在某个特殊值附近，呈钟形的泊松分布。偏离这个特定值的概率呈指数型下降，远大于或远小于这个值都基本不可能[9]。1999 年，巴拉巴西(Barabási)等合作进行一项描绘万维网的研究，发现通过超链接与网页、文件所构成的万维网网络并不像一般的随机网络有着均匀的度分布，而是由少数高连接性的页面串联起来的[10]。绝大多数(超过 80%)的网页只有不超过 4 个超链接，但极少数页面(不到总页面数的万分之一)却拥有极多的链接，超过 1 000 个，巴拉巴西等将其称为“无标度”网络。许多复杂网络，包括 Internet、WWW 以及新陈代谢等网络的度分布函数具有幂律形式，由于这类网络的节点的度没有明显的特征长度，故称之为无标度网络。无标度网络的重要性在于其普遍存在于自然界和人类社会中，如互联网、社交网络、蛋白质相互作用网络等。它们的这一特性使得无标度网络在理解疾病传播、信息扩散、网络攻击和防御等方面具有重要的应用价值。

4.4.1 无标度网络的特性

无标度网络的统计特性主要体现在其节点的度分布遵循幂律分布，即网络中少数节点拥有大量连接，而大多数节点则仅有少数连接。巴拉巴西等人首先发现无标度网络的度分布遵守幂律分布[10]，即随机抽取一个节点，它的度 $D=K$ 的概率为：

$$P(D=K)\propto K^{-\gamma}。\tag{4-22}$$

在许多大规模的无标度网络中，度分布的 γ 值介于 2 与 3 之间。无标度网络的度分布没有特定的平均值指标，这意味着存在少量的“枢纽节点(Hubs)”，它们在网络中起着关键的作用。这些枢纽节点连接着大量的其他节点，使得网络在鲁棒性和脆弱性方面表现出独特的性质：它们对随机节点的移除相对鲁棒，但对于枢纽节点的攻击则极为敏感。

除此之外，无标度网络还具有小世界性、异质性以及自组织性。首先，无标度网络的小世界特性表现为网络中的节点之间通常具有较短的平均路径长度。这意味着，尽管网络中存在少量的枢纽节点，节点之间的连接却非常紧密，信息传播的效率较高。这种特性也被称为“六度分隔理论”，即人与人之间的平均距离不超过六步。其次，无标度网络中的节点之间连接的分布是不均匀的，因此网络具有一定的异质性。这意味着不同节点的重要性和角色可能不同，一些节点可能比其他节点更具影响力。此外，无标度网络通常是自组织的，即网络结构是通过局部的增长机制和连接规则逐步形成的，而不需要全局的指导或调整。这种自组织性有助于网络的快速发展和适应性。

4.4.2 幂律度分布的拟合

幂律度分布的拟合是确定网络是否为无标度网络的关键步骤，涉及用统计方法来估计幂律分布的参数。常用方法包括直接观测、最小二乘法、最大似然估计、累积分布函数(CDF)以及对数分箱等。这些方法能够帮助研究者验证网络的无标度特性，进而深入理解网络的结构和动态行为。在这里我们以节点数量 $n=1\ 000$，每次添加新的节点时附加的边数为 2 的 BA 网络为例，分别对上述方法进行详细介绍。

直接观测是一种简单直接的方法，通过统计和分析网络中各节点的连接数来研究其度分布。在实际应用中，这涉及收集网络数据，计算每个节点的度(即与之相连的边的数量)，并基于这些数据绘制度分布图。这可以帮助研究者初步判断网络是否可能遵循幂律分布，为进一步的统计分析提供基础。从图 4-7 中可以看到，网络的度分布是服从幂律分布的。

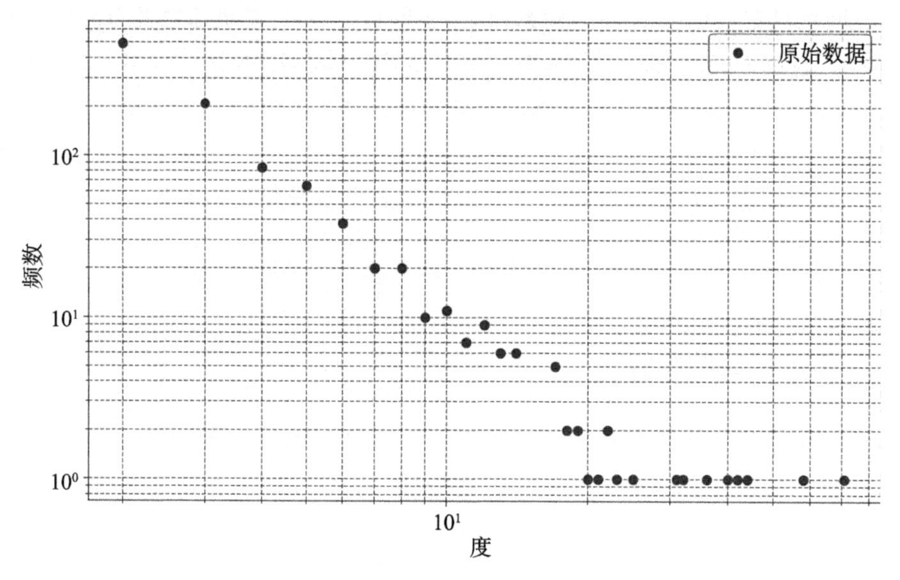

图 4-7 BA 网络的度分布

然而这种直接观测的方法虽简单却并不准确。因此，接下来我们使用可以估计幂律分布参数的方法来进一步对幂律度分布的拟合进行分析。最小二乘法是一种常用的统计方法，用于幂律度分布的拟合中，尤其是当我们试图确定网络中节点度分布的幂律关系时。通过最小化实际观测数据点与模型预测之间的偏差的平方和，最小二乘法可以帮助确定幂律分布的参数，如幂律指数。这种方法适用于直线拟合，在双对数坐标下，幂律分布表现为直线，最小二乘法可以直接应用于这些对数转换后的数据点，以估计最佳拟合线和相应的幂律指数。

要使用最小二乘法展示幂律拟合，首先需要计算网络的度分布。然后，使用最小二乘法来计算幂律指数。最后，在对数－对数图上绘制度分布，并添加根据最小二乘法计算得到的幂律拟合线。在图 4-8 中，我们既展示了网络的度分布对数图，也利用最小二乘法展示了幂律拟合的结果。通过对对数尺度下的数据进行线性拟合，我们可以估计这个 BA 网络的幂律分布参数 α 为 1.92。

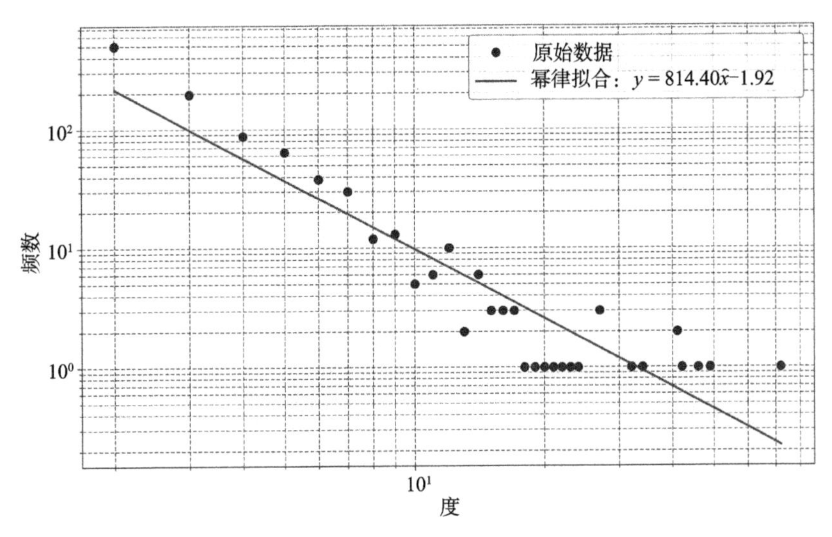

图 4-8 用最小二乘法得到的幂律拟合

最大似然估计(MLE)是一种统计方法，用于估计概率模型的参数，使得观察到的数据在该参数下的概率最大。在幂律度分布的拟合中，MLE 可用于精确估计幂律指数。这种方法比最小二乘法更好，因为它能够提供关于幂律行为的更可靠和准确的估计，同时允许进行假设检验，如利用 Kolmogorov-Smirnov 统计量来评估拟合的好坏。通过 MLE，研究者能够确定网络的度分布是否真的遵循幂律分布，以及幂律分布的具体参数。

相似地，要使用最大似然估计展示幂律拟合，首先需要计算网络的度分布。然后，使用最大似然估计来计算幂律指数。最后，在对数-对数图上绘制度分布，并添加根据最大似然估计计算得到的幂律拟合线。图 4-9 用最大似然估计得到了 BA 网络的幂律拟合，这个 BA 网络的幂律分布参数 α 为 1.89。

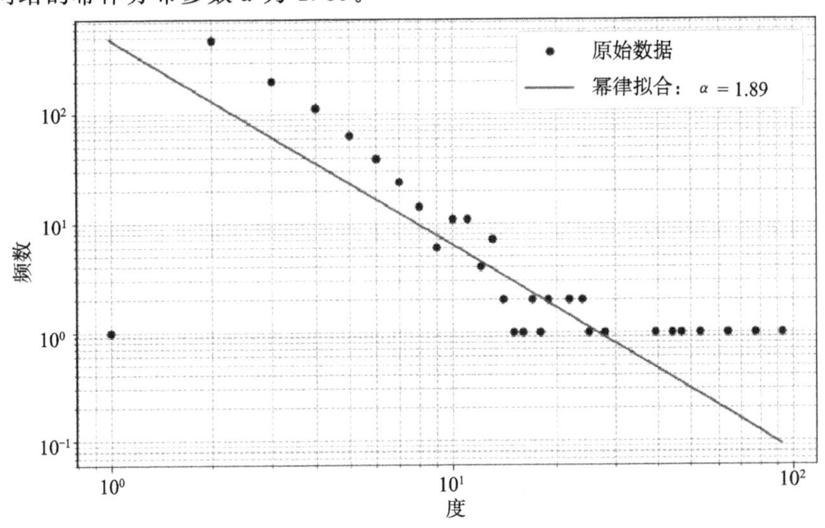

图 4-9 用最大似然估计(MLE)得到的幂律拟合

累积分布函数(CDF)是一种在统计分析中用于描述变量分布特性的函数，它表示随机变量小于或等于某个值的概率。在幂律度分布的拟合中，使用 CDF 可以帮助减少样本中的随机波动，提高拟合的准确性和稳定性。通过比较观察到的数据的累积分布与理论上的幂律分布的累积分布，研究者可以更精确地判断网络的度分布是否遵循幂律分布，从而更有效地识别和分析无标度网络。图 4-10 展示了用累积分布函数(CDF)反映的幂律拟合。

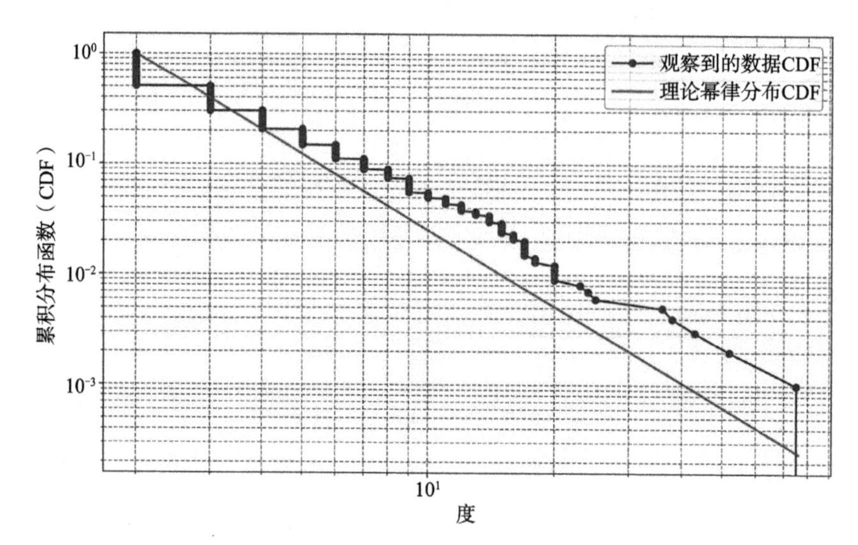

图 4-10　用累积分布函数(CDF)反映的幂律拟合

通过比较观察到的数据 CDF 以及理论幂律分布 CDF，我们可以评估网络的度分布是否遵循幂律分布。若观察到的 CDF 和理论 CDF 紧密吻合，则表明网络的度分布很可能遵循幂律分布，从而确认网络具有无标度的特性。

对数分箱是在处理幂律分布数据时用于减少样本噪声和提高统计准确性的一种方法。通过将数据分组到对数尺度的箱中，每个箱包含一定范围内的度值，这种方法能够平滑度分布曲线，使得幂律关系更加明显，如图 4-11 所示。这对于识别和分析无标度网络特性尤其有用，因为它帮助减少了样本大小带来的随机波动，从而提供了更稳定和可靠的幂律拟合结果。

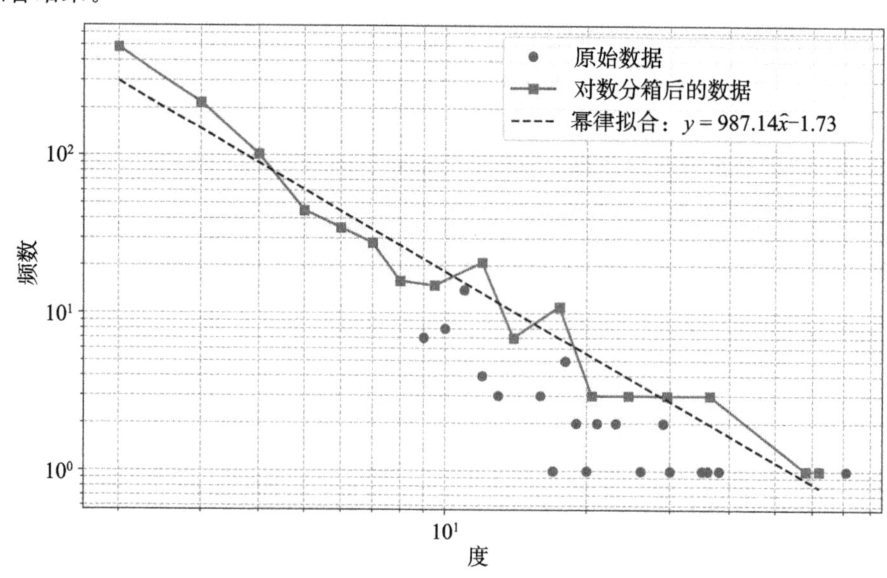

图 4-11　用对数分箱反映的幂律拟合

此外，克劳塞特(Clauset)、沙利齐(Shalizi)和纽曼(Newman)提出了一个用于识别与测度幂律现象的新框架[11]：该方法基于 Kolmogorov-Smirnov(KS)统计量与最大似然比，结合了极大似然估计方法与拟合优度检验。如果随机变量 X 的密度函数为：

$$p(x) \propto x^{\alpha}, \tag{4-23}$$

则称 X 服从幂律分布，其中 α 一般在(2，3)范围内。在一般现象中，X 不会在其整个取值范围内服从幂律分布，更可能在大于某个数 $x_{\min}$ 的范围内服从幂律分布，称 X 尾部的分布服从幂律分布。

对于连续型随机变量：

$$p(x)=Pr(x \leqslant X \leqslant x+\mathrm{d}x)=Cx^{\alpha}, \tag{4-24}$$

$$p(x)=\frac{\alpha-1}{x_{\min}}\left(\frac{x}{x_{\min}}\right)^{-\alpha}, \tag{4-25}$$

$$F(x)=\int_{-\infty}^{x} p(x)\mathrm{d}x=1-\left(\frac{x}{x_{\min}}\right)^{-\alpha+1}。 \tag{4-26}$$

对于离散型随机变量：

$$p(x)=Pr(X=x)=Cx^{\alpha}, \tag{4-27}$$

$$p(x)=\frac{x^{-\alpha}}{\zeta(\alpha, x_{\min})}, \tag{4-28}$$

$$F(x)=1-\frac{\zeta(\alpha, x)}{\zeta(\alpha, x_{\min})}, \tag{4-29}$$

其中，$\zeta(\alpha, x_{\min})=\sum_{n=0}^{\infty}(n+x_{\min})-\alpha$。

在连续情况下，α 的极大似然估计与标准误差为

$$\hat{a}=1+n\left[\sum_{i=1}^{n}\ln\frac{x_i}{x_{\min}}\right]^{-1}。 \tag{4-30}$$

$$\sigma=\frac{\hat{a}-1}{\sqrt{x}}+O\left(\frac{1}{n}\right)。 \tag{4-31}$$

在离散情况下，α 的极大似然估计与标准误差为：

$$\hat{a} \cong 1+n\left[\sum_{i=1}^{n}\ln\frac{x_i}{x_{\min}-1/2}\right]^{-1}, \tag{4-32}$$

$$\sigma=\frac{\hat{a}-1}{\sqrt{x\left[\frac{\zeta''(\hat{a}, x_{\min})}{\zeta(\hat{a}, x_{\min})}-\left(\frac{\zeta'(\hat{a}, x_{\min})}{\zeta(\hat{a}, x_{\min})}\right)^2\right]}}, \tag{4-33}$$

其中 $X_{\min}$ 满足：$D^{*}=\max\limits_{x>x_{\min}}\frac{|S(x)-F(x)|}{\sqrt{F(x)(1-F(x))}}$。

4.4.3 无标度网络的生成机制

无标度网络的生成机制通常基于两个关键原则：增长和优先连接。增长意味着网络随时间增加新节点。不少现实网络是通过不断增长扩大而来的，例如，互联网中新网页的诞生，人际网络中新朋友的加入，引文网络中新论文的发表，航空网络中新机场的建

造等。而优先连接则指新节点倾向与有更多连接的节点相连。例如，新网页一般会有转到知名网络站点的连接，新加入社群的人会想与社群中的知名人士结识，新的论文倾向于引用已被广泛引用的经典文献，新机场会优先建立与大机场之间的航线等。

Barabási-Albert(BA) 模型是实现这一机制的典型例子。巴拉巴西与阿尔伯特(Albert)在1999年针对无标度网络提出了一个模型来解释复杂网络的无标度特性，称为BA模型[10]。在增长和优先连接这两种假设下，BA模型的具体构造方法为：

(1)增长：从一个较小的网络 G_0 开始，逐步加入新的节点，每次加入一个。

(2)连接：假设原来的网络已经有 n 个节点(s_1，s_2，…，s_n)在某次新加入一个节点 s_{n+1} 时，从这个新节点向原 n 个节点发出 $m<n_0$ 个连接。

(3)优先连接：连接方式为优先考虑高度数的节点，对于某个原有的节点 s_i，若在原网络中的度数为 d_i，则新节点与之连接的概率 P 为：

$$P=\frac{d_i}{\sum_{j=1}^{n} d_j}。$$

图4-12展示了 $m=2$ 时的BA网络模型的演化过程，其中实心圆圈表示网络中已有的节点，圆圈越大则表示该节点的度值越大。空心圆圈表示在每一步向网络中加入的新节点，这些新节点会按照节点度值优先连接的机制选择网络中已存在的两个节点进行连接。

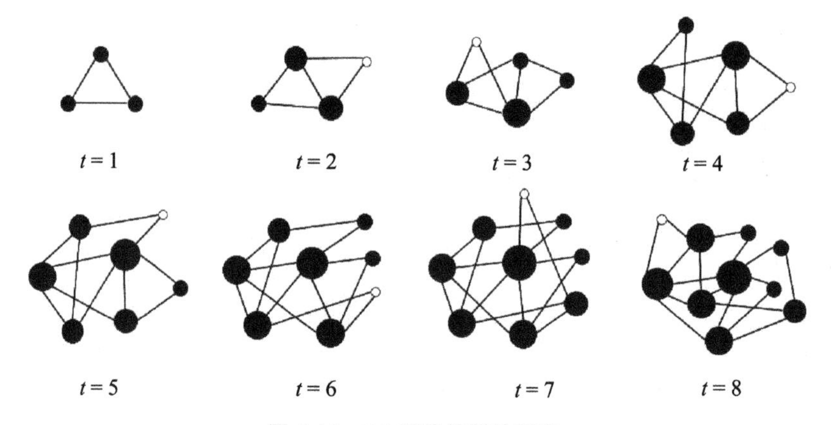

图4-12　BA网络模型的演化

4.4.4　BA模型的度分布的理论分析

通过不断添加新节点，并且让新节点更可能连接到已经高度连接的节点上，从而形成幂律分布的度分布，展示了无标度网络的特性。这种机制不仅解释了无标度网络中枢纽节点的存在，也说明了网络是如何随着时间演变并保持其无标度特性的。那么，BA模型是否是具有幂律度分布的无标度网络呢？网络的度分布与模型参数有何种关系呢？对BA模型的度分布的理论分析可以有多种方法，包括平均场理论、主方程法以及率方程法。

1. 平均场理论

平均场理论是一种用于研究复杂网络动态行为的数学框架，它通过将网络中的节点视为相互作用的平均场，简化了网络的复杂性。在无标度网络分析中，平均场理论可以帮助预测网络的宏观性质，如度分布、集聚系数等，而不需要考虑网络中每个节点的具体状态。这种方法对于理解大规模网络的整体行为尤其有效，如疾病传播、意见形成等现象的模拟和分析。

下面，我们利用平均场理论来分析这个问题。假设初始网络有 m_0 个节点，并记时刻 t 节点 i 的度为 $k_i(t)$。对充分大的 t，可以忽略网络初始的 M_0 条边。当一个新节点加入系统中时，节点 i 的度改变(增加 1)的概率为：

$$m\prod_i=\frac{mk_i(t)}{\sum_{j=1}^{m_0+t}k_j(t)}\approx\frac{mk_i(t)}{2mt}=\frac{k_i(t)}{2t}。\tag{4-34}$$

利用平均场理论对 BA 模型做近似分析，为此需要给出以下连续化假设：①时间 t 不再是离散的，而是连续的；②节点的度也不再是整数，而是任意实数。在这两个假设下，式(4-34)可以解释为节点 i 的度变化率，从而可以把网络演变近似转为单个节点演变的平均场方程：

$$\frac{\partial k_i(t)}{\partial t}=\frac{k_i(t)}{2t}。\tag{4-35}$$

假设节点 i 加入网络的时刻为 t_i，那么微分方程的初始条件为 $k_i(t_i)=m$。于是求得：

$$k_i(t)=m\left(\frac{t}{t_i}\right)^{1/2}。\tag{4-36}$$

尽管式(4-36)是连续化假设下基于平均场理论推得的，但与仿真结果也符合。假设当时间 $t\to\infty$时，度分布 $P(k(t))$收敛趋于稳态分布 $P(k)$，由概率定义得：

$$P(k)=\frac{\partial P(k_i(t)<k)}{\partial k}。\tag{4-37}$$

基于式(4-34)得到

$$P(k_i(t)<k)=P\left(t_i>\frac{m^2t}{k^2}\right)。\tag{4-38}$$

假设以等时间间隔添加节点，那么 t_i 的概率密度为：

$$P(k_i)=\frac{1}{m_0+t},\tag{4-39}$$

从而有：

$$P\left(t_i>\frac{m^2t}{k^2}\right)=1-P\left(t_i\leqslant\frac{m^2t}{k^2}\right)=1-\frac{m^2t}{k^2(m_0+t)},\tag{4-40}$$

代入式(4-35)得到：

$$P(k)=\frac{\partial P(k_i(t)<k)}{\partial k}=2m^2\ \frac{t}{m_0+t}\frac{1}{k^3}=2m^2k^{-3},\tag{4-41}$$

从而有：

$$\frac{P(k)}{2m^2}=\frac{t}{m_0+t}\frac{1}{k^3}\approx k^{-3}。\tag{4-42}$$

式(4-42)表明，$\frac{P(k)}{2m^2}$与参数 m 的取值无关，总是近似为 k^{-3}。然而，我们可能会发现，使用平均场理论存在一些小的误差或不合适之处。相比之下，主方程法或率方程法的变化更适合讨论不均匀的度分布，即节点的不同度值实际上会影响网络的一些性质。因此，下面的理论推导过程提供了对这两个方式的深入了解。

2. 主方程法

主方程法是用于分析和计算无标度网络中节点度分布的数学方法。通过设立一个主方程来描述网络随时间演化的动态过程，可以推导出节点度分布的规律。这种方法考虑了网络增长和优先连接的机制，通过解析主方程，可以得到网络的度分布遵循幂律分布的理论证明，从而深入理解无标度网络的统计特性和动态行为。

在主方程法中，考虑网络随时间而增长，每次增长时，新的节点加入网络，并与已存在的某些节点按照特定的概率(通常是与这些节点的度成比例)建立连接。这种机制被称为优先连接。

设 $P(k, t)$是在时间 t 时度为 k 的节点所占的比例，主方程可以表达为：

$$\frac{\partial P(k,t)}{\partial t}=\frac{1}{\Delta t}\left[\prod(k-1)P(k-1,t)-\prod(k)P(k,t)+\delta_{k,m}\right], \tag{4-43}$$

其中，$\prod(k-1)$ 是一个节点被新加入的节点选择作为连接对象的概率，通常与节点的度 k 成正比。$\delta_{k,m}$ 是克罗内克函数，表示当 $k=m$ 时其值为 1，否则为 0。这表示每次增长时只加入度为 m 的新节点。

之后对主方程进行长时间极限的分析，即当 $t\to\infty$时，度分布达到稳态，这意味着 $\frac{\partial P(k,t)}{\partial t}=0$。通过解这个方程，可以找到稳态下的度分布 $P(k)$。具体的解法依赖于 $\prod(k)$ 的具体形式。在优先连接模型中，$\prod(k)\propto k$，即选择连接对象的概率与节点的度成正比。这种情况下，可以证明稳态解呈现幂律分布，即 $P(k)\sim k^{-\gamma}$，其中 γ 是一个大于 1 的常数。得到的幂律分布意味着网络中的大多数节点只有少量的连接，而少数节点则有大量的连接，这是无标度网络的特征。

3. 率方程法

率方程法是一种用于分析和预测无标度网络中节点度分布动态变化的方法。与主方程法相似，率方程法关注的是网络中各个度的节点数随时间变化的过程，但是它通过建立率方程来直接计算度分布的变化率，进而预测网络的演化。

率方程法通过对网络增长和重连机制的详细考察，建立描述节点度分布变化率的方程。这种方法特别适合于分析网络在连续时间内的演化，尤其是当网络增大和节点间的连接方式服从一定规则时。考虑一个无标度网络，其网络以恒定的速率增加新节点，每个新节点带有 m 个边与已存在的节点连接。并且网络中节点被新加入的节点选中作为连接对象的概率与该节点的度成正比，即遵循优先连接原则。

设 $N_k(t)$为时间 t 时度为 k 的节点数量，$N(t)$为网络中的节点总数。则节点度为 k 的变化率可以表达为：

$$\frac{\mathrm{d}N_k(t)}{\mathrm{d}t}=\prod(k-1)N_{k-1}(t)-\prod(k)N_k(t)+\delta_{k,m}, \tag{4-44}$$

其中，$\prod(k)$ 是度为 k 的节点被新节点选中作为连接对象的概率，通常形式为 $\prod(k)=$

$\frac{kN_k(t)}{\sum_j jN_j(t)}$。$\delta_{k,m}$ 是当 $k=m$ 时的初始连接条件，表示新加入的节点。通过解上述率方程，可以得到不同时间点网络度分布的详细信息。具体解法依赖于初始条件和边界条件，但在许多情况下，可以找到幂律形式的解析解。

通过率方程法，可以预测随时间演化的网络中度分布的动态变化。这种方法特别适用于理解和模拟由于节点逐渐加入和优先连接机制导致的网络结构演化，为研究无标度网络提供了一个强有力的理论工具。这对于理解网络的长期行为、预测网络的未来结构以及设计和改进网络架构具有重要意义。

此外，BA 网络的平均路径长度比网络规模 N 的对数还要小，一般而言，当 $m\geqslant 2$ 时有：

$$L\sim\frac{\ln N}{\ln\ln N}。\tag{4-45}$$

当网络规模充分大时，BA 网络并不具有明显的集聚特征，它的集聚系数满足：

$$C\sim\frac{(\ln t)^3}{t}。\tag{4-46}$$

BA 模型成功地为无标度网络找到了一个简单而合理的形成机制。然而，BA 模型也有其自身的局限性。例如，它只能描述 $\gamma=3$ 的无标度网络，对于真实网络的一些非幂律特征如指数截断(exponential cutoff)、小变量饱和(saturation of small variables)等无法描述。因此，各种 BA 模型的升级、变化版本开始出现。阿尔伯特(Albert)与巴拉巴西(Barabási)在 2000 年提出了 EBA 模型[12]，即一种扩展的 BA 模型。在该模型中的每一步以概率 p 添加一个新节点和 m 条新边，而以概率 q 随机重连网络中已有的 m 条边。这样得到的 EBA 模型具有幂律度分布，并且幂指数 γ 可以通过对参数 p、q 和 m 的选取而取值为区间(2，3)上的实数。博洛巴什(Bollobás)在 2001 年提出了线性弦图模型(LCD 模型)，允许节点自己与自己相连[13]。而后又出现了只允许重复连线而不允许自连线的模型以及不允许重复连线、自连线而是在选中的旧节点的邻域随机连线的模型。此外，霍姆(Holme)和金(Kim)等在 2002 年提出的 Holme-Kim(HK)模型，通过引入重连机制对 Barabási-Albert(BA)模型进行改进，以更好地模拟现实世界中的社交规律[14]。

参考文献

[1] ERDÖS P，RENYI A. On random graphs[J]. Publicationes Mathematicae Debrecen，1959，6：290-297.

[2] GILBERT，E. N. Random graphs[J]. The Annals of Mathematical Statistics，1959，30(4)：1141-1144.

[3] WATTS D J，STROGATZ S H. Collective dynamics of “small-world” networks [J]. Nature，1998，393(6684)：440-442.

[4] MILGRAM S. The small world problem[J]. Psychology Today，1967，2(1)：60-67.

[5]DODDS P S, MUHAMAD R, WATTS D J. An experimental study of search in global social networks[J]. Science, 2003, 301(5634): 827-829.

[6]LIBEN-NOWELL D, NOVAK J, KUMAR R, et al. Geographic routing in social networks[J]. Proceedings of the National Academy of Sciences, 2005, 102(33): 11623-11628.

[7]ALBERT R, BARABÁSI A L. Statistical mechanics of complex networks[J]. Reviews of Modern Physics, 2002, 74(1): 47-97.

[8]NEWMAN M E J, MOORE C, WATTS D J. Mean-field solution of the small-world network model. Physical Review Letters, 2000, 84(14): 3201-3204.

[9]BARTHÉLÉMY M, AMARAL LAN. Small-world networks: Evidence for a crossover picture[J]. Physical Review Letters, 1999, 82(15): 3180-3183.

[10]BARABÁSI A L, ALBERT R. Emergence of scaling in random networks[J]. Science, 1999, 286(5439): 509-512.

[11]CLAUSET A, SHALIZI C R, NEWMAN M E J. Power-law distributions in empirical data[J]. SIAM Review, 2009, 51(4): 661-703.

[12]ALBERT R, BARABÁSI A L. Topology of evolving networks: local events and universality[J]. Physical Review Letters, 2000, 85(24): 5234-5237.

[13]BOLLOBÁS B, RIORDAN O, SPENCER J, et al. The degree sequence of a scale-free random graph process[J]. Random Structures & Algorithms, 2001, 18(3): 279-290.

[14]HOLME P, KIM B J, YOON C N, et al. Attack vulnerability of complex networks[J]. Physical Review E, 2002, 65(5): 056109.

第5章　复杂网络中的社团结构

社团结构是从中尺度视角对网络结构进行分析和理解的一种方法，它可以揭示网络系统功能与其内部结构之间存在的密切联系，从而能够为探究复杂网络的深层次结构与动态特性提供便利。通过对社团结构的调整和改变，不仅能够控制和优化网络系统的功能，而且能在表面上看似随机的网络连接中，发现内在的秩序和模式。社团结构的这种中尺度分析框架不仅是分析微观个体互动到宏观系统行为的桥梁，更是嫁接网络拓扑结构和实际系统功能的关键途径，具有重要的科学意义及应用价值。

本章内容着重关注网络社团结构研究中3个方面的问题：一是社团结构的定义，二是寻找社团结构的算法，三是对划分结果的检验与比较。社团结构研究不仅可以揭示复杂网络内部的组织原则，还为网络功能分析、网络设计优化以及网络行为预测提供了有力的工具，是理解复杂网络系统行为的关键。

5.1　社团结构的定义

社团在实际网络系统中有着重要的意义：在人际关系网中，社团可能是按照人的职业、年龄等因素形成；在引文网络中，不同社团可能代表了不同的研究领域；在万维网中，不同社团可能表示了不同主题的主页；在新陈代谢网、神经网中，社团可能反映了功能单位；在食物链网中，社团可能反映了生态系统中的子系统。目前，关于网络中的社团结构还没有被广泛认可的唯一定义。本节将从社团结构的描述性定义、数学描述以及比较性定义这三方面来介绍社团结构。

5.1.1　社团结构的描述性定义

社团结构的描述性定义是在连通性、局部相对稠密的连接密度两个方面的基础上，采用相对连接频数的一种定义：网络中的节点可以分成组，组内连接稠密而组间连接稀疏[1,2]。例如，在如图5-1所示的小型网络中，整个网络被划分成3个社团，每个社团内部的连接相对稠密，而各个社团之间的连接相对较为稀疏。

5.1.2　社团结构的数学描述

在社团结构描述性定义中提到的“稠密”和“稀疏”都没有明确的判断标准，所以在探索网络社团结构的过程中不便使用，因此人们试图给出一些数学化的描述。社团结构的数学描述主要有派系、k-派系社团、K-core子图和LS集等方式。

派系(Clique)以连通性为标准来定义社团结构[3]。一个派系是指由3个或3个以上的节点组成的全连通子图，即任何两点之间都直接相连。这是要求最强的一种定义，它可

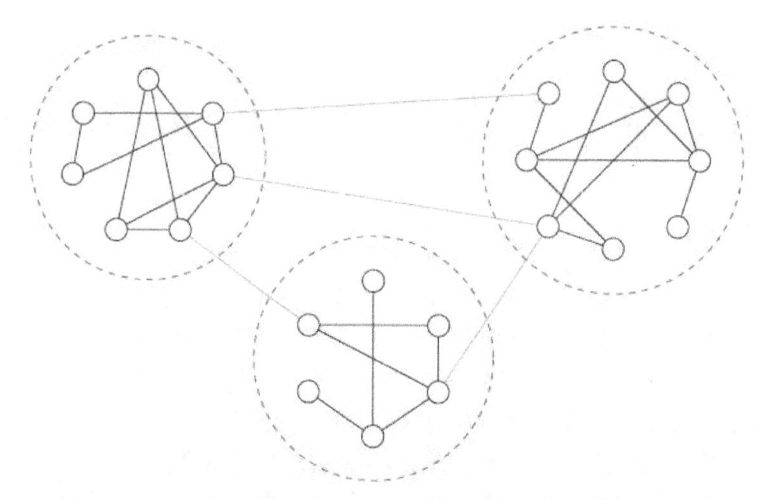

图 5-1　社团结构网络示意图。本图来源于参考文献[2]

以通过弱化连接条件进行拓展，形成 n-派系。例如，2-派系是指子图中的任意两个节点最多通过一个中介点就能够连通，不必直接相连。3-派系是指子图中的任意两个节点最多通过两个中介点就能连通。随着 n 值的增加，n-派系的要求越来越弱。这种定义允许社团间存在重叠性。所谓重叠性是指单个节点并非仅仅属于一个社团，而是可以同时属于多个社团。社团与社团由这些有重叠归属的节点相连。

k-派系社团指的是如果两个 k-派系有 $k-1$ 个公共节点，就称这两个 k-派系相邻。如果一个 k-派系可以通过若干个相邻的 k-派系到达另一个 k-派系，就称这两个 k-派系为彼此连通的。在这个意义上，网络中的 k-派系社团可以看作由所有彼此连通的 k-派系构成的集合。

K-core 子图是指作为图 G 的子图，这个子图的每个节点的度值都大于等于 k。即如果从原图中移除所有度值小于 k 的节点，并继续这一过程，直到剩余的所有节点的度值都不小于 k，那么最终得到的子图就是 K-core 子图。

LS 集(LS-Set)是更为严格的社团结构定义[4]。一个 LS 集是一个由节点构成的用来描述节点之间连接强度的集合。它的任何真子集与该集合内部的连边都比与该集合外部的连边多。具体而言，LS 集可以表示为一个矩阵，其中每个元素表示节点和节点之间连接的强度。这种结构比传统的社团检测方法更为严苛，通常用于揭示网络中更为紧密和高度连接的子集。

5.1.3　社团结构的比较性定义

人们试图对社团结构给出一些定量化的定义，如提出了强社团和弱社团。强社团要求社团内的每一个节点与社团内其他所有节点都有连接，即每个节点的度值在社团内达到最大。强社团的形式化定义为：设 G' 是图 G 的子图，若 G' 是一个强社团，则 G' 中任意一个节点与 G' 内部节点连接的边数大于其与 G' 外部节点连接的边数，即 $k_i^{\text{in}}(G') > k_i^{\text{out}}(G')$，$\forall i \in G'$，其中，$k_i^{\text{in}}(G')$、$k_i^{\text{out}}(G')$ 分别表示 G' 内部的节点 i 与 G' 内部和 G' 外部各个节点的连边数。而弱社团则要求社团内的每一个节点与社团外的节点连接数少于与社团内的节点连接数，即社团内部连接比外部连接更密集。弱社团的形式化定义为：

若子图G'是一个弱社团，则G'中所有节点与G'内部节点的度之和大于G'中所有节点与G'外部节点连接的度之和，即$\sum_{i\in G'}k_i^{\text{in}}(G') > \sum_{i\in G'}k_i^{\text{out}}(G')$。

5.2 划分结果的检验与比较

5.2.1 检验划分方法的经典网络

检验划分方法的网络有两大类：人造网和实际网。之所以要构建人造网，是因为人造网的结构可以人为给定，在分析之前就拥有较多的已知信息，从而可以用来检验划分方法的有效性及正确率。另外，人造网的参数可以调控，因此可以研究划分方法的适用范围，以及划分正确率与参数的联系。下面将介绍一些检验划分方法的经典网络，包括常用的人工网络(GN Benchmark 和 LFR Benchmark)和一些实际网络。

1. GN Benchmark

GN Benchmark 网络是由 128 个节点构成，这 128 个节点被平均分成 4 份，形成 4 个社团，每个社团包含 32 个节点[1]。节点之间相互独立的随机连边，如果两个节点属于一个社团，则以概率p_{in}相连，如果两节点属于不同的社团，则以概率p_{out}相连。p_{in}和p_{out}的取值，保证每个节点的度的期望值为 16。Z_{in}为节点与社团内部节点连边数目的期望值，Z_{out}为节点与社团外节点连边数目的期望值，从而$Z_{\text{in}}+Z_{\text{out}}=16$。$Z_{\text{out}}$越小，说明节点与社团外节点的连边越少，网络的社团结构越明显，当$Z_{\text{out}}=0$时，网络中的节点只与社团内部节点相连，形成十分显著的 4 个社团；Z_{out}越大，说明节点与社团外节点的连边越多，网络越混乱，社团结构越不明显。对Z_{out}值大的网络还能够基本正确进行划分的方法，在实际应用中适用范围更广、价值更大。众多方法的实践表明，当Z_{out}的取值在一定范围内时，其值对节点划分正确率没有影响，并且正确率都保持在 100%；当Z_{out}的取值超过这一临界值之后，网络中节点被正确划分的比率与Z_{out}的取值呈现负相关关系，即Z_{out}越大，节点被正确划分的比例越低。

2. LFR Benchmark

GN Benchmark 网络中所有节点的度都相近且每个社团的规模都相同。然而，大部分真实网络具有节点度分布不均的特点，并且它的社团规模分布也近似服从幂律分布。这使得在 GN Benchmark 网络上表现良好的社团划分算法未必在真实网络上也具有良好的性能。因此，有必要重新设计一种符合真实网络特征的基准网络。而 LFR Benchmark (Lancichinetti-Fortunato-Radicchi Benchmark)网络克服了 GN Benchmark 的一些局限性，是一种节点的度分布以及社团规模分布均服从幂律分布的网络，该基准网络既考虑了网络节点度的异质性，也考虑了社团规模的异质性，能够生成具有不同大小社团和更复杂拓扑结构的网络[5]。

在构建 LFR Benchmark 网络的过程中，假设初始网络中有N个节点，节点的平均度为$\langle k\rangle$，并且节点度和社团规模分布均服从幂律分布，其中γ和ζ分别是网络度分布以及社团规模分布的幂指数。也就是说，每个节点被分配到不同规模的社团中，社团的规模

NC 服从幂律分布 $P(NC) \sim NC^{-\zeta}$；每个节点被赋予一个度值 k，节点度服从幂律分布 $P(k) \sim k^{-\gamma}$。社团内的每个节点 i 与社团内部节点的连边数为$(1-\mu)k_i$，而与社团外部节点的连边数为 μk_i，其中 μ 称为混合参数。首先利用配置模型生成给定网络度分布的广义随机图，然后在上述假设条件下，对节点所属的社团进行分配。初始时，所有节点都没有被分配到任何社团。将每个节点随机分配到一个社团，如果社团大小超过节点的内部度(即社团内其邻居的数量)，则该节点进入社团，否则不进入该社团。不断迭代重复该过程，直到所有节点都已分配好所归属的社团，迭代停止。将每个节点随机地分配到各个社团中后，由于社团内部的节点并不一定完全满足节点在社团内部和外部的连边分布要求(即混合参数的影响)，还需要重新进行布线的操作。

3. 一些常用的实际网络

人造网的检验结果在一定程度上反映了划分方法的有效性。然而，由于人们感兴趣的问题大多是实际网络，所以需要用实际网络对划分方法进行再检验。选择用作检验的实际网络时，首先要保证构建网络的数据是方便易得的；其次要保证网络有实际的意义，从而可以判断社团划分的结果是否具有可解释性，如果实际网络有已知的社团划分更好。另外，为了方便划分方法间的比较，宜采用已被广泛使用的实际网络，下面介绍几个常用的实际网络。

空手道俱乐部网[1]：20 世纪 70 年代初，扎卡里(Zachary)观察了美国大学空手道俱乐部成员间的人际关系，并依据俱乐部成员间平时的交往状况建立了一个网络。这个网络包含 34 个节点，代表了俱乐部成员；包含了 78 条边，代表他们之间的人际关系。由于突发的原因，俱乐部管理者与俱乐部主要教练之间针对是否提高收费这一问题产生了激烈的争论，并最终导致俱乐部分裂成两部分。

图 5-2 为空手道俱乐部网，其中方形节点代表归于俱乐部管理者(1 号节点)的成员，圆形节点代表归于俱乐部主要教练(33 号节点)的成员。

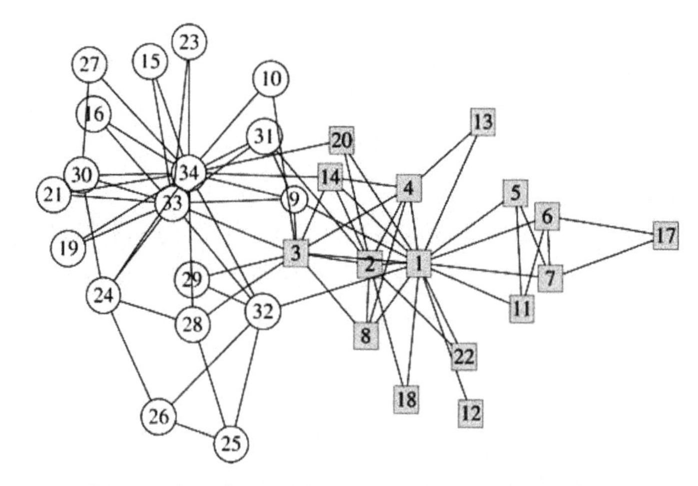

图 5-2　空手道俱乐部网络。本图来源于参考文献[1]

科学家合作网络：科学家之间合作的表现方式是广泛的，这里定义的合作是指科学家们共同发表过论文。这里介绍 3 个科学家合作网络：①物理学家合作网络[6]，它是收集了 arxiv. org 网上的关注于物理研究的科学家的论文，并据此构建的科学家合作网络。其中节点表示科学家，如果两位科学家共同发表过论文就将他们用边连接起来；②桑塔菲研究所科学家合作网络[1]，它是根据1999年、2000年研究所内271位科学家的合作发表论文情况所构建的网络，其中节点是桑塔菲研究所内的科学家，如果他们合作发表过论文，就将他们用边连接起来；③经济物理学家合作网络[7]，它是收集了经济物理学主页(www.econophysics.org)上发表的论文、期刊 *Physica A* 上发表的经济物理学论文、ISI上发表的经济物理学论文，根据论文的合作、引用、致谢建立经济物理学者之间的关系。

其他实际网络：①根据美国大学橄榄球队2000年一个赛季的赛程建立的网络[1]，其中节点代表大学的橄榄球队，共有115支大学橄榄球队，连边表示两队之间进行了常规赛，这一赛季共包含616场常规赛；②根据沃尔夫(Wolfe)收集的猴子3个月的活动数据，通过猴子之间相互刷毛的关系抽象出的网络[8]，其中16个节点代表16只猴子，若两只猴子相互刷毛则用边连接起来，共有69条边；③根据切萨皮克湾海生生物的捕食关系构成的食物链网[1]，其中33个节点代表33个显著的物种，连边代表捕食关系。

在这些实际网络中，除了空手道俱乐部网和美国大学橄榄球比赛网有可以判断划分准确性的已知社团结构，其他网络并没有这样的标准，因此用来判断划分方法优劣的标准是看划分出的结果是否具有可解释性。虽然这样的判断标准是不严谨的，然而社团结构划分的主要对象正是这样未知结果的网络，因此结果更具解释性的划分算法更有价值。

5.2.2 划分结果的比较方法

不同的方法往往会将同一网络划分出不同的社团结构。对于社团结构已知的网络，划分结果与网络真实社团的比较可以得到划分方法的准确性；对于社团结构未知的网络，多种划分方法所得到的不同结果之间的比较同样可以加深对各种方法的理解及对网络的了解。划分结果的比较方法主要有以下3种。

1. 正确划分率比较法[1]

这种方法多用在社团结构已知的网络研究中，比较对象是划分得到的社团结构与网络实际的社团结构。具体方法是在划分得到的所有社团中，找到能够被真实社团结构中的任一个社团所包含的规模最大的社团，并以此社团为标准，节点数超过此标准社团中的节点数都被视为错误划分，小于此标准的社团，则只将不在真实社团中的节点视为错误划分。以128个节点的人造GN Benchmark网络为例，如果划分得到的3个社团，其中两个社团与真实的社团完全相同，第3个社团由另外两个真实社团组成，则正确划分的比例是50%。这种方法过于严厉，会将一些人们主观认为被正确划分的节点归于错误划分。然而，这种比较方法的应用十分广泛，大多数研究者在研究经典人造网时使用它。

2. 共同信息比较法[11]

达农(Danon)等人将文献[9，10]介绍的标准共同信息的衡量引入社团结构的比较中，并认为这种方法比正确划分率比较法更具有判别力，可用于划分结果与实际社团的比较，也可用于不同划分算法的结果之间的比较[11]。该方法的具体过程是：首先定义一个混淆矩阵(Confusion Matrix)$\boldsymbol{N}$，其中行代表真实的社团，列代表划分得出的社团。矩阵$\boldsymbol{N}$之中的元素N_{ij}表示既在真实社团i中出现又在划分出的社团j中出现的节点的个数。基于信息理论得到的两种社团结构A，B的相似程度定义为：

$$I(A, B)=\frac{-2\sum_{i=1}^{c_A}\sum_{j=1}^{c_B}N_{ij}\log\left(\frac{N_{ij}N}{N_{i.}N_{.j}}\right)}{\sum_{i=1}^{c_A}N_{i.}\log\left(\frac{N_{i.}}{N}\right)+\sum_{j=1}^{c_B}N_{.j}\log\left(\frac{N_{.j}}{N}\right)}, \tag{5-1}$$

其中，真实社团的个数用 c_A 表示，划分所得结果中的社团个数用 c_B 表示，$N_{i.}$ 表示 N_{ij} 的第 i 行的加总，$N_{.j}$ 表示 N_{ij} 的第 j 列的加总。如果划分结果与真实的社团结构完全一致，则 $I(A, B)$ 达到它的最大值 1；当划分结果与真实社团结构没有任何重叠时，$I(A, B)$ 达到它的最小值 0。可见，$I(A, B)$ 值越大，说明社团划分的准确性越高。

3. D 函数比较法[12]

两种划分结果的差异性可以分解成社团对之间差异的总和，D 函数法就是采用这一思路讨论两种划分结果间的差异性。划分得到的社团可以视为集合，网络划分的结果就是一组集合，社团间的差异表现为集合中的不同元素。设 A，B 是任意两个集合，定义 $A\cap B$ 为两个集合的相似度，而 $(A\cap\overline{B})\cup(\overline{A}\cap B)$（$\overline{A}$ 和 $\overline{B}$ 的全空间是 $A\cup B$）是两个集合的相异度。从而，集合 A，B 标准化后的相似度(s)和相异度(d)为：

$$\begin{cases} s=\dfrac{|A\cap B|}{|A\cup B|}, \\ d=\dfrac{|(A\cap\overline{B})\cup(\overline{A}\cap B)|}{|A\cup B|}。\end{cases} \tag{5-2}$$

两种划分结果就是两组不同的社团，对它们进行比较时有多种配对的方法，这里采用的比较规则为：①建立不同划分得到的两组社团之间的匹配关系：将两个集合组中的集合进行对比，相似度最大的两个集合组成一对。然后根据相似度排序把各个集合配对。若两组集合所包含的集合数目不相等，则多出的集合与空集配对。②根据配对，计算每对集合的相异度。③综合每对集合的相异性，得到两种划分的相异度的数值：

$$D=\frac{\sum d_{XY}}{k}, \tag{5-3}$$

其中，XY 为配对的集合，k 为集合对的总数。D 函数的取值范围是[0，1]，取值为 1 时表示两种划分完全不同，取值为 0 时表示两种划分完全相同，可见 D 的值越大说明两种划分之间的差异越大。

5.3 基于模块度优化的社团划分算法

5.3.1 模块度函数

在探索网络社团结构的过程中，描述性的定义由于无法直接应用，因此，纽曼(Newman)和格万(Girvan)定义了模块度(模块化)函数(Modularity Function)，定量地描述网络中社团结构的明显程度以及衡量社团划分的质量[6]。所谓模块度是指网络中连接社团结构内部节点的边所占的比例，与其相对应的随机网络中连接社团结构内部节点的边所占比例的期望值相减得到的差值。这个随机网络的构造方法为：保持每个节点的社团属性不变，节点间的边根据节点的度随机连接。如果社团结构划分的好，则社团内部连接的稠密程度应高于随机连接网络的期望水平。用 Q 函数来定量描述社团划分的模块化水平。

假设网络已经被划分出社团结构，c_i 表示节点 i 所属的社团，则网络中社团内部连边所占比例可以表示为：

$$\frac{\sum_{ij} A_{ij}\delta(c_i, c_j)}{\sum_{ij} A_{ij}} = \frac{1}{2m}\sum_{ij} A_{ij}\delta(c_i, c_j), \tag{5-4}$$

其中 A_{ij} 是网络邻接矩阵中的元素，如果 i，j 两点有边相连则 $A_{ij}=1$，否则等于 0；$\delta(c_i, c_j)$是 δ 函数，即 $c_i=c_j$ 时 $\delta(c_i, c_j)=1$，否则等于 0；$m=\frac{1}{2}\sum_{ij}A_{ij}$ 为网络中连边的数目。在社团结构固定，边随机连接的网络中，i，j 两点存在连边的可能性为$\frac{k_i k_j}{2m}$，k_i 表示节点 i 的度。基于模块化的定义，得到模块度 Q 函数的表达式为：

$$Q = \frac{1}{2m}\sum_{ij}\left[A_{ij} - \frac{k_i k_j}{2m}\right]\delta(c_i, c_j)。 \tag{5-5}$$

Q 函数还有另一种表达方法[6]。如果网络被划分为 n 个社团，则定义一个 $n\times n$ 的对称矩阵 $\mathbf{e}$，元素 e_{ij} 表示连接社团 i 与社团 j 中的节点的边占网络总边数的比例。这个矩阵的迹(Trace)$\mathbf{Tr}(\mathbf{e})=\sum_i e_{ii}$ 表示网络中所有连接社团内部节点的边占网络总边数的比例。定义矩阵 $\boldsymbol{e}$ 的行(或列)加总值 $a_i=\sum_j e_{ij}$，表示所有连接了社团 i 中的节点的边占网络总边数的比例。由 e_{ij} 和 a_i 的定义可知，$e_{ij}=a_i a_j$。从而，Q 函数可以表达为：

$$Q = \sum_i (e_{ii} - a_i^2) = \mathbf{Tr}(\mathbf{e}) - \|\mathbf{e}^2\|, \tag{5-6}$$

其中，$\|\mathbf{e}^2\|$表示矩阵 $\mathbf{e}^2$ 的模，即 $\mathbf{e}^2$ 中的元素的加总。另外，Q 函数还可以表达为[13]：

$$Q = \sum_{v=1}^{n}\left[\frac{l_v}{L} - \left(\frac{d_v}{2L}\right)^2\right], \tag{5-7}$$

其中，l_v 表示社团 V 中内部连边的数目，d_v 表示社团 V 的总度值，L 表示网络中的总边数。

如果社团内部节点间的边没有随机连接得到的边多，则 Q 函数的值为负数。相反，当 Q 函数的值接近 1 时，则表明相应的社团结构划分得很好。实际应用中，Q 的最大值为 0.3～0.7，更大的值很少出现[6]。在社团结构的划分过程中，计算每一种划分所对应的 Q 值，即模块度值，并找出数值尖峰所对应的划分方式(通常会有一两个)，这就是最好或最接近期望的社团结构划分方式，如图 5-3 所示。

模块度 Q 函数自提出以来得到了广泛的认可，不但完善了一些旧的探索网络社团结构的算法，而且发展了众多以 Q 函数为目标函数的新算法。这些新算法在计算效率上有较大提高，使得分析大规模网络的社团结构成为可能。然而，有些科研工作者对 Q 函数的有效性提出了质疑[13]。他们指出，根据模块化的定义，若包含 l_v 条内部连边且总度值为 d_v 的子图 V 满足$\frac{l_v}{L}-\left(\frac{d_v}{2L}\right)^2>0$，则这个子图便可视为一个社团。但在最大化 Q 函数的过程中，若这种社团内部连边的数目小于$\sqrt{2L}$，即使社团间的连接十分稀疏，它们也会被合并成一个大社团。因此，Q 函数最大值所确定的社团，可能是多个满足模块化社团定义的小社团的结合。

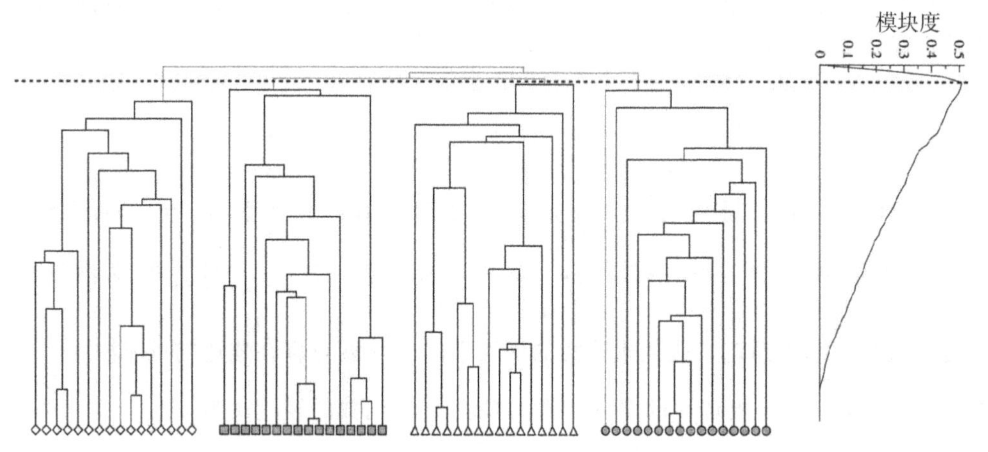

图 5-3　不同社团结构划分对应不同的模块化函数值。本图来源于参考文献[6]

5.3.2　优化模块度函数(Q 函数)算法

Newman 贪婪算法[14]：这类算法的共同之处在于都是以最大化 Q 函数值为目标，区别在于最大化的途径不同。Newman 贪婪算法的过程如下。

(1) 初始时将网络中的每一个节点都视为一个社团，每个社团内只有一个节点。即如果网络中共有 n 个节点，则初始有 n 个社团。

(2)两两合并社团，并计算社团合并所产生的 Q 值的变化量：

$$\Delta Q=e_{ij}+e_{ji}-2a_ia_j=2(e_{ij}-a_ia_j)。\tag{5-8}$$

选择使 Q 值增加最大(或减少最小)的方式进行合并。需要指出的是，如果两个社团间不存在任何连边，那么它们的合并不能对 Q 值产生正向的影响。因此，在计算 Q 值变化时，只需考虑存在连边的社团对。当网络中包含 m 条边时，这步算法的复杂度为 $O(m)$。社团合并后必然对 **e** 矩阵产生影响，因此将合并的两个社团所对应的行和列相加，对 e_{ij} 进行更新。这一步的复杂度为 $O(n)$。因此这一步最多耗时 $O(m+n)$。

(3)重复步骤(2)的操作，不断对社团进行合并，直到所有节点被集聚到一个社团中为止。这样的操作最多进行 $n-1$ 次。

因此，这种算法总体的复杂度为 $O((m+n)n)$，对于稀疏网则为 $O(n^2)$。这种方法将网络中的社团用树状图的形式表现出来，使得 Q 函数值最大的社团划分方式就是网络的最优划分。这种方法可以直接推广到加权网的分析，只需在初始对 e_{ij} 赋值时用权重替代无权网络中的 0、1 赋值，并且这种推广不会改变算法的复杂度。

将 Newman 贪婪算法应用于 GN Benchmark 人造网络，发现随着 Z_{out} 值逐渐增大，节点被正确划分的比例在不断减小，如图 5-4 所示。图中横坐标为 Z_{out} 值，纵坐标为被正确划分的节点的比例。当 Z_{out} 比较小时，节点的划分完全正确，即便当 $Z_{out}=6$ 时，节点被正确划分的比例也大于 90%。但当 $Z_{out}=8$ 时，即节点有一半的边与社团外的节点相连时，正确划分的比例很低，所以这种方法不适用过于混乱的网络。将 Newman 贪婪算法应用于空手道俱乐部网络，其 Q 函数的峰值为 0.381，其对应的网络树状图如图 5-5 所示。它将网络平均分成两个社团，每个社团包含 17 个成员，除 10 号成员被划分错误外，其他所有成员的划分都与实际结果相同。

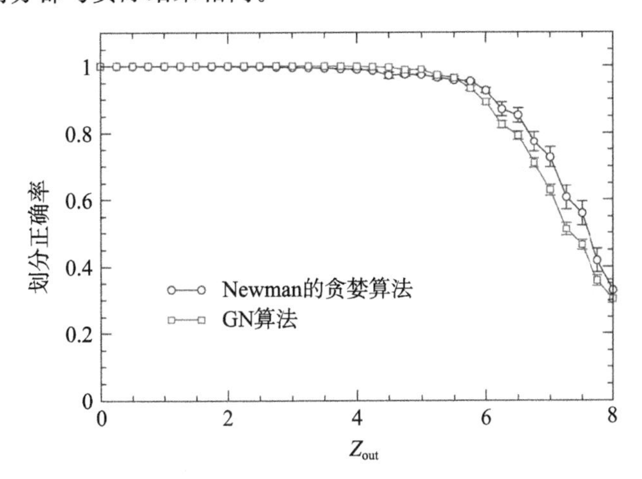

图 5-4 Newman 贪婪算法和 GN 算法划分正确率检验图。本图来源于参考文献[14]

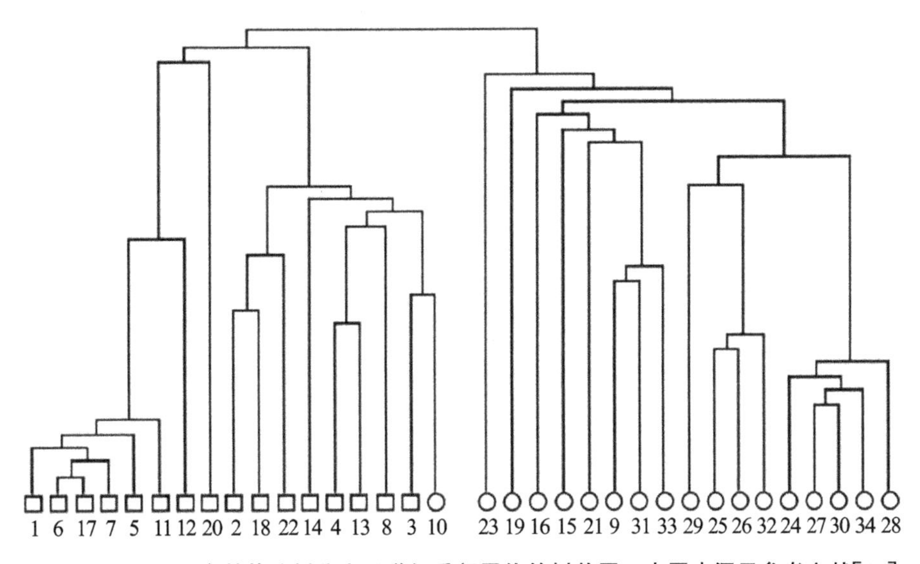

图 5-5 Newman 贪婪算法划分空手道俱乐部网络的树状图。本图来源于参考文献[14]

改进的 Newman 贪婪算法：克劳塞特(Clauset)等人对 Newman 贪婪算法进行了改进，采用堆的数据结构来存储和运算 Q 函数，使得算法的复杂度进一步降低为 $O(n\log^2 n)$，接近线性复杂度[15]。Clauset 贪婪算法的核心是建立了存储模块化增加量的矩阵 ΔQ，通过对这个矩阵元素的更新得到 Q 值最大的社团划分方式。由于合并没有边相连的社团不会产生 Q 值的正向变化，因此只需要存储有边相连的社团的信息，这样既节省了存储空间又缩短了运算时间。这种算法应用到 3 种数据结构：①存储模块度增加量的稀疏矩阵 ΔQ，其中的元素只包含存在边相连的社团对。并且矩阵的每一行都以平衡二叉树的方式存储；②最大堆 H，其中储存了 ΔQ 矩阵中每一行的最大元素，以及这个元素对应的两个社团的编号；③一个辅助向量 a。

该算法的具体过程如下。

(1)将网络中的每一个节点都视为一个社团。在这种前提下，如果节点 i，j 有边相连，则 $e_{ij}=1/2m$(m 为网络中连边的数目)，否则为 0；而 $a_i=k_i/2m$。初始化 ΔQ 矩阵：

$$\Delta Q_{ij}=\begin{cases}1/2m-k_ik_j/(2m)^2 & \text{如果 } i\text{，}j\text{ 间有边相连，}\\ 0 & \text{其他。}\end{cases}\tag{5-9}$$

由初始化的 ΔQ 矩阵可以得到每行的最大元素，从而构成最大堆 H。

(2)在最大堆 H 中找出最大的 ΔQ_{ij}，合并与之对应的社团 i，j，合并后的社团标记为 j。更新矩阵 ΔQ、最大堆 H 及辅助向量 a，具体方法如下。

①对于矩阵 ΔQ，移除第 i 行和第 i 列，更新第 j 行和第 j 列的元素：

如果社团 k 与社团 i，j 都相连，则 $\Delta Q'_{jk}=\Delta Q_{ik}+\Delta Q_{jk}$；

如果社团 k 只与社团 i 相连而与社团 j 不相连，则 $\Delta Q'_{jk}=\Delta Q_{ik}-2a_ja_k$；

如果社团 k 只与社团 j 相连而与社团 i 不相连，则 $\Delta Q'_{jk}=\Delta Q_{jk}-2a_ia_k$。

②根据更新后的 $\Delta Q'$，更新最大堆 H。

③辅助向量 a 的更新：$a'_j=a_j+a_i$，$a_i=0$。

(3)重复步骤(2)，直到所有的节点都归为一个社团为止。

这种计算过程使得 Q 函数有唯一的峰值，因为当最大的 Q 值增量成为负值后，所有的 Q 值增量就都为负值了，Q 函数的值只能逐渐减小。由此可知，只要最大的 ΔQ_{ij} 由正值变成负值，就不需要再继续合并社团。因为此时的 Q 函数值最大，所以其对应的社团划分就是最优的划分方式。

这种贪婪算法相比 Newman 贪婪算法，在复杂度方面有显著的降低，因此适用范围进一步拓宽，可以分析规模更为庞大的网络。应用该算法分析由亚马逊网上书店网页连接关系构成的包含 40 多万个节点和 200 多万条边的网络，得到的结果具有良好的解释性。

5.3.3 极值优化算法

极值优化算法的思想类似于生物系统演化中的断续平衡问题[16]，之后用于离散和连续的 NPC 问题[17,18]，解决如图分割、伊辛模型、原子最优团簇结构等问题。杜赫(Duch)和阿瑞纳斯(Arenas)将该思想引入解决网络社团结构划分问题当中，以最大化 Q 函数为目标，判断网络中的连边是否被断开[19]。首先定义极值优化算法中的局部变量，它被定义为在一种社团划分下节点 i 对总体 Q 函数值的贡献，表达式为：

$$q_i=\kappa_{r(i)}-k_ia_{r(i)},\tag{5-10}$$

其中，$\kappa_{r(i)}$ 表示社团 r 中的节点 i 与社团 r 内的节点构成连边的数目，k_i 表示节点 i 的度，$a_{r(i)}$ 表示至少一端在节点 i 所属的 r 社团中的边的比例。若用 m 表示网络中的总边数，则全局变量 Q 与局部变量 q_i 的关系为：$Q=(1/2m)\sum_i q_i$。因为 Q 函数的取值范围为 $[-1,1]$，所以对 q_i 进行标准化，使其取值范围与 Q 函数相同，从而得到更为合理的变量来表示节点 i 对 Q 函数的贡献：

$$\lambda_i=\frac{q_i}{k_i}=\frac{\kappa_{r(i)}}{k_i}-a_{r(i)}。\tag{5-11}$$

λ_i 越大表明节点 i 对 Q 函数的贡献越大，λ_i 越小表明节点 i 对 Q 函数的贡献越小。

针对最大化 Q 函数这一目标而言，λ_i 也反映出节点 i 归于 r 社团的适合性，λ_i 值小说明节点被归于 r 社团不太合适。根据这一理解，极值优化算法的具体过程为：

(1)任意将网络中的节点分成等大的两部分，每部分中相互连通的节点形成一个社团，从而形成一个初始的社团结构。图 5-6(a)分别用圆圈和方形代表随机分成的两部分，图 5-6(b)中表示这种任意等分得到的初始社团结构，其中具有相同形状的节点属于同一个社团。可见，初始的等分并不将网络划分成等大的两个社团。

(2)根据社团结构计算每个节点的适合度 λ_i，并将适合度最低的节点归入另一部分中(如从初始的圆圈变为方形)，这可能使得社团结构发生巨大的变化。计算新社团结构的 Q 函数值，并按照新的社团结构重新计算每个节点的适合度。

(3)重复步骤(2)，直到得到最大的 Q 函数值为止。断开两部分之间的所有连边，从而将网络划分成两个社团，即由圆圈和方形代表的两个社团，如图 5-6(c)中的左图所示。

(4)对得到的社团递归地重复上述步骤(1)至(3)的操作，当 Q 函数值不能被进一步增大时，就得到了网络社团的最优划分。如图 5-6(c)所示，逐步将网络划分为 4 个社团。

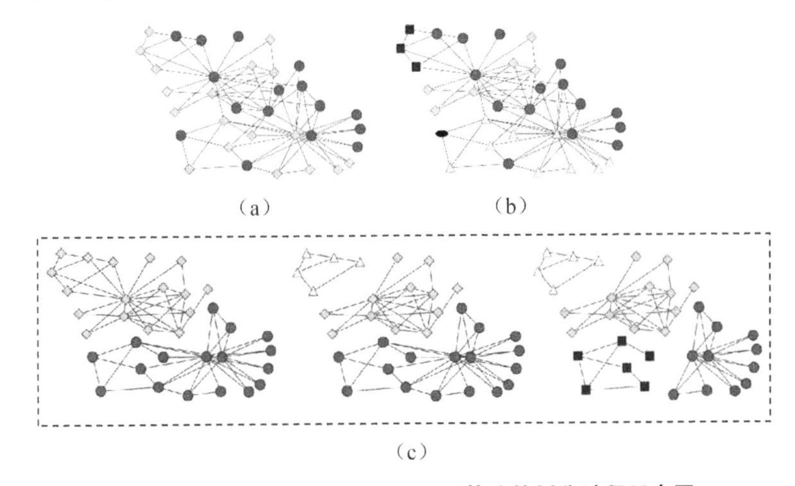

图 5-6 EO(Extremal Optimization)算法的划分过程示意图

(a)初始的社团结构，(b)任意等分的网络结构，(c)最优社团划分结构。本图来源于参考文献[19]

上述方法可能导致搜索陷入局部极值，因此用 $\tau-EO$ 方法进行改进。每个节点被选中的概率为：$P(q)\propto q^{-\tau}$。其中 q 值为节点按照适合度排列的序号，$\tau\sim1+1/\ln(N)$与网络的规模有关。

极值优化算法的基本思想是：逐步达到最优划分。首先以将网络划分成两个社团为目标，并以节点的适合度值判别需要调整的节点，通过调整节点的属性，达到将网络划分成两个社团的最优划分；再逐步增加社团数目，并分别达到对应社团数目的最优划分；直到 Q 函数值不能被进一步提高为止，便确定了最优社团数目及对应的划分方法。

应用极值优化算法对经典人造网 GN Benchmark 进行分析，节点划分正确率与 Z_{out} 取值的关系如图 5-7 所示。当 Z_{out} 小于等于 6 时，节点划分的正确率都为 100%；当 Z_{out} 等于 8 时，划分的正确率仍有 80%；但 Z_{out} 进一步增大时，划分的正确率迅速下降，当 Z_{out} 等于 10 时，正确率仅为 40%。由此可知，若社团间的连边平均占所有连边的 50%或以下时，极值优化算法都能较好的进行分析，说明此算法也适用于混乱的网络。这种算法的复杂度为 $O(n^2\log n)$。推广到加权网络时，只需相应调整成加权网络中的 Q 函数。

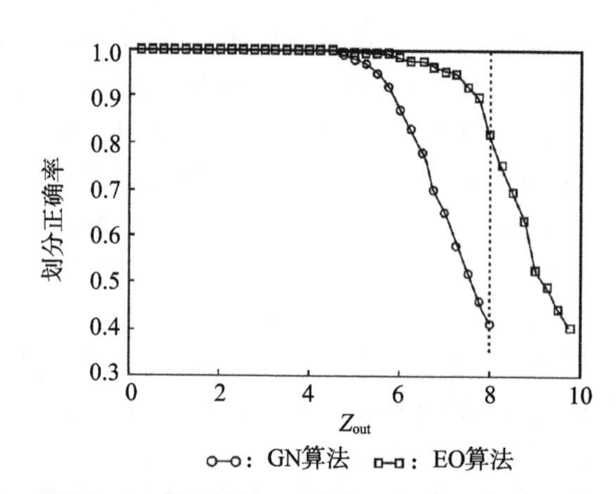

图 5-7 EO 算法和 GN 算法划分正确率检验图。本图来源于参考文献[19]

5.4 基于网络拓扑结构的算法

这类算法的特点在于关注网络连通形成的拓扑结构，并应用拓扑结构的特性刻画节点和连边，进而划分出网络中的社团。应用这类算法时往往并不需要额外的信息。

5.4.1 层次聚类算法(Hierarchical Clustering)

层次聚类法在社会科学中被广泛应用[20]，其核心思想是：由距离最近、相似度最高的社团开始合并，直到将所有元素都归属于一个社团为止。由此可见，此算法的核心在于对距离及相似度的定义。针对复杂网络社团划分这一问题，已有一些距离和相似度的定义。点与点之间的距离可以定义为两点间的最短路径，它们的相似度定义为最短路径的倒数。这样最短路径近的节点相似度较高，最短路径远的节点相似度较低。一种较为科学的方法则是用结构等价的程度来衡量两个节点的相似度。结构等价的概念在 1971 年由洛兰(Lorrain)和怀特(White)引入社会网络中[21]。如果一个节点与网络中其余节点的连接方式和另一节点与网络中其余节点的连接方式完全相同，则这两个节点结构等价。例如，在人际关系网中，如果两个人的朋友完全相同，则这两个人结构等价。伯特(Burt)首次引入欧几里得距离衡量结构等价[22]，节点 i，j 之间的欧几里得距离为：

$$D_{ij}=\sqrt{\sum_{k=1,\ k\neq i,\ j}^{S}(a_{ik}-a_{jk})^{2}}\ , \tag{5-12}$$

其中，a_{ik} 表示网络邻接矩阵中的元素。如果 i，j 两点结构完全等价，则它们的邻接矩阵完全相同，所以它们的距离 D_{ij} 等于 0。网络中的每一对节点都可以计算出距离，然后按照凝聚思想划分社团结构。首先选择距离最小的归为一个社团。在进一步的凝聚过程中，由于每个社团所包含的元素不再唯一，因此要定义包含多个元素的社团间的距离。常用的方法有 3 种：①最短距离法，两个社团的距离等于两个社团间所有节点对的距离中最短的值；②最长距离法，两个社团的距离等于两个社团间所有节点对的距离中最长的值；③平均距离法，两个社团的距离等于两个社团间所有节点对距离的平均值。任意选取一种距离定义将凝聚的步骤进行下去都可以将网络中节点间的关系用树状图表示出来，并且可以通过 Q 函数找出最优的社团划分。

5.4.2 GN 算法

格万(Girvan)和纽曼(Newman)提出的分裂算法已经成为探索网络社团结构的一种经典算法，简称 GN 算法[1,2,6]。由网络中社团的定义可知，所谓社团就是指其内部节点的连接稠密，而与其他社团内的节点连接稀疏。这就意味着社团与社团之间存在联系的通道比较少，从一个社团到另一个社团至少要通过这些通道中的一条。如果能找到这些重要的通道，并将它们移除，那么网络就自然而然地分成了各个社团。格万(Girvan)和纽曼(Newman)提出用边介数(Betweenness)来标记每条边对网络连通性的影响。某条边的边介数是指网络中通过这条边的最短路径的数目。在无权网络中，两节点间的最短路径为连接该对节点的边数最少的路径。由此定义可知，社团间连边的边介数比较大，因为社团间节点对的最短路径必然通过它们；而社团内部边的边介数则比较小。GN 算法的具体过程是：①计算网络中各条边的边介数；②找出边介数最大的边，并将它移除(如果最大边介数的边不唯一，那么既可以随机挑选一条边断开，也可以将这些边同时断开)；③重新计算网络中剩余各条边的边介数；④重复②③过程，直到网络中所有的边都被移除。

GN 算法中包括了重复计算边介数值的环节，这是十分必要的。因为当断开边介数值最大的边后，网络结构发生了变化，原有的数值已经不能代表断边后网络的结构，各条边的边介数需要重新计算。举一个例子：假如网络中有两个社团，它们之间只有两条边相连。起初其中一条边的边介数最大，而另一条边的边介数较小，则第一条边被断开。如果不重新计算各条边的边介数，那么第二条边依据其原有边介数值可能不会被立即断开。如果重新计算各条边的边介数，那么第二条边的边介数可能成为最大值，会被立即断开。这显然会对社团结构的划分产生重大的影响。

GN 算法分析网络的整个过程也可以用一个树状图表示，网络的最优划分要通过 Q 函数进行判断。对于由 n 个节点，m 条连边构成的网络，按照广度优先的规则，计算某个节点到其他所有节点的最短路径对网络中每条边的边介数的贡献最多耗时 $O(m)$，由于网络中共有 n 个节点，所以计算网络中每条边的边介数总共耗时 $O(nm)$，又因为每次断边后需要重新计算每条边的边介数，因此总体上讲这种算法的复杂度为 $O(nm^2)$；对于稀疏网，算法的复杂度为 $O(n^3)$。复杂度较高是 GN 算法的一个显著缺点。

应用 GN 算法分析人造经典网络 GN Benchmark，发现当 Z_{out} 小于等于 6 时，有 90% 以上的节点被正确划分；Z_{out} 继续增加时，正确划分的比例迅速下降，当 Z_{out} 等于 8 时，正确划分的比例仅为 30%左右，所以 GN 算法不适用于较为混乱的网络。此外，应用 GN 算法对空手道俱乐部网络进行社团划分，GN 算法的准确率很高，进一步验证了 GN 算法在处理具有明显社团结构的实际网络时的有效性。

5.4.3 边集聚系数法

GN 算法的核心概念最短路径边介数由网络的全局结构决定，拉迪基(Radicchi)等人提出基于网络局部结构的边集聚系数(Edge Clustering Coefficient)的定义[23]，并以此寻找社团间的连边。一条边的边集聚系数定义为网络中包含该边的实际三角形数目与包含该边的所有三角形数目之比，其中包含该边的所有三角形包括实际三角形和潜在三角形。两节点 i，j 间连边的边集聚系数为：

$$C_{i,j}^{(3)}=\frac{z_{i,j}^{(3)}}{\min[(k_i-1),\ (k_j-1)]}, \tag{5-13}$$

其中，$z_{i,j}^{(3)}$ 表示实际包含该边的三角形个数，$\min[(k_i-1),\ (k_j-1)]$表示包含该边的所有三角形数目。由于社团内节点间的连接比较稠密，所以处于社团内部的连边被较多的实际三角形所包含；而社团间的连边被较少的实际三角形包含，甚至不被任何实际三角形包含。因此，根据边集聚系数可以挖掘网络中社团间的连边。然而当实际包含某边的三角形个数 $z_{i,j}^{(3)}=0$ 时，无论构成这条边的两个节点的度 k_i，k_j 为何值，$C_{i,j}^{(3)}$ 都等于 0，无法反映出结构的差异。为克服这一缺陷，对原式做微小的调整：

$$\widetilde{C}_{i,j}^{(3)}=\frac{z_{i,j}^{(3)}+1}{\min[(k_i-1),\ (k_j-1)]}。 \tag{5-14}$$

边集聚系数的定义可以进一步推广到更大的环(loop)，如考虑网络中的四边形、五边形等，从而边集聚系数的通式为：

$$\widetilde{C}_{i,j}^{(g)}=\frac{z_{i,j}^{(g)}+1}{s_{i,j}^{(g)}}, \tag{5-15}$$

其中，g 表示研究包含边的 g 边形，$z_{i,j}^{(g)}$ 表示包含该边的实际 g 边形的个数，$s_{i,j}^{(g)}$ 表示包含该边的所有 g 边形的个数。

基于边集聚系数的社团划分算法的具体过程为：首先确定研究环的种类(三角形、四边形……)；然后根据定义计算每条边的边集聚系数，断开边集聚系数最小的边；重复计算边集聚系数和执行断边的操作，直到网络中所有的边都被断开为止。该算法的复杂度大致为 $O(m^2)$，比 GN 算法有显著的降低。然而，这种方法的局限在于只能分析包含环的网络。以三角形为例：该方法对于包含三角形较多的社会网络有着良好的效果，但对于非社会网络的社团探测效果则较差。

5.4.4 谱分析算法

谱分析(Spectral Methods)早在 20 世纪 70 年代就已经有所发展[24,25]，到 90 年代才变得普及。它的主要思想是，通过对由邻接矩阵形成的拉普拉斯矩阵(Laplacian Matrix)或标准矩阵(Normal Matrix)的特征值、特征向量的分析，挖掘网络中的社团结构[26]。以标准矩阵的分析为例，来具体介绍基于谱分析的社团探测算法[27]。所谓标准矩阵 $\boldsymbol{N}$，是由网络的邻接矩阵 $\mathbf{A}$ 和一个对角矩阵的逆矩阵 K^{-1} 构成的，$N=K^{-1}A$。对角矩阵 $\boldsymbol{K}$ 中的元素是每个节点的度值 $k_{ii}=\sum_{j=1}^{S}a_{ij}$，$S$ 表示网络中节点的个数。由于标准矩阵行的标准化，标准矩阵总有最大的特征值等于 1，以及与之对应的特征向量(1，1，1，…，1)。在对社团结构明显的网络(图 5-8)分析中发现，如果网络自然呈现 m 个社团，则标准矩阵 N 就有 $m-1$ 个十分接近 1 的特征值，而其余的特征值则有较大的距离。这 $m-1$ 个特征值中，最大的特征值所对应的特征向量有一个特性：在同一个社团中的节点所对应的值较为接近。因此，特征向量中元素的值呈现阶梯状分布，如图 5-9 所示。并且阶梯的级数与社团的个数相匹配。

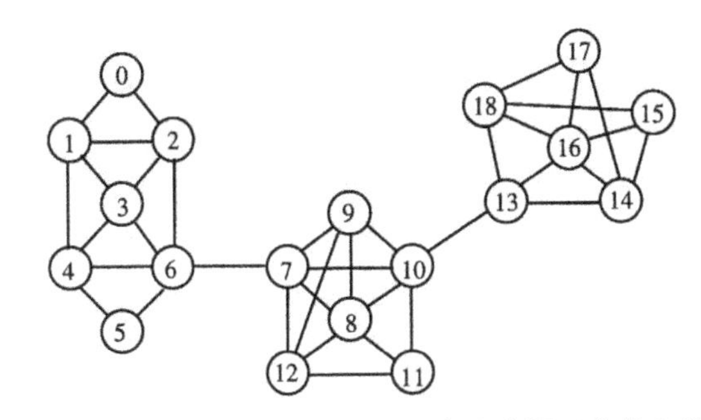

图 5-8 一个社团结构清晰的网络。本图来源于参考文献[27]

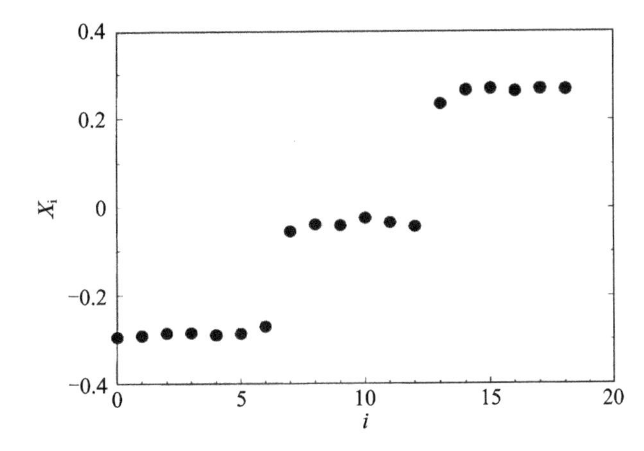

图 5-9 特征向量中节点对应数值。本图来源于参考文献[27]

基于谱分析的算法对社团结构比较清晰的网络十分有效，然而实际网络的社团结构往往并非这般显著。在由众多节点构成的连接混乱的网络中，社团间的过渡是平滑的，第一大非平庸特征值对应的特征向量中的元素没有呈现明显的阶梯状分布，取而代之是几乎光滑的曲线。可见，仅仅参考这一指标已经无法对网络进行社团结构的划分。因此需要对上述方法进行拓展，使之适用范围更广。

谱分析算法根据特征值、特征向量对节点进行划分的这一过程可以理解为，依据特征值设立众多的标准，并根据这些标准对节点进行划分。根据平庸特征值 1，无法对节点做出任何的区分；对于社团结构明显的网络，只需要采用最大的非平庸特征值，就可以对节点进行划分，而对于混乱的网络仅用这一个标准无法实现。要想划分混乱的网络，需要综合考虑多个标准，即同时考虑多个特征值对应的特征向量。这是因为同属一个社团的节点，在各个标准上都更为相近。通过对两个节点在各个标准上取值的综合考察，得到它们的紧密程度，用以表明它们同属于一个社团的倾向[27]。两节点 i，j 间的紧密程度表示为：

$$r_{ij}=\frac{\langle x_i x_j\rangle-\langle x_i\rangle\langle x_j\rangle}{[(\langle x_i^2\rangle-\langle x_i\rangle^2)(\langle x_j^2\rangle-\langle x_j\rangle^2)]},\tag{5-16}$$

其中，$\langle x_i\rangle$表示几个较大的特征值所对应的特征向量中节点 i 对应的元素的平均值。虽然多考虑一些特征值会使精确度有所提高，但是使用过多的特征值和特征向量将会大大提高计算量。

同样的方法也可以对拉普拉斯矩阵进行分析。其差别在于，拉普拉斯矩阵总存在平庸的特征值 0，考察的标准是大于 0 的最小特征值及其对应的特征向量。基于谱分析的这类算法对于社团结构显著的网络是高效的，然而对于规模大且连接混乱的网络却没有明显的优势。因为对于大规模的网络而言，求特征值和特征向量的计算相当复杂耗时。并且即便得到两节点间的紧密程度 r_{ij}，也需要人为的设定标准，判断它们是否归为一类。从而，这使得划分的结果在很大程度上受到了人为因素的影响。

5.5 基于网络动力学的算法

5.5.1 电流算法

参考文献[28]将网络类比成电路，提出了一种社团探测的算法。其主要思想是：将网络的边视为阻值相等的电阻，在两节点 i，j 上施加一个固定的电压，如节点 i 的电势为 1，节点 j 的电势为 0，从而整个网络就成了一个电路，每个节点上都会有相应的电势值，进而按照电势值划分节点所属的社团。同属一个社团的节点，其电势值应当比较接近，而与其他社团节点的电势值相差较多。

节点电势的计算应用基尔霍夫等式，它是指流入节点的电流净值为 0。若节点 i 有 n 个与它相连的节点，则根据基尔霍夫等式，流入 i 点的净电流为：

$$\sum_{k=1}^{n} I_k = \sum_{k=1}^{n} \frac{V_k - V_i}{R} = 0, \tag{5-17}$$

其中，I_k 表示由节点 k 流向节点 i 的电流，V_k 表示节点 k 的电势，R 表示每条边的阻值。从而节点 i 的电势可以表示为 $V_i = \frac{1}{n}\sum_{k=1}^{n} V_k$，即每一个节点的电势等于其所有邻居的电势的平均值。

电流算法复杂度是线性的，相比于用谱分析算法计算各个节点的电势值，消耗的时间比较短。在拥有 N 个节点的网络中，首先将 i，j 两个节点的电势设定，如 $V_i = 1$，$V_j = 0$，其余节点的电势也赋予初始值 0；然后按照上式更新除 i，j 外每个节点的电势，这个过程被称为一轮；多次重复这一过程，在一定精度上可以得到电势值的稳定解。其精确度并不取决于网络的规模，而是由重复的次数决定的。得到每个节点的电势值后，通过设立划分标准，得到节点的社团归属。通常将节点等分的电势值最大跳跃处作为两个社团的划分标准。

因为 i，j 两个点分别被赋予 1，0 两个电势值，其他节点的电势则介于 0 和 1 之间，这就意味着 i，j 两个点一定不会在同一社团当中。在不了解网络的前提下，如何确定两个不在同一个社团中的节点，成为需要解决的问题。在同一个社团中由于连接稠密，所以两点之间的距离通常比较近，而社团间节点的距离相对比较长。因此距离越长的节点属于不同社团的可能性越大。根据这一特点，只需找出距离相对较远的节点施加电压就基本上可以保证算法的正确性。通过统计发现，只要不选择相邻的两个节点，社团划分的正确率便会大大提高。因此，另一种解决方法便是对比多次排除相邻两点的随机选择电极得到的社团划分的结果，确定节点的归属，进而划分网络社团。

电流算法虽然可以推广到多个社团的划分，然而它更适合网络两个社团的划分问题。参考文献[28]将这一算法运用到空手道俱乐部网络，第 1 次将电极安放在节点 1 和节点 34 处，第 2 次将电极安放在节点 16 和节点 17 处，第 3 次将电极安放在节点 12 和节点 26 处，第 4 次将电极安放在节点 32 和节点 33 处。结果发现第 1、第 2、第 3 次当电极安放在不同社团的节点间时，划分的结果很好；而第 4 次将电极安放在同一社团的节点之间，社团没有被正确划分。

5.5.2 随机游走算法

随机游走算法建立在层次算法之上，其特别之处在于用随机游走粒子的跃迁行为定义节点间的距离[29-31]。假设网络上有一个可以任意跳跃到其邻居位置上的粒子，它每一步跳跃都只与其当时所处的位置有关，而与之前的状态没有关系，即一系列跳跃形成一个马尔科夫链。在每一步中，由节点 i 跳跃到其邻居节点 j 的概率为 $P_{ij}=\dfrac{A_{ij}}{d(i)}$，其中 A_{ij} 为网络邻接矩阵中的元素，$d(i)$表示节点 i 的度，从而得到节点间的一步转移概率矩阵(Transition Matrix)P。由节点间的一步转移概率矩阵可以得出节点间的 t 步转移概率矩阵 P^t，其中的元素 P_{ij}^t 表示由节点 i 通过 t 步跳转到节点 j 的概率，这里的节点 j 可以是网络中的任何节点，不局限于节点 i 的邻居节点。如果两个节点同属于一个社团，那么分别从两个节点透视整个网络得到的结果应该相近，即如果节点 i 和节点 j 属于同一个社团，则对于任意节点 k 有 $P_{ik}^t \cong P_{jk}^t$。两节点结构等价的程度由距离 r_{ij} 衡量，$r_{ij}=\sqrt{\sum_{k=1}^{S}\dfrac{(P_{ik}^t-P_{jk}^t)^2}{d(k)}}$。因为这个值依赖 t 的取值，所以也可以表示成 r_{ij}^t。t 值的选取不宜过大，因为当 t 趋于无穷时，P_{ij}^t 只与节点 j 的度有关，而与节点 i 无关。应用这种距离也可以将网络梳理成树状图的形式，并应用 Q 函数得到最优的社团结构。

5.5.3 Potts 模型算法

赖长特(Reichardt)和博思霍尔特(Bornholdt)将物理学的 Potts 模型引入确定网络社团最优划分的问题之中[32,33]。网络中的节点与模型中的粒子相对应，并对模型的哈密顿量(Hamiltonian)进行修正。当修正后的哈密顿量处于基态时，具有相同自旋(spin)值的粒子归为一个社团，从而得到网络的最优划分。可见，问题的关键在于根据划分社团结构这一目标，对哈密顿量做出适当的修正。修正的依据是网络社团内部连接稠密，社团间连接稀疏这一性质。因此得出 4 项标准：①对连接社团内部节点的边进行奖励；②对社团内部可以连接却没有连接的边进行惩罚；③对连接社团间节点的边进行惩罚；④对社团间可以连接却没有连接的边进行奖励。由这 4 项标准得到的修正哈密顿量为：

$$\begin{aligned}H(\{\sigma\})=&-\sum_{i\neq j}a_{ij}\underbrace{A_{ij}\delta(\sigma_i,\sigma_j)}_{\text{internal links}}+\sum_{i\neq j}b_{ij}\underbrace{(1-A_{ij})\delta(\sigma_i,\sigma_j)}_{\text{internal nonlinks}}\\&+\sum_{i\neq j}c_{ij}\underbrace{A_{ij}[1-\delta(\sigma_i,\sigma_j)]}_{\text{external links}}-\sum_{i\neq j}\underbrace{d_{ij}(1-A_{ij})[1-\delta(\sigma_i,\sigma_j)]}_{\text{external nonlinks}},\end{aligned}\tag{5-18}$$

其中，i，j 为网络中的任意两个节点；A_{ij} 是邻接矩阵中的元素，如果 i，j 两点有边相连则 $A_{ij}=1$，否则等于0；σ_i，σ_j 在原模型中表示粒子的自旋值，在这里表示 i，j 节点所属社团的编号；δ 是一个函数，当 $\sigma_i=\sigma_j$ 即 i，j 两节点属于一个社团时 $\delta(\sigma_i, \sigma_j)=1$，否则等于0；$a_{ij}$，$b_{ij}$，$c_{ij}$，$d_{ij}$ 分别为奖励和惩罚的力度。值得指出的是，因为目标是使哈密顿量最小，所以这里奖励的部分为负号，惩罚的部分为正号。以表达式中的第一项为例：如果节点 i，j 属于同一社团即 $\delta(\sigma_i, \sigma_j)=1$，且它们之间有边相连即 $A_{ij}=1$，则以 a_{ij} 的力度进行奖励，遍历所有不同的节点对并取和，从而得到由于社团内节点相连对哈密顿量的贡献。如果两个节点间是否有边相连对哈密顿量影响的力度是相同的，那么有 $a_{ij}=c_{ij}$，$b_{ij}=d_{ij}$，从而将4个参量压缩成两个。进一步，需要找出一个适当的参量将 a_{ij}，b_{ij} 共同表示出来。一个显见的参数为 p_{ij}，它表示节点 i，j 间存在边的可能性。从而 a_{ij}，b_{ij} 可以表达为 $a_{ij}=1-\gamma p_{ij}$，$b_{ij}=\gamma p_{ij}$，其中 γ 表示 a_{ij}，b_{ij} 对 p_{ij} 的依赖程度。用节点间存在边的可能性作为参数是合理的，例如，若 i，j 两个节点间存在边的可能性 p_{ij} 比较小，则 a_{ij} 就比较大，当 i，j 两个节点间存在边时，得到的奖励就比较大。进而，修正后的哈密顿量表示为：$H(\{\sigma\})=-\sum_{i\neq j}(A_{ij}-\gamma p_{ij})\delta(\sigma_i, \sigma_j)$，使得哈密顿量最小的网络社团划分是最优划分。

两个节点间存在边的可能性可以在应用时自行选择，常用的取法有两种。第一种方法是选择一个固定的可能性取值 p，任意两个节点 i，j 之间存在边的可能性 p_{ij} 都等于 p，这是最简便的方法。第二种方法要考虑网络的分布，若两个节点的度值都比较大，则它们之间存在连边的可能性就比较大，即任意两个节点 i，j 之间存在边的可能性表示为 $p_{ij}=\frac{k_i k_j}{2M}$，其中 k_i，k_j 分别表示节点 i，j 的度值，M 为网络中的总边数。采用这种 p 的选择方式并且令 $\gamma=1$ 时，哈密顿量与 Q 函数有负相关关系，$Q=-\frac{1}{M}H(\{\sigma\})$，此时最小化哈密顿量与最大化 Q 函数值是等价的[33]。

当确定好哈密顿量之后，可以采用模拟退火算法进行搜索。假设网络中的节点初始有 q 种自旋态，则基于Potts模型的算法的具体过程为：①给定系统一个初始温度，网络中每个节点都被赋予一个从 q 个自旋态中随机选择的状态；②随机挑选一个节点改变它的自旋态；③如果新状态产生的系统修正的哈密顿量的变化值 $\Delta H=H_{\text{new}}-H_{\text{old}}<0$，那么该节点就接受这个新的自旋态；如果 $\Delta H=H_{\text{new}}-H_{\text{old}}>0$，则在(0，1)间随机选择一个数 ε，若 $\varepsilon<\exp(-\beta\Delta H)$，也接受这个新的自旋态，其中 $\beta=\frac{1}{T}$，否则保持原有状态；④回到第②步，遍历网络中的所有节点；⑤降低系统温度，重复以上所有操作。当系统温度接近0时，停止计算。根据此时每个节点所处的自旋态，对它们进行社团划分。这种算法的复杂度与计算停止的温度有密切的关系。

5.6　重叠社团的划分算法

识别重叠社团也是社团结构研究中的热点之一。之前社团划分算法的最终目的都是将网络划分为若干个相互分离的社团，并且每个节点只能归属于一个社团。但是，现实中很多网络并不存在绝对的彼此独立的社团结构；相反，它们是由许多彼此重叠互相关联的社团构成。例如，在社交网络中，一个人因在不同场合(如工作单位、家庭、不同的兴趣小组等)扮演的角色不同，他可能会归属于多个不同的社团。本节将介绍两种重叠社团的划分算法：派系过滤算法和边聚类算法。

5.6.1 派系过滤算法

为了探测重叠社团结构，帕拉(Palla)等人提出了一种派系过滤(clique percolation，CP)的算法[3,34]来识别k-派系社团。一个社团从某种意义上可以看成一些互相连通的“小的全耦合网络”的集合。这些“全耦合网络”称为“派系”。而k-派系则表示该全耦合网络的节点数目为k。如果两个k-派系有$k-1$个公共节点，则称这两个k-派系相邻。如果一个k-派系可以通过若干个相邻的k-派系到达另一个k-派系，就称这两个k-派系为彼此连通的。在这个意义上，网络中的k-派系社团可以看成由所有彼此连通的k-派系构成的集合。例如，网络中的2-派系代表了网络中的边，而2-派系社团即代表网络中各连通子图。同样的，网络中的3-派系代表网络中的三角形，而3-派系社团即代表彼此连通的三角形的集合。在该社团中，任意相邻的两个三角形都具有一条公共边。值得注意的是某些节点可能是多个k-派系内的节点，而它所在的这些k-派系又并不相邻(没有$k-1$个公共节点)。因此，这些节点就属于不同k-派系社团的“重叠”部分。图5-10展示的就是一个4-派系社团，并且有些社团间存在重叠节点。

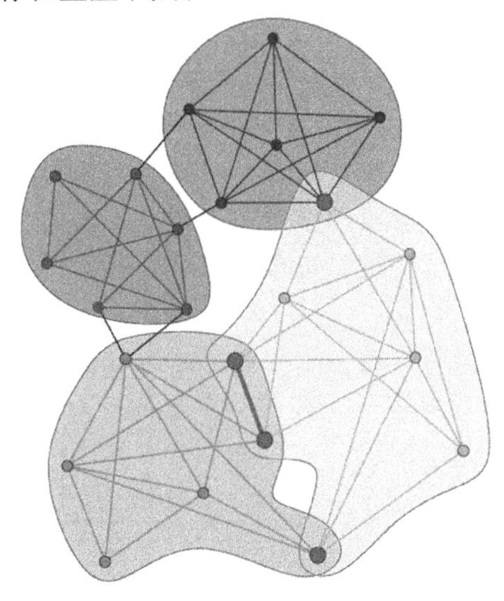

图5-10 重叠的4-派系社团。本图来源于参考文献[3]

CP算法采用由大到小、迭代回归的算法来寻找网络中的派系。首先，基于网络中各节点的度可以判断出网络中可能存在的最大全耦合网络的大小s。从网络中一个节点出发，找到所有包含该节点的大小为s的派系后，为了避免多次找到同一个派系，删除该节点及连接它的边。然后，另选一个节点，重复上面的步骤直到网络中没有节点为止。至此，找到了网络中大小为s的所有派系。接着，逐步减小s(每一次s减小1)，再用上述方法，便可以寻找到网络中所有不同大小的派系。

从上面的步骤可知，算法中最关键的问题是如何从一个节点 v 出发寻找包含它的所有大小为 s 的派系。对于这个问题，CP 算法采用了迭代回归的算法。首先，对于节点 v，定义两个集合 A 和 B。其中，集合 A 为包括节点 v 在内的两两相连的所有点的集合，而集合 B 则为与 A 中各节点都相连的节点的集合。为了避免重复选中某个节点，在算法中，对集合 A 和 B 中的节点都按节点的序号顺序排列。在定义了集合 A 和 B 的基础上，寻找包含节点 v 的所有大小为 s 的派系的迭代回归算法如下。

(1)初始集合 $A=\{v\}$，$B=\{v$ 的邻居$\}$。

(2)从集合 B 中移动一个节点到集合 A，同时调整集合 B，删除集合 B 中不再与集合 A 中所有节点相连的节点。

(3)如果集合 A 的大小未达到 s 前，集合 B 已为空集，或集合 A、B 为已有的一个较大的派系中的子集，则停止计算，返回上一步。否则，当集合 A 的大小达到 s，就得到一个新的派系，记录该派系，然后返回上一步，继续寻找包含节点 v 的新的派系。

在找到网络中所有派系之后，通过构建这些派系的重叠矩阵来寻找 k-派系社团。基于派系两两之间的公共节点数来建立派系重叠矩阵，其中，该矩阵的每一行(或列)都对应一个派系，矩阵的对角线元素代表相应派系的规模，即对应派系所包含的节点数目，它的非对角线元素代表两个派系之间的公共节点数目。将派系重叠矩阵中的对角线上小于 k 而非对角线上小于 $k-1$ 的元素置为 0，其他位置的元素置为 1，就得到了 k-派系的社团结构的邻接矩阵，各个连通部分分别代表各个 k-派系的社团。

5.6.2 边聚类算法

大多数社团划分算法是对节点进行聚类，而安(Ahn)等提出了针对连边的聚类算法，他们认为一个社团是一组紧密相连的连边的集合[35]。尽管一个节点因具有不同属性可以属于多个社团，但一条边通常表示节点间单个明确的关系而只能属于一个社团。当连边的所属社团确定后，一个节点通常会与多条连边相连，如果这些连边属于多个社团，则该节点也相应地属于这些社团，因此，边聚类算法能够识别出重叠节点，从而解决重叠社团的划分问题。

边聚类算法的基本想法是将具有一定相似度的连边合并为一个社团。因此，需要首先定义连边间的相似度。考虑具有一个公共节点 k 的一对连边 e_{ik} 和 e_{jk} 之间的相似度，将其定义为：

$$S(e_{ik},\ e_{jk})=\frac{|n_{+}(i)\cap n_{+}(j)|}{|n_{+}(i)\cup n_{+}(j)|}, \tag{5-19}$$

其中，$n_{+}(i)$是节点 i 及其邻居的集合。$S(e_{ik},\ e_{jk})$度量了节点 i 与节点 j 之间所拥有的共同邻居的相对数量。如果节点 i 与节点 j 具有完全相同的邻居，则 $S(e_{ik},\ e_{jk})=1$。其次，基于连边相似度的大小，使用层次聚类法进行社团划分，并选取合适的位置对层次聚类法产生的树状图进行分割从而得到连边社区。最后，根据与节点相连的连边的所属社区就能够识别出重叠节点社区。

为了得到最佳的社团划分，选取合适的树状图的分割位置是至关重要的。为此，基于社团内部的连边密度定义了划分密度这一目标函数，通过优化该目标函数就可以得到最佳的社团划分。假设一个具有 M 条边的网络被划分成 C 个社团$\{P_1,\ P_2,\ \cdots,\ P_C\}$，

其中社团 Pc 包含 m_c 条连边和 n_c 个节点。它所对应的归一化连边密度为：

$$D_c=\frac{m_c-(n_c-1)}{n_c(n_c-1)/2-(n_c-1)}, \tag{5-20}$$

其中，n_c-1 是 n_c 个节点构成连通图所需的最小连边数，$n_c(n_c-1)/2$ 表示 n_c 个节点间的最大可能的连边数。则整个网络的划分密度 D 定义为：

$$D=\frac{1}{M}\sum_c m_c D_c=\frac{2}{M}\sum_c \mathrm{m}_c \frac{m_c-(n_c-1)}{(n_c-2)(n_c-1)}。 \tag{5-21}$$

通过计算连边树状图每一层所对应的划分密度或者直接优化划分密度就可以得到最佳的社团划分。需要注意的是 D 的最大值为 1，此时所有的社团都是全耦合的派系，即边数最多的连通子图。而当每一个社团都是一棵树时，即边数最少的连通子图，此时，$D=0$。

将边聚类算法应用于维克多・雨果小说《悲惨世界》中的人物网络，结果如图 5-11 所示。如果两个人物同时出现在小说的某一个章节，那么在人物网络中这两个人物之间存在一条连边。节点的饼状图描述了人物所属的多个社团。在图中可以观察到，冉・阿让(Jean Valjean)所属的社团更加具有多样化。图 5-11 的下半部分给出了基于连边相似度的合并过程的树状图及其对应的划分密度，其中树状图中的分割虚线对应于最大的划分密度。

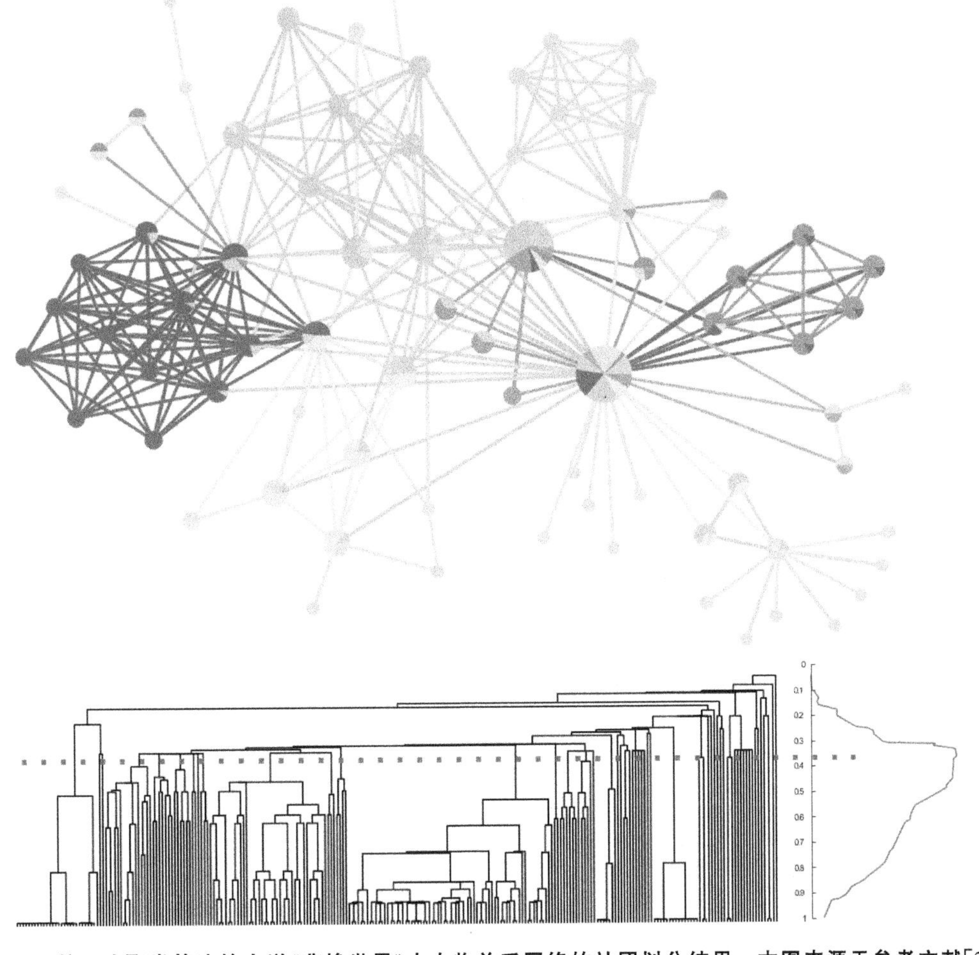

图 5-11　基于边聚类算法的小说《悲惨世界》中人物关系网络的社团划分结果，本图来源于参考文献[35]

参考文献

[1]GIRVAN M, NEWMAN M E J. Community structure in social and biological networks[J]. Proceedings of the National Academy of Sciences, 2002, 99(12): 7821-7826.

[2]NEWMAN M E J. Detecting community structure in networks[J]. The European Physical Journal B, 2004, 38: 321-330.

[3]PALLA G, DERÉNYI I, FARKAS I, et al. Uncovering the overlapping community structure of complex networks in nature and society[J]. Nature, 2005, 435(7043): 814-818.

[4]WASSERMAN S, FAUST K. Social network analysis: Methods and applications[M]. Cambridge, UK: Cambridge University Press, 1994.

[5]LANCICHINETTI A, FORTUNATO S, RADICCHI F. Benchmark graphs for testing community detection algorithms[J]. Physical Review E, 2008, 78(4): 046110.

[6]NEWMAN M E J, GIRVAN M. Finding and evaluating community structure in networks[J]. Physical Review E, 2004, 69(2): 026113.

[7]LI M, FAN Y, CHEN J, et al. Weighted networks of scientific communication: the measurement and topological role of weight[J]. Physica A: Statistical Mechanics and its Applications, 2005, 350(2-4): 643-656.

[8]SADE D S. Sociometrics of Macaca mulatta. I. Linkages and cliques in grooming matrices[J]. Folia Primatol. 1972; 18(3-4): 196-223.

[9]KUNCHEVA L I, HADJITODOROV S T. Using diversity in cluster ensembles[C]//2004 IEEE international conference on systems, man and cybernetics, IEEE, 2004, 2: 1214-1219.

[10]ANA L N F, JAIN A K. Robust data clustering[C]//2003 IEEE Computer Society Conference on Computer Vision and Pattern Recognition, 2003. Proceedings. IEEE, 2003, 2: II.

[11]DANON L, DIAZ-GUILERA A, DUCH J, et al. Comparing community structure identification[J]. Journal of Statistical Mechanics: Theory and Experiment, 2005(9): P09008.

[12]ZHANG P, LI M, WU J, et al. The analysis and dissimilarity comparison of community structure[J]. Physica A: Statistical Mechanics and its Applications, 2006, 367: 577-585.

[13]FORTUNATO S, BARTHELEMY M. Resolution limit in community detection[J]. Proceedings of the National Academy of Sciences, 2007, 104(1): 36-41.

[14]NEWMAN M E J. Fast algorithm for detecting community structure in networks[J]. Physical Review E, 2004, 69(6): 066133.

[15]CLAUSET A，NEWMAN M E J，MOORE C. Finding community structure in very large networks[J]. Physical Review E，2004，70(6)：066111.

[16]BAK P，SNEPPEN K. Punctuated equilibrium and criticality in a simple model of evolution[J]. Physical Review Letters，1993，71(24)：4083-4086.

[17]BOETTCHER S，PERCUS A G. Optimization with extremal dynamics[J]. Physical Review Letters，2001(23)，86：5211-5214.

[18]ZHOU T，BAI W J，CHENG L J，et al. Continuous extremal optimization for Lennard-Jones clusters[J]. Physical Review E，2005，72(1)：016702.

[19]DUCH J，ARENAS A. Community detection in complex networks using extremal optimization[J]. Physical Review E，2005，72(2)：027104.

[20]BOCCALETTI S，LATORA V，MORENO Y，et al. Complex networks：Structure and dynamics[J]. Physics Reports，2006，424(4-5)：175-308.

[21]LORRAIN F，WHITE H C. Structural equivalence of individuals in social networks[J]. Journal of Mathematical Sociology，1971，1(1)：49-80.

[22]BURT R S. Positions in networks[J]. Social Forces，1976，55(1)：93-122.

[23]RADICCHI F，CASTELLANO C，CECCONI F，et al. Defining and identifying communities in networks[J]. Proceedings of the National Academy of Sciences，2004，101(9)：2658-2663.

[24]HALL K M. An r-dimensional quadratic placement algorithm[J]. Management Science，1970，17(3)：219-229.

[25]FIEDLER M. Algebraic connectivity of graphs[J]. Czechoslovak Mathematical Journal，1973，23(2)：298-305.

[26]POTHEN A，SIMON H D，LIOU K P. Partitioning sparse matrices with eigenvectors of graphs[J]. SIAM Journal on Matrix Analysis and Applications，1990，11(3)：430-452.

[27]CAPOCCI A，SERVEDIO V D P，CALDARELLI G，et al. Detecting communities in large networks[J]. Physica A：Statistical Mechanics and its Applications，2005，352(2-4)：669-676.

[28]WU F，HUBERMAN B A. Finding communities in linear time：a physics approach[J]. The European Physical Journal B，2004，38：331-338.

[29]ZHOU H. Network landscape from a Brownian particle's perspective[J]. Physical Review E，2003，67(4)：041908.

[30]ZHOU H. Distance，dissimilarity index，and network community structure[J]. Physical Review E，2003，67(6)：061901.

[31]PONS P，LATAPY M. Computing communities in large networks using random walks[C]//Computer and Information Sciences-ISCIS 2005：20th International Symposium，Istanbul，Turkey，October 26-28，2005. Proceedings 20. Springer Berlin Heidelberg，2005：284-293.

[32]REICHARDT J，BORNHOLDT S. Detecting fuzzy community structures in

complex networks with a Potts model[J]. Physical Review Letters, 2004, 93(21): 218701.

[33]REICHARDT J, BORNHOLDT S. Statistical mechanics of community detection [J]. Physical Review E, 2006, 74(1): 016110.

[34]PALLA G, BARABÁSI A L, VICSEK T. Quantifying social group evolution [J]. Nature, 2007, 446(7136): 664-667.

[35]AHN Y Y, BAGROW J P, LEHMANN S. Link communities reveal multiscale complexity in networks[J]. Nature, 2010, 466(7307): 761-764.

第6章　加权网络

复杂网络中连边的存在与否给出了相互作用结构的定性描述，是网络刻画中最本质的部分。在实际系统中，许多相互作用都不是均质的，而是呈现出不同的强度和重要性。而权重能够捕捉这种相互作用的多样性，无论是相似权还是相异权，都能够更真实客观地抽象一个复杂系统，从而提供了深入理解和分析网络的新途径。通过权重的引入，不仅能够更好地理解网络的结构和功能，还能够探索如何通过调整权重来优化网络的性能和效率。加权网络为研究复杂系统提供了一个更加精细和全面的框架，使我们能够更真实地模拟和分析现实世界的网络。

本章从加权网络的基本概念入手，逐步深入讨论其模型、统计性质及演化过程，不仅强调了其理论意义，也探讨了其在现实世界中的广泛应用。需要注意的是，本章讨论的主要对象为无向加权网络，若无特殊说明，下文提及的加权网络均为无向加权网络。通过对加权网络相关概念的深入探讨，不仅能够更好地理解加权网络自身的复杂性，还能够洞察它们在现实世界中的重要性和应用潜力。

6.1　加权网络模型及统计性质

6.1.1　边权的定义

复杂网络分析方法已经广泛应用于各个领域，用来描述系统中个体之间的关系以及系统的集体行为。大量包含多个体和个体之间存在相互作用的系统都可以抽象成复杂网络，其中每一个个体对应于网络的节点(node or vertex)，个体之间的联系或相互作用对应于连接节点的边(link or edge)。在无权网络中，邻接矩阵(adjacency matrix)A 的矩阵元素非 0 即 1，仅表示节点之间的边存在或不存在两种情况。显然，无权网络只能给出节点之间的相互作用存在与否的定性描述，这种定性描述反映了相互作用最主要的信息，但在许多情况下，节点之间的关系或相互作用强度的差异起着至关重要的作用，此时，需要引入边权(Link Weigh)来刻画相互作用强度的差异性，从而形成加权网络。

把一个实际系统抽象为加权网络的过程并不都是平庸的，因此，加权网络研究面对的第一个问题就是边权的赋予方式。边权代表个体间相互作用的强度，既有现实存在的物理权重，也有抽象权重。当实际问题中存在着物理权重时，如电阻网络边上的阻值、互联网的带宽、邮递员问题中的距离关系、航空网络中的里程和座位数以及化学反应网络中的反应速率等，问题相对容易处理一些，直接把相关物理量看作边权即可。但是对于其他包含相似关系、亲密关系等社会关系的网络，就需要把两点间相互作用的某种属性转化为权重。尤其是当系统中包含多个层次的相互作用关系时，就必须仔细研究其加权方式。

目前在加权网络中关于边权的定义有两种方式：相异权(Dissimilarity Weight)和相似权(Similarity Weight)。相异权与传统意义上的距离相对应，权值越大表示两点间的距离越大，关系越疏远；而相似权则恰恰相反，权值越大表示两点间的关系越亲密，距离越小。例如，航空网络中的里程数可以看作相异权，里程数越大表明两个机场的相隔距离越远；而科学家之间的合作次数就可以看作相似权，合作次数越多说明两人之间的关系越亲密。通常情况下，在加权网络中，相似权 $w_{ij}\in[0,\infty)$，如果 $w_{ij}=0$，则表示两节点之间无连接；而相异权 $w_{ij}\in(0,\infty)$，$w_{ij}=\infty$时则表明两节点之间无连接。当每条边的数值都一样时，可以将其归一化为1，加权网就退化成了无权网，即无权网是加权网的特例。明确相异权与相似权对研究加权网络非常关键，在下面关于加权网络最短路径和集聚系数的讨论中，会对此做更为详细的分析。

6.1.2 加权网络上的统计量

加权网络可以由集合 $G=(N,W)$描述，包括 N 个节点，以及一组带有权重的边 W；通常可以用加权邻接矩阵 W 表示加权网络，其中矩阵元素 $w_{ij}(w_{ij}>0)$代表相邻两节点间的边权。在以下讨论中，仍然采用邻接矩阵 A 描述和加权网络相对应的无权网(节点 i、j 之间有边存在时 $a_{ij}=1$，否则 $a_{ij}=0$)。下面介绍一些加权网中与无权网相对应的物理量和统计性质。

1. 点强度，强度分布，单位权和差异性

在加权网中，与节点度 k_i 相对应的自然推广就是点强度或点权(Vertex Weight)s_i，其定义为：

$$s_i=\sum_{j\in N_i}w_{ij}, \tag{6-1}$$

其中，N_i 是节点 i 的近邻集合。点强度既考虑了节点的近邻数，又考虑了该节点和近邻之间的权重，是该节点局域信息的综合体现。当边权与网络的拓扑结构无关时，点强度与度的函数关系为 $s(k)\simeq\langle w\rangle k$，其中$\langle w\rangle$为边权的平均值。当边权与拓扑结构具有相关性时，点强度与度的函数关系一般为 $s(k)\simeq Ak^{\beta}$，$\beta=1$ 但 $A\neq\langle w\rangle$，或者 $\beta\neq1$。在点权的基础上，还可以引入单位权(Unit Weight)U_i，对节点的连接和权重情况做更细致的刻画，单位权定义为：

$$U_i=\frac{s_i}{k_i}, \tag{6-2}$$

表示节点连接的平均权重。但是，即使节点具有相同的度值和点强度，单位权相同，也可能会情况迥异。例如，在单位权相同的情况下，可能是每条边的权重都接近于单位权 U_i 的数值，也可能是一条边或少数边上的权重处于优势。节点所连接的边上权重分布的差异性(disparity in the weight)可以用 Y_i 表示[1,2]：

$$Y_i=\sum_{j\in N_i}\left[\frac{w_{ij}}{s_i}\right]^2, \tag{6-3}$$

其中，N_i 是节点 i 的近邻集合。由上面定义可知，Y_i 描述了与节点 i 相连的边上权重分布的离散程度，且依赖于节点的度值 k_i. 对于节点 i 的 k_i 条边，如果所有权重值相差不大，则 Y_i 与度值 k_i 的倒数成正比；相反，如果只有一条边的权重起主要作用，则 $Y_i\approx1$。

由定义可知，Y_i 与 k_i 有关，所以通常更关心对所有度值相同的节点的 Y_i 的平均值 $Y(k)$，当边权分布比较均匀，差异性不大时，$Y(k) \propto 1/k$，当边权分布的差异性较大时，$Y(k) \approx 1$，独立于节点的度值 k。

点强度分布 $P(s)$ 与度分布 $P(k)$ 的作用类似，主要是考察节点具有点强度 s 的概率，这两个分布结合在一起，提供了加权网络的基本统计信息。

2. 相关性

边权及相应的节点强度等概念的引入，为讨论网络中的各种相关匹配关系提供了更加丰富的内容。实证研究发现，度值为 k 的节点与度值为 k' 的节点相连的概率通常与 k 有关，可以使用条件概率 $k_{nn}(k) = \sum_{k'} k' P(k' \mid k)$ 来刻画这一相关关系，而对于不存在相关性的网络，$k_{nn}(k)$ 与 k 无关。在实际的统计分析中，可以通过对节点 i 的近邻平均度(average nearest neighbors degree)的分析得到网络的相关匹配性质[3]：

$$k_{nn,i} = \frac{1}{k_i} \sum_{j \in N_i} k_j = \frac{1}{k_i} \sum_{j \in N_i} a_{ij} k_j, \tag{6-4}$$

式中的求和遍及节点 i 的所有一阶近邻。由式(6-4)可以计算所有度值为 k 的节点的最近邻的平均度值，记为 $k_{nn}(k)$。实际上，$k_{nn}(k)$ 由上述条件概率确定，如果网络没有度相关性，$k_{nn}(k)$ 为常数，与 k 无关。对于具有相关性的网络，$k_{nn}(k)$ 与 k 有关，当 $k_{nn}(k)$ 是 k 的增函数时，称该网络为同配(assortative)网络；而当 $k_{nn}(k)$ 是 k 的减函数时，则称该网络为异配(disassortative)网络。所以计算 $k_{nn}(k)$ 函数曲线的斜率(或一条边两端节点的度值的 Pearson 相关系数)就可以得到网络度的相关性质。对同配网络，节点倾向于和自己度值对等的节点连接，而异配网络则反之，度值低的节点倾向于和度值高的节点连接。

在加权网络上，除了上述度值的相关匹配关系外，还可以类似地讨论点强度的相关匹配关系。与式(6-4)类似，可以定义节点的加权平均近邻度(weighted average nearest neighbors degree)为[4]：

$$k_{nn,i}^{w} = \frac{1}{s_i} \sum_{j \in N_i} a_{ij} w_{ij} k_j 。 \tag{6-5}$$

这是根据归一化的权重 w_{ij}/s_i 计算出的局域的加权平均近邻度，它可以用来刻画加权网络的相关匹配性质。当 $k_{nn,i}^{w} > k_{nn,i}$ 时，具有较大权重的边倾向于连接具有较大度值的节点；当 $k_{nn,i}^{w} < k_{nn,i}$ 时则恰恰相反。所以，对于相互作用强度(权重)给定的边，$k_{nn,i}^{w}$ 表明它与具有不同度值的节点之间的亲和力。同理，可以计算所有度值为 k 的节点 $k_{nn,i}^{w}$ 的平均值 $k_{nn}^{w}(k)$，这个函数的具体形式就给出了考虑相互作用强度以后的网络中的相关匹配关系。

3. 最短路径

考虑每条边关联的物理距离是加权网络分析的重要问题。对于位于 d 维欧氏空间中的网络，直接相连的两点间的长度可以看作两点间的欧氏距离，但对于一般的加权网络并没有明确的距离概念，每条边上的距离可以看作权重的某种函数。此时，就必须注意权重是相异权还是相似权。对于相异权，可以直接定义两个相连节点之间的距离 $l_{ij} = w_{ij}$，而对于相似权，则可以令 $l_{ij} = 1/w_{ij}$，当然也可以采用其他形式把相似权转化为距离。其中，更为关键的问题是如何计算没有直接相连的节点之间的距离。在无权网络中，经过边数最少的路径即为两点间的最短路径，但是在加权网络中由于每条边权重值的差异，加权网络上的距离通常不再满足三角不等式，从而导致经过边数少的路径不一定为两点间的最短路径。假设节点 i 和节点 k 通过两条权重分别为 w_{ij} 和 w_{jk} 边相连，对于相异权，节点 i 和 k 之间的距离可以直接取和：$l_{ik}=w_{ij}+w_{jk}$，而对于相似权，节点 i 和 k 之间的距离就必须使用调和平均值：$l_{ik}=w_{ij}w_{jk}/(w_{ij}+w_{jk})$。以此为基础，就可以获得任意连续路径的距离值，进而可以得到加权网络中任意两点间的最短距离以及网络的平均最短距离。而其他网络的全局统计量，如效率(efficiency)、介数(betweenness)等就可以在考虑加权最短路径的基础上进行计算。

4. 加权集聚系数

节点的集聚系数(clustering coefficient)反映该节点的一阶近邻之间的集团性质，近邻之间联系越紧密，该节点的集聚系数越高。在无权网络集聚系数的基础上，人们发展了加权网络集聚系数的定义，如巴拉特(Barrat)等人定义加权网络集聚系数为[4]：

$$c_B^w(i)=\frac{1}{s_i(k_i-1)}\sum_{j,k}\frac{(w_{ij}+w_{ik})}{2}a_{ij}a_{jk}a_{ki}。\tag{6-6}$$

翁内拉(Onnela)等考虑了三角形三条边上权重的几何平均值，定义了相应的加权网络集聚系数为：[5]

$$c_O^w(i)=\frac{1}{k_i(k_i-1)}\sum_{j,k}(w_{ij}w_{jk}w_{ki})^{1/3},\tag{6-7}$$

其中，w_{ij} 为经过网络中的最大权重 $\max(w_{ij})$ 标准化后的数值。

霍姆(Holme)等人比较细致地分析了加权网络的集聚系数，指出它应该符合以下几条要求[6]：

(1)集聚系数的值应介于[0，1]之间；

(2)当加权网络退化为无权网络时，加权网络的集聚系数应该与瓦茨(Watts)和斯托加茨(Strogatz)定义的集聚系数的计算结果相一致；

(3)权值为 0 表示不存在该条边；

(4)包含节点 i 的三角形中三条边对 $c^w(i)$ 的贡献应该与边的权重成正比。

在上述规则的基础上，霍姆(Holme)等首先把瓦茨(Watts)和斯托加茨(Strogatz)所定义的集聚系数的定义进行了改写：

$$c(i)=\frac{\sum_{jk}a_{ij}a_{jk}a_{ki}}{\sum_{jk}a_{ij}a_{ki}}。\tag{6-8}$$

根据上面的表述方式，考虑了三角形中任一条边对集聚系数的贡献，可以写出加权网络的集聚系数：

$$c_H^w(i)=\frac{\sum_{jk}w_{ij}w_{jk}w_{ki}}{\max_{ij}w_{ij}\sum_{jk}w_{ij}w_{ki}}。\tag{6-9}$$

集聚系数描写了节点近邻之间的集团性质，由上述的第③条要求可以发现，此时的权重必须为相似权，边权越大表示两个节点的联系越紧密。由上述定义计算出每个节点的集聚系数之后，就可以得到所有度值为 k 的节点的平均集聚系数 $C^w(k)$，以及网络的平均集聚系数 C^w。一般情况下，式(6-9)的应用需要用网络中的最大相似权归一化，但当我们可以利用网络的性质预先将相似权归一化到(0，1]区间时，就可以直接利用权重计算而略去二次归一化的步骤，这一考虑可以使我们比较不同网络的加权集聚系数。

通过以上对最短路径和集聚系数的分析，可以发现在加权网络中，对相似权和相异权的区分十分重要。使用相异权，距离可以直接求和，但集聚系数的计算必须首先转化为相似权；而使用相似权虽然可以直接计算集聚系数，但距离必须使用调和平均的计算方法。为了统计分析的方便，建议在处理加权网络时，把相异权归一化到[1，∞)区间，而把相似权归一化到(0，1]区间，这样，就可以方便地利用倒数关系实现两种权重之间的转换，并计算网络的基本统计性质。

除了上述的基本网络统计量以外，人们对其他网络性质也在加权网络上进行了推广。比如翁内拉(Onnela)等人提出了一个系统的方法，把模体(Motifs)的分析推广到了加权网络上[5]。由于边权增加了刻画系统性质的维数，建立相应的概念，研究加权网络上特殊的统计性质，仍然是目前加权网络研究中的一个重要内容。

6.1.3 一些加权网络的实证结果

加权网络引入了节点之间相互作用的强度，刻画了连接的多样性，增加了网络的抽象刻画能力；同时，边权的引入也极大地丰富了网络的统计性质。除了由边决定的连接外，对于加权网络还必须关注与权重有关的统计性质，特别是权重和拓扑的相关性，这为理解相应系统的组织结构提供了一个新的视角。许多实证研究表明，加权网络表现出了丰富的统计性质和幂律行为。下面简要介绍一些典型的实际系统以及相应的实证分析结果。

生物网络：在细胞网络、基因相互作用网络、蛋白质相互作用网络以及其他的细胞分子调控行为中，拓扑结构起着重要作用。最近的研究表明，相互作用强度也具有非常关键的作用。阿尔莫斯(Almaas)等把大肠杆菌的新陈代谢反应看作加权网络进行研究，把从代谢物 i 到 j 的流量看作边权 w_{ij}[7]。观察到的流量具有高度的非均匀性，在理想的培养条件下，边权(流量)的分布符合幂律分布 $P(w)\propto(w_0+w)^{-\gamma_w}$，其中 $w_0=0.0003$，$\gamma_w=1.5$。除了全局流量分布中的非均匀性外，通过式(6-3)计算 Y_i，还可以观察到在单个代谢物的层面上边权分布的非均匀性。在此网络上对出度和入度相同的节点计算边权的差异性，发现它们都服从 $Y(k)\sim k^{-0.27}$，这是一种介于 $Y(k)=const$ 和 $Y(k)\sim k^{-1}$ 之间的中间状态，说明一个代谢物参与的化学反应的数目越多(被消耗或被生产)，其中的某一个化学反应携带主要流量的可能性就越高。

蒂耶里(Tieri)等人研究了人类免疫系统中细胞间的通信过程[8]。他们把这一过程抽象为加权有向网络，其中节点代表不同种类的细胞，边代表细胞间的响应关系，权重 w_{ij} 则表示细胞 i 所分泌的能影响细胞 j 的可溶性介质的种类数。研究结果表明，免疫细胞加权网络是一个高度非均匀的网络，极少数的可溶性介质在调节不同细胞种类间的相互作用中起着中枢作用。

社会网络：科学家合作网络、电影演员合作网络、E-mail 网络以及人际关系网等都是典型的社会网络，其中许多网络的拓扑性质，如科学家合作网和电影演员合作网，都得到了深入研究。如纽曼(Newman)给出了科学家合作网络的基本统计性质，发现科学家合作网络既有小世界网络的性质，又有无标度网络的特征[9]。而巴拉巴西(Barabási)等则主要研究了科学家合作网络的演化性质[10]。在无权的科学家合作网络中，科学家是网络中的节点，如果两位科学家至少合作过一篇文章，则对应的节点之间有连边。在实际情况中许多科学家之间合作过多次，无权网络中边的存在与否仅仅给出了他们之间的定性关系，不足以说明他们的亲密程度，因此需要把合作的次数转化为权重来区分亲密程度的差异性。

以科学家合作网络为例，纽曼(Newman)定义了科学家合作网络的权重 $w_{ij}=\sum_{p}\delta_i^p\delta_j^p/(n_p-1)$，其中 p 包括了数据库中的所有文章，如果 i 是文章 p 的作者之一则 $\delta_i^p=1$，否则 $\delta_i^p=0$，n_p 表示文章 p 中作者的数目。归一化因子 n_p-1 考虑了合著者的多少对合作关系的影响。从平均效果来看，合作者较少时作者之间的相互关系应该更加紧密，同时这一定义使得点强度 s_i 与作者 i 与其他人合作的文章数相等[9]。

利用纽曼(Newman)的权重定义，巴拉特(Barrat)等根据电子网站 arxiv.org 上 1995—1998 年关于凝聚态方面的文章，研究了相应的科学家合作网络[4]。研究发现点强度的分布 $P(s)$ 与度分布 $P(k)$ 的情况类似，都有胖尾(heavy tail)现象。点强度的平均值 $s(k)$ 与度的关系表现为线性关系 $s(k)=\langle w\rangle k$，表明权重与网络的拓扑结构之间是相互独立的；而 $C(k)$ 的实证结果表明，度值小的节点的集聚系数会更高，表明合作者较少的科学家之间在一起合作的机会更大一些。当 $k\geqslant 10$ 时，以式(6-6)计算的加权集聚系数的平均值 $c^w(k)$ 会大于 $c(k)$。k 较大的作者通常为一个科研团队的核心，$c^w(k)$ 大于 $c(k)$ 表明他有与其合作者合作发表更多文章的趋势。有影响力的科学家会促成一个稳定的研究集体，他们的大部分文章产生于这个集体之中。$k_{nn}(k)$ 和 $k_{nn}^w(k)$ 均以 k 的幂函数形式增加，说明科学家合作网络中体现了社会网络的正向相关匹配特性。

技术网络：在一些基础设施网络中，如 Internet、铁路网、地铁网和航空网中，输运过程中的流量可以自然的转化为权重。巴拉特(Barrat)等分析了全球航空网络[4]，把两个机场 i 和 j 之间的航班的有效座位数作为机场间的权重 w_{ij}，而李炜等人在研究中国航空网时，把两个机场 i 和 j 之间的航班数作为机场间连线上的权重 w_{ij}[11]。在对不同的数据进行研究时，发现这些网络都具有小世界网络和无标度网络的特征。特别是度分布表现为如下形式：$P(k)=k^{-\gamma}f(k/k_x)$，其中 $\gamma\simeq 2.0$，且 $f(k/k_x)$ 是指数截断函数，与一个机场能够运作的最大航线数有关[12,13]。点强度分布呈现出幂律尾，并且边权和度具有一定的相关性：平均来讲，边权与边的两端节点的度值的函数关系为 $\langle w_{ij}\rangle\sim(k_ik_j)^\theta$，其中指数 $\theta=0.5$。点强度和度之间的关系服从幂律函数关系 $s(k)\simeq Ak^\beta$，其中 $\beta=1.5$[4,14]，这说明机场越大，处理交通流量的能力就越强。在航空网络中，对加权集聚系数、近邻平均度等物理量的统计，得到了比科学家合作网络更加丰富的现象。例如，当无权的集聚系数随着 k 的增加而下降时，Barrat 加权集聚系数 $c^w(k)$ 在所有的度值 k 上变化不大，这说明航线较多的机场与相邻机场具有形成大流量航线的趋势，这恰好能抵消由于度值增大而降低的网络拓扑集聚系数，而维持加权集聚系数不变。由于大交通流量是与枢纽联系在一起的，因此在网络中度值较高的节点会趋向于和度值相等或更高的节点形成集团。这一结论仅仅通过对相应无权网络的分析是得不到的。对相应无权网络的相关性分析表明，只有在度值较小的节点上，$k_{nn}(k)$ 才能显现出正向相关匹配特征。当 $k>10$ 时，$k_{nn}(k)$ 会趋于一个常数值，表明该类网络连接没有相关性，即无论节点的度值大小如何，节点都具有非常相似的近邻结构。但是，在所有 k 的取值范围内，对加权 $k_{nn}^{w}(k)$ 的分析表明，加权网络具有显著的正向相关特征，给出了与无权网络不同的图景。这表明航线较多的机场对其他大机场具有较强的吸引力，主要的流量将在它们之间产生。

6.1.4 经济物理学科学家合作网络的建立和统计分析

已有的关于科学家合作网络的研究工作大部分只考虑了科学家之间的合著关系，把合作发表文章的次数转化为权。但当我们关心科学思想在科学家之间的传播和相互影响时，仅仅考虑合著关系就不够了。在科学家合作网络中，合著、引用乃至一些非正式的讨论都是交流、传播思想的方式，只是贡献不同而已。因此，如果希望通过网络分析挖掘科学家在科学研究上的内在关联，就必须考虑不同层次相互作用的贡献，而网络连接的权重就需要综合考虑层次和强度两个方面。此时，对于同一种相互作用，需要考虑相互作用强度的差别，如合著关系，不仅边的存在与否至关重要，合著的次数也是非常有用的信息；同时，还必须考虑引用和致谢的贡献，并考虑相应的强度。总的来说，研究者主要关心的并不是交流事件本身，而是希望通过各种不同的交流形式，来反映科学家思想交流的深层结构，尽管不得不通过相关事件的形式和次数来获得这些信息[15]。

基于上述思想，我们收集了 1992—2004 年发表的经济物理学方面的文章，包括 808 篇文章和 819 位作者。从数据库中可以得到任意两位作者之间的合作、引用和致谢 3 种关系的次数，记录为(S_1, S_2, x, y, z)，作者 S_1 与作者 S_2 合作 x 次，引用作者 S_2 的文章 y 次，并且在 S_1 文章中的致谢里感谢作者 $S_2 z$ 次。另外，为了保证数据的完备性，只计算了数据库内的文章引用次数，和对数据库内的作者的致谢次数。

事实上，可以把整个数据看作 3 个不同的网络：合著网络、引用网络和致谢网络，但是从思想的传播和交流以及学科领域的发展来看，应该把这 3 种关系综合在一起，看作一个网络进行研究，把不同层次的交流和相应次数转化为边上的权重。因此，本文采用了以下的赋权方式，把每条边上的合作、引用和致谢的权重综合成为一个权重：

$$w_{ij} = \sum_{\mu} w_{ij}^{\mu}, \tag{6-10}$$

其中，μ 可以取$\{1, 2, 3\}$，分别对应合著、引用和致谢关系，w_{ij}^{μ} 是 3 种关系所对应的权重，定义为：

$$w_{ij}^{\mu} = \tanh(\alpha_{\mu} T_{ij}^{\mu}), \tag{6-11}$$

其中，T_{ij}^{μ} 是第 μ 种关系的次数。直观上说，次数越多关系越亲密，但是随着次数的增加，新事件对亲密程度的贡献越来越小，即新事件对亲密程度的贡献具有边际递减效应。因此采用具有饱和效应的 tanh 函数将次数转化为权重，来刻画次数和亲密程度之间的非线性效应。引入饱和效应的根本原因就在于所要分析的是“亲密程度和传播的难易程度”，而不是分析传播的事件本身。tanh 函数开始于 $\tanh(0)=0$，当次数足够大时极限值为 1。同时，假定 3 种相互作用关系对权重的贡献也是不同的，用参数 α_{μ} 表示。在研究经济物理学科学家合作网络时，α_1，α_2，α_3 分别取值为 0.7，0.2，0.1。

边权 w_{ij} 对应于两个节点间的亲密程度，属于相似权。为了方便计算网络中节点间的距离，需要把相似权转化为相异权 $\widetilde{w}_{ij} = 3/w_{ij}$。因为权重 $w_{ij} \in [0, 3]$，所以 $\widetilde{w}_{ij} \in [1, \infty)$，这就可以和网络中的距离相对应了。

引用和致谢是有方向性的，因此经济物理科学家合作网络是一个加权有向网。在以上数据库和边权赋予的情况下，得到了该网络的基本统计结果。

度和点权的分布具有与其他实证研究类似的定性结果(图 6-1)。图 6-2 给出了网络点介数的 Zipf 排序图，某个节点在该曲线上的位置可以说明相应科学家在该领域中的研究地位。其中标出了斯坦利(Stanley)教授和张翼成教授在图中的位置。众所周知，在经济物理学的发展过程中，斯坦利(Stanley)教授在对经济数据的时间序列分析的实证工作和建模中都做出了开创性的工作，如股票价格和企业规模中的工作；张翼成教授在少数者博弈方面也有巨大的贡献。另外，通过网络结构随时间的演变，可以从网络分析的观点来反映相关学科科学研究的发展，以及科研工作者地位的变化。

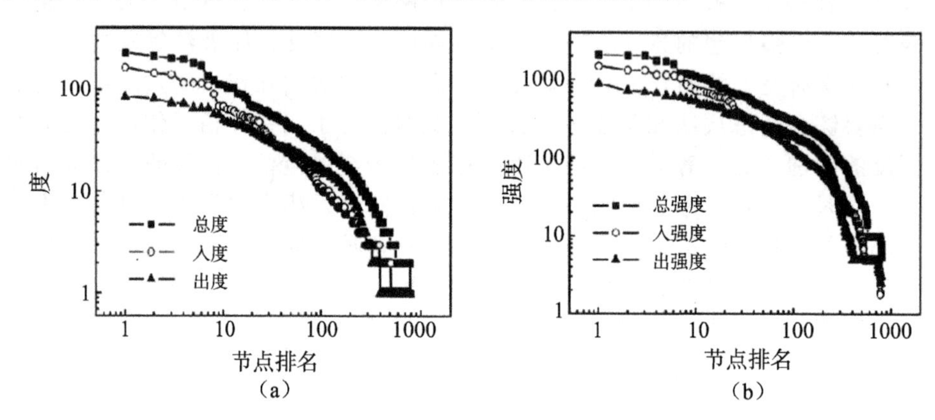

图 6-1　经济物理学家合作网络的度和点权的 Zipf 排序图

(a)节点的度的 Zipf 排序图，(b)节点的点权的 Zipf 排序图

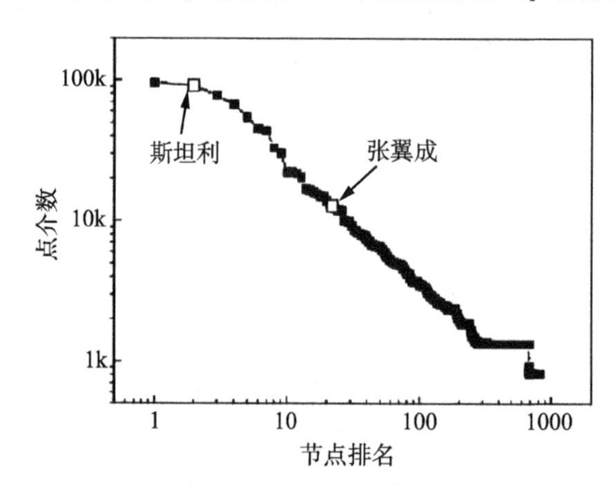

图 6-2　经济物理学家合作网络的节点的点介数的 Zipf 排序图

节点的单位权(Weight per Degree)是节点的点权或强度与节点度的商，这一物理量反映了节点所代表的科学家与其他科学家合作交流的方式，是集中深入还是交流广泛，分别对出边和入边进行分析还可以得到更细致的信息。图 6-3 给出了经济物理学科学家单位权频数统计的情况，并标出了斯坦利(Stanley)教授和张翼成教授所处的位置。

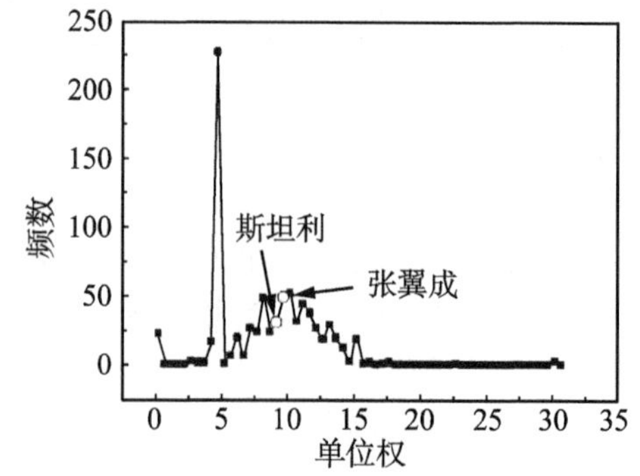

图 6-3　单位权的频数统计分布图

6.1.5 加权网络的社团结构

针对探索网络社团结构的研究，网络权重的引入会影响到网络社团的定义，过去的描述性定义只关注了网络连接的稠密性，并没有考虑连边之间的差异性。但权重的引入并不会改变探索网络社团结构的主要思路，只需要在细节之处做适当的调整，反映出加权网络的特性即可。因此定量描述社团结构的模块化 Q 函数应当包含边的权重[16,17]。含权重的 Q 函数表达为：

$$Q^w = \frac{1}{2T}\sum_{ij}\left[w_{ij} - \frac{T_i T_j}{2T}\right]\delta(c_i,\ c_j), \tag{6-12}$$

其中，w_{ij} 表示节点 i，j 间连边的权重，T_i 表示节点 i 的点权，$T_i = \sum_j w_{ij}$，$T = \frac{1}{2}\sum_{ij} w_{ij}$ 表示网络中所有连边的权重之和，c_i 表示节点 i 所属的社团。

在谱分析算法和 Potts 模型算法中，用权重矩阵替代连接矩阵；凝聚思想和分裂思想都与距离和相似度的定义有紧密的联系，因此采用这种思想的算法要在定义距离和相似度时包含边的权重的影响；优化算法的推广更为简便，只需将优化目标替换为含权重的 Q 函数。以下详细介绍 GN 算法和 EO 算法在加权网络上的推广。

GN 算法在加权网络上推广的关键在于如何计算加权网络中的边介数[16]。边介数的定义是不变的，区别在于节点间距离的定义。一种显而易见的方法就是将距离看作权重的倒数，从而两个节点连接边的权重越大，它们之间的距离也就越近，这与人们的直观感受是相符合的。然而进一步研究会发现这种方法是不行的。两点间权重越大，它们连线的距离就越短，就有越多的最短路径通过它们的连线，因此它们连线的最短路径边介数就越大，从而它们的连线就越早被移除。这就意味着连接越紧关系越密切的连线会被越早的断开，与聚类的初衷完全相反。

正确的方法是将加权网络转化为无权多图(multigraph)。加权网络是用边的权重代表点与点之间的紧密程度；而在无权多图中每条边的权重都是相同的，点与点之间的紧密程度是由边的个数表示的，如图 6-4 所示，它们的连接矩阵是相同的。

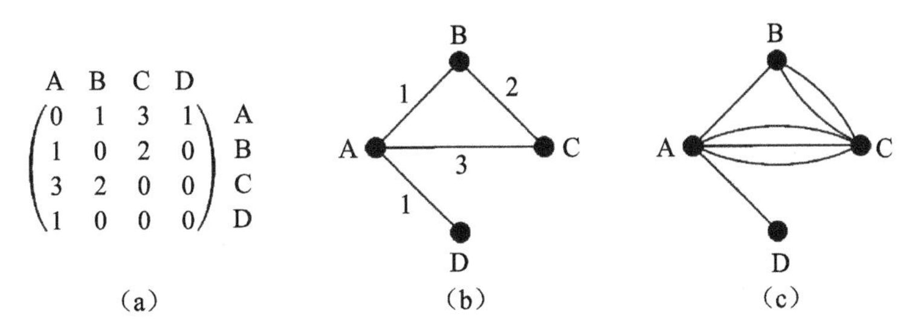

图 6-4 加权网络与无权多图

(a)邻接矩阵，(b)加权图，(c)无权多图。本图来源于参考文献[16]

权重为 n 的边与 n 条权重为 1 的平行边等价，加权网络和无权多图是可以相互替代的。GN 算法运用于无权多图，与运用于与之相应的普通无权网络相比，任意两点间的最短路径是不变的，然而由于重复边的存在，边介数的值发生了变化。如果两个节点间有两条边，则每条边的边介数是原值的一半；如果两个节点间有三条边，则每条边的边介数是原值的三分之一……随后找出边介数最大的边将其断开，重新计算边介数，断开边介数最大的边，并重复此过程，便可划分出网络的社团结构。选择最优划分时，只需采用包含权重的 Q 函数即可。

将 EO 算法推广到加权网络时，用含权的 Q^w 函数代替 Q 函数作为全局目标[17]。并将 Q^w 函数改写为：

$$Q^w = \sum_r (e_{rr}^w - (a_r^w)^2), \tag{6-13}$$

其中，$e_{rr}^w = \frac{1}{2T}\sum_{ij} w_{ij}\delta(c_i, r)\delta(c_j, r)$ 表示连接 r 社团内部节点的连边的权重之和占总权重的比例，$a_r^w = \frac{1}{2T}\sum_i T_i\delta(c_i, r)$ 表示社团 r 内所有节点的权重之和所占的比例。局部变量，即每个节点对 Q^w 的贡献变为：$q_i^w = T_{r(i)} - T_i a_{r(i)}^w$。其中 $T_{r(i)}$ 表示如果节点 i 属于 r 社团，其与 r 社团内节点构成连边的权重的总和，T_i 表示节点 i 的点权。将局部变量对全局变量的贡献标准化，得到节点属于某个社团的适合度 $\lambda_i^w = \frac{q_i^w}{T_i} = \frac{T_{r(i)}}{T_i} - a_{r(i)}^w$。具体优化过程与无权网网的 EO 算法相同。

6.2 权重对网络结构性质的影响

在无权网络中，主要关注网络拓扑结构的变化对网络统计性质的影响。权重的引入为刻画网络性质提供了新的维度，也为调整网络结构和性质提供了新的手段。在加权网络上，除了调整连接改变网络的拓扑结构以外，还可以通过调整边权的分布以及边权和边的对应关系来改变网络的结构和功能。通过相关问题的研究，可以更加深刻地理解加权网络上权重的意义和作用，理解许多实际加权网络中的结构性质。

6.2.1 权重调整对网络基本结构性质的影响

权重的引入会影响网络的基本统计性质，带来了一些和权重有关的物理量，也改变了集聚系数和节点间的最短距离的定义。通过对比无权网络和加权网络的统计性质，特别是通过研究权重调整对网络基本结构性质的影响，可以在一定程度上说明权重的地位和作用。调整权重的方式有两种，一是保证每一份权值不变，改变权重和边的对应关系；二是保持权重的总量或均值不变，改变权重的分布形式。考察的性质可以包括点强度、集聚系数、平均最短路径、点和边的介数等统计性质，也可以考察集团结构等网络宏观量和整体性质的变化。特别是与 WS 小世界网络的构造相类比，可以对加权网络引入边权的随机分布机制，验证权重对产生小世界效应的贡献。通过与具有相同节点和边的规则网络的平均最短距离 $L(0)$ 和集聚系数 $C(0)$ 相比，可以利用 $L(p)/L(0)$ 和 $C(p)/C(0)$ 的变化刻画网络随着权重的随机化所出现的小世界特点。总之，在加权网络中，通过调整权重并观察网络性质的变化，可以刻画权重的作用和意义。

1. 调整权重与边的匹配关系

首先介绍一下改变权重和边的匹配关系的方法。对于一个给定的初始加权网络，可以引入一个特定的参数 p，描述权重和边的匹配关系。将原始网络中权和边的关系按降序排列，令 $p=1$ 时表示该原始序列：

$$w(p=1)=(w_{i_1j_1}=w^1\geqslant w_{i_2j_2}=w^2\geqslant\cdots\geqslant w_{i_Lj_L}=w^L), \tag{6-14}$$

而 $p=-1$ 时表示将权和边的对应关系进行反序排列，称之为反权网络：

$$w(p=-1)=(w_{i_1j_1}=w^L\leqslant\cdots\leqslant w_{i_{L-1}j_{L-1}}=w^2\leqslant w_{i_Lj_L}=w^1), \tag{6-15}$$

即把最大的权重与 $p=1$ 时权重最小的边相对应，依此类推。$p=0$ 表示把整个序列完全随机进行组合，即保持边的顺序不变，从权重集合中随机抽取一个权重赋予该边，可以称之为随机赋权网络：

$$w(p=0)=\text{FullyRandomized}(w^1, w^2, \cdots, w^L)。 \tag{6-16}$$

因此，在某种程度上 p 好像是新的权重序列和原来序列的相关系数。如果知道如何从一个给定的 p 得到一个随机序列，就可以做出像小世界网络那样的图像，用来说明加权网络中集聚系数和平均最短距离的相对变化。在这里，我们只研究几个特定的情况：$p=1$，0，-1，即原始网络、反权网络和随机赋权网络之间结构性质的差别。

把上述方法应用于经济物理科学家合作网络，图 6-5 给出了加权网络和无权网络的点介数和边介数的对比结果。在图 6-5(a)中，在加权网络与无权网络中边介数分布具有明显差别，并且同一条边(用方框表示)的介数值相差非常大；在图 6-5(b)中，在加权网络与无权网络中点介数分布定性基本一致，只有在高端略有差别，同一个科学家(用方框表示)位置没有变化，但是数值上有明显的差异。

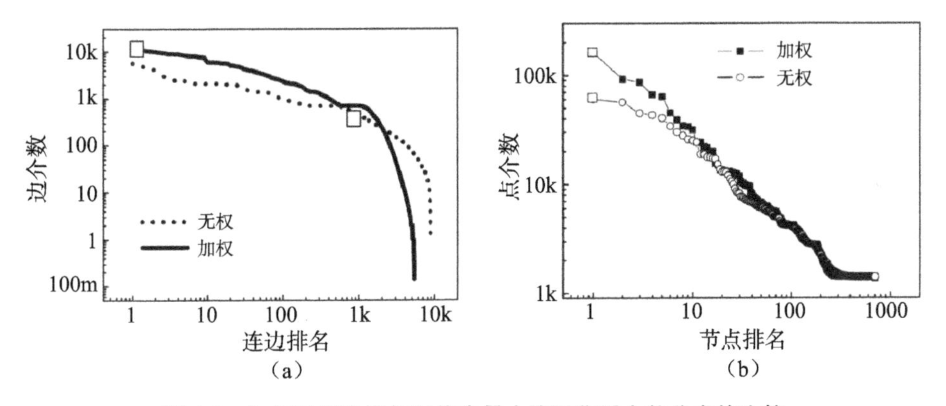

图 6-5 加权网络和无权网络中最大连通集团介数分布的比较

(a)边介数分布，(b)点介数分布

由式(6-9)定义的加权集聚系数可以发现经济物理科学家合作网络原始网络集聚系数值比反权网络和随机网络的数值大(表 6-1)。这表明权重和网络中的边有特定的匹配关系，权重并不是随机赋予的，而是与网络的结构与功能耦合在一起的。

表 6-1 最大连通集团的统计结果

结构性质	加权网络			无权网络
	原始网络	反权网络	随机权网络	
集聚系数(C_H)	0.071	0.016	0.028	0.363
平均最短距离	22.91	21.83	17.75	3.217

对于3种网络的点权、加权集聚系数[式(6-9)]和介数的分布，在各种情况下点权的分布基本保持不变，但是集聚系数的分布发生明显的改变。边介数的分布没有发生变化，但是某一条边(在原始网络中介数最大的边)的位置在不同网络中差别很大(图6-6)。在图6-6(a)中，三种网络的点权分布基本一致；在图6-6(b)中，反权网络和随机赋权网络的集聚系数比原始网络的集聚系数偏低；在图6-6(c)中，三种网络的边介数分布的定性性质一致，但同一条边(空心五边形)的位置差别很大；在图6-6(d)中，三种网络的点介数除了高端略有差别外，定性性质基本一致，同一位科学家(空心五边形)的位置略有改变。这些结果表明，原始网络、反权网络、随机赋权网络和由它们生成的无权网络，全局的分布表现出了鲁棒性，但是细致结构受到了权重的影响。这些结果给出了一些研究权重在网络结构中作用的线索。进一步的研究需要从以下两个方面展开：①在更多的实际加权网络上进行实证研究；②选择其他的结构性质，如集团结构来确定权重在网络结构中的作用[15]。

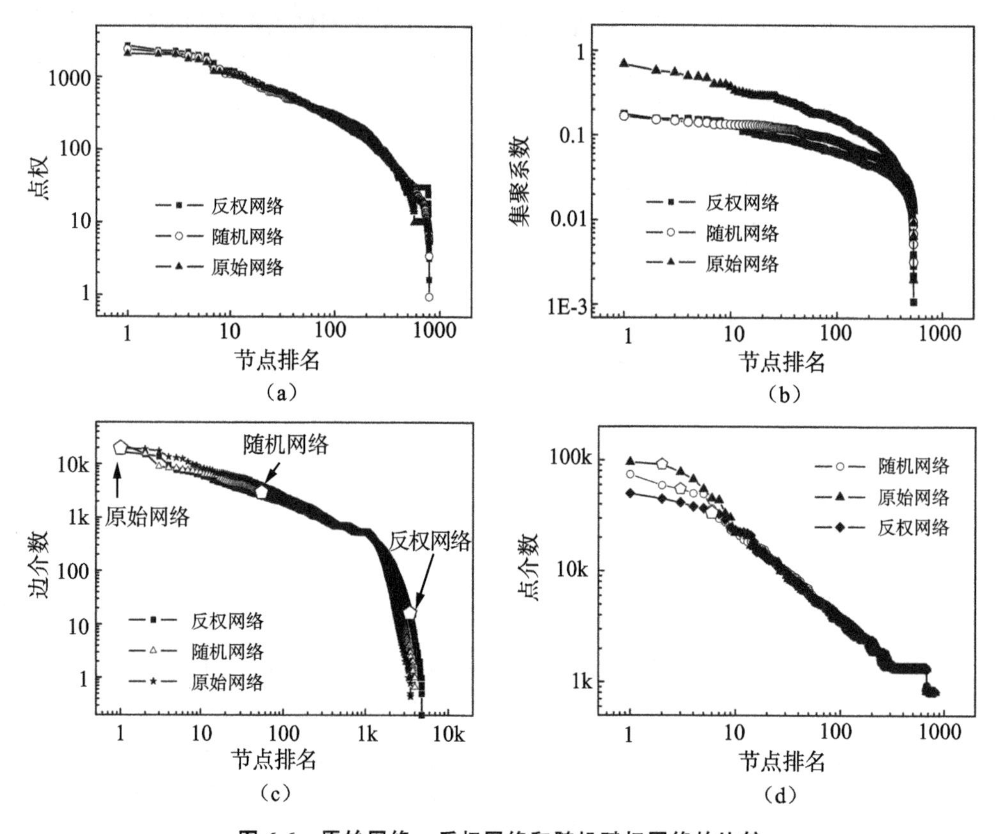

图6-6 原始网络、反权网络和随机赋权网络的比较

(a)点权分布，(b)集聚系数分布，(c)边介数分布，(d)点介数分布

2. 调整权重的分布

调整权重与边的匹配关系并没有改变权重的分布，在保持权重平均值不变的情况下，改变权重的分布形式是调整网络的另一重要途径。下面首先介绍改变权重分布的方法。

为了研究权重对网络结构的影响，考虑与构造WS小世界网络模型相类似的方法，但在这里不考虑断边重连过程，只关心在规则网络上权重的随机重分配过程。首先，构

造一个包含 N 个节点的环状规则网络，每个节点与 $k(k=2m)$ 个邻居相连，每条边赋予相同的相异权重 w，如 $w=5$；其次，把每条边的权重 n 等分(为简单起见取 $n=5$)，每份为 $\Delta w(=w/n)$；然后，把每条边上的每份权重 Δw 按 p 的概率抽出；最后，把抽出的权重放回从网络中等概率地随机选择的一条边上。操作中要求保证每一条边上都至少有一个单位权重，这样，以上构造方法不会改变网络连接，但可以把具有均匀权重的规则网络转化为权重为泊松分布的规则网络，每条边上的相异权为 $[1,\infty)$，而相应的相似权为 $(0,1]$。通过研究 $0<p<1$ 的中间区域，就可以获得改变权重分布对网络性质的影响。

在本模型中，同 WS 小世界网络一样，使用平均最短距离和平均集聚系数[式(6-9)且不用最大权重做二次归一化]来定量刻画网络结构性质的变化情况。从图 6-7 可以看出，随着边权的重新分布，网络的平均最短距离明显减小，而集聚系数略有增加。显然，通过原始均匀权重的随机化，也可以获得小世界效应。在给定权重随机重分概率 p 的前提下，通过改变网络的密度，可以考察权重随机化的效果与网络密度的关系。研究发现，随着网络密度的增加，以上效应会逐渐明显并达到一个极值，表明在稠密网络中，权重的作用会更加重要。此外，还发现上述现象与网络的规模无关(图 6-8)，以 k/N 为变量，不同网络规模 N 下，所得到的结果定性性质一致[18]。

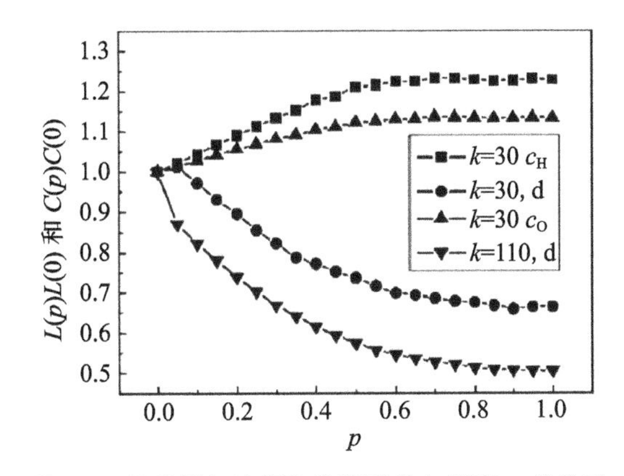

图 6-7 平均最短路径和集聚系数与概率 p 的关系

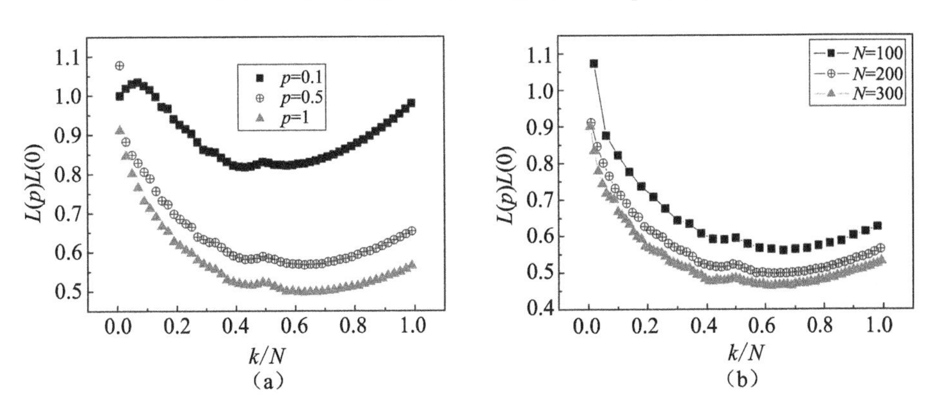

图 6-8 网络规模与平均最短路径的关系

(a)给定随机重分概率 p 后，平均最短路径的变化与网络密度 k/N 的关系

(b)$p=1$ 时，不同网络规模下平均最短路径的变化曲线

6.2.2 权重调整对社团结构的影响

网络引入权重之后，节点间的相互作用会发生改变，进而影响聚类过程中社团的划分。例如，GN 算法是根据边介数划分社团的，引入权重或者调整权重之后，会影响最短路径的选择，因此边介数的数值也随之改变，这就会导致社团划分的差异。如何定量化描述聚类结果的差异性呢?

对于这个问题，纽曼(Newman)针对已知社团结构的网络，给出了一个判别不同聚类结果正确率的方法[19]：首先，找到已知社团中被聚在同一个社团中节点的最大子集；其次，如果两个或多个最大子集被聚为一类，则认为其中的所有节点都划分错误；反之，则认为划分正确。其他不在最大子集里的节点则认为是划分错误。通过上述规则，就可以得到聚类结果的正确率。

然而，达农(Danon)等人提出纽曼(Newman)的比较方法并不能准确的描述不同社团结构间的差别。例如，在一个已知社团结构的网络中，包含 128 个节点，每 32 个节点划分为一个集团，共有 4 个集团。实际计算后得到 3 个集团，与已知的 4 个集团相比，是将已知集团中的两个集团归为了一个集团。此时，用纽曼(Newman)给出的方法计算出的正确率仅为 0.5。这低估了算法结果的准确率。根据信息论，达农(Danon)等人提出了一个比较不同聚类结果准确率的函数 $I(A, B)$[20]。使用 $I(A, B)$计算前面例子中计算结果的准确率，得到此时的 $I(A, B)=0.858$。

上述两种评判集团结果准确性的方法，都过分依赖于社团间节点划分的异同，没有注重社团结构中类的差别。为了更准确地描述集团结构的异同，采用判断聚类结果差异性的函数 D[21]。D 的数值介于$[0, 1]$之间，函数值越大说明两种划分的差异性越大，0 和 1 分别表明划分没有区别和完全不同。计算 D 数值时，把一个具有相同拓扑结构的网络划分为两组不同的社团 X 和 Y。首先，把 X 社团中的子集 X_i 与 Y 社团中的所有子集 Y_j 进行比较，把相似程度最大的两个子集划分为一组，然后根据相似程度排序把各个子集配对，计算每对之间的差异性。如果某一个社团中的子集没有在另一社团中找到对应的子集，则认为与其对应的子集为空集。以上社团结构差异性的度量方法，既考虑了对应社团之间节点的异同，又强调了社团结构中社团总体的差别。对于前面给出的 128 个节点的社团结构的例子，4 个集团和 3 个集团的差异性为：$D=0.375$，相应正确率为 $1-D=0.625$，介于纽曼(Newman)的指标和基于信息论的准确率指标之间。

以经济物理学科学家合作网络和猴子网络为研究对象，采用 GN 算法为研究手段，用 D 函数讨论了权重对社团结构划分的影响。我们发现无权网络与加权网络所划分的社团中的元素相差较大，说明权重对社团的划分有很大的影响(图 6-9)。虽然权重能影响社团的划分，但是最佳分类数却相差不大，并且各种网络在最佳分类时，差异性都比较小。当在社团内部进行划分时，D 的数值会比较大，这也说明当网络比较稠密时，权重的作用会更加明显。猴子网络本身就属于稠密网，所以加权与否对社团结构的影响就更加显著。

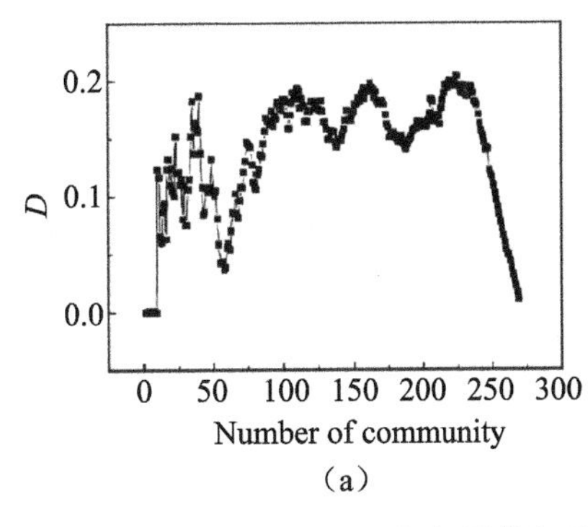

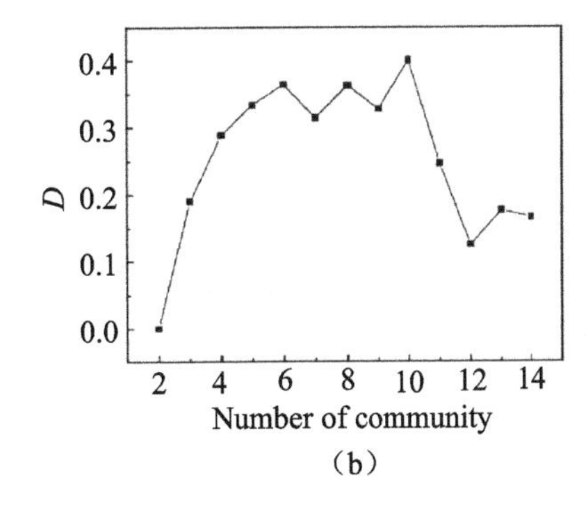

图 6-9 加权网络和无权网络聚类结果的对比

(a)经济物理科学家合作网络，(b)猴子网络

6.3 加权网络的演化

随着对大量实际加权网络的深入研究，人们发现了许多无权网络中所没有的现象以及与权重有关的丰富的统计性质。如何构造加权网络模型来再现这些性质，自然就成了加权网络研究的重要问题。生成加权网络的一个简单途径是：按照给定的度分布 $P(k)$生成一个随机网络，再按照一定的边权的分布 $P(w)$独立地为每一条边赋权，然后就可以计算点强度分布等统计性质。但这样的模型显然不能揭示实际加权网络的演化行为。因此，需要建立网络拓扑结构和权重分布的耦合演化机制。在加权网络演化模型方面已经有大量的研究工作，其中的关键问题是如何给边赋予权重。对已有的演化模型，根据赋权方式大致可以分为两种类型：一种是在边引入时就按照一定的规则为边赋权，在以后网络拓扑结构的演化中边权不再改变，将其称为边权固定模型；另一种是网络中每一条边的边权都会随着网络结构的演化而不断改变，称其为边权演化模型。

6.3.1 边权固定模型

边权固定模型的基本特征是：按照一定的偏好机制形成网络拓扑结构的演化，在此过程中为每一条新加入的边赋权。而边权是固定的，并不随网络结构的演化而变化。

Yook-Jeong-Barabási-Tu (YJBT)模型提出了一个简单的考虑权重的无标度网络演化模型[22]。在演化过程中，网络拓扑结构的演化规则与无权网络演化的 BA 模型完全相同。网络演化开始于 n_0 个节点，每个时间间隔，新节点 j 加入网络，新节点带有 $m \leqslant n_0$ 条边。节点 j 所带有的边按偏好连接规则连接到老节点，连接到节点 i 的概率为 $\prod_{j \to i} = \dfrac{k_i}{\sum_l k_l}$，$m$ 条边连接完成后，节点 j 的每条边赋予权重 $w_{ij}(=w_{ji})$：

$$w_{ji} = \frac{k_i}{\sum_{\{i'\}} k'_i}, \tag{6-17}$$

其中，$\{i'\}$代表新节点 j 所要连接的节点的集合，因此新节点的点强度为 $s_j=\sum_i w_{ji}=1$。YJBT 模型的关键就是在 BA 无标度网络的基础上为边赋权，这为大家提供了一个简单的建模思路。

Zheng-Trimper-Zheng-Hui(ZTZH)模型对 YJBT 模型进行了推广，在给连接赋予权重时，综合考虑了节点的度和适应度[23]。首先给每个节点赋予一个适应度(fitness)η_i，且 η_i 服从[0, 1]之间的均匀分布 $\rho(\eta)$。在给新的连接赋权时，以概率 p 按式(6-17)赋予权重，以 $1-p$ 的概率按节点的适应度赋权：

$$w_{ji}=\frac{\eta_i}{\sum_{\{i'\}}\eta_i{}'}。\tag{6-18}$$

当 $p=1$ 时，该模型就退化为 YJBT 模型，当 $p=0$ 时，边权的赋予完全由节点的适应度决定。

Antal-Krapivsky(AK)模型提出了一个加权网络的演化模型[24]，其改进之处是在演化过程中考虑了边权对网络结构演化的影响。模型的演化规则如下：每个时间间隔有一个新节点 j 加入网络中，并选择一个老节点 i 建立一条连接，其连接概率正比于节点的强度：

$$\prod_{j\to i}=\frac{s_i}{\sum_l s_l}。\tag{6-19}$$

该演化规则改变了依据度值的偏好连接机制，而是关注点强度对连接的驱动作用，即点强度越大的节点被连接到的概率越高。在许多实际网络中，这是非常合理的演化机制，在 Internet 网络中，新的路由器会根据带宽或流量的处理能力连接到中枢路由器上；而在科学家合作网络中，与其他人合作文章越多的作者会越受到大家的关注，从而能有更多的合作机会。

6.3.2 边权演化模型

除 AK 模型引入了点强度驱动的思想外，上述几个模型都是基于网络拓扑结构的演化模型，只是通过一定手段给边赋予了权重，且权重通常只是来源于无权网络的一些性质或其他给定的分布，没有提供更多的信息，权重本身也不具有演化行为，所以它们不是真正意义上的加权网络演化模型。这些模型都忽略了当新节点或边进入系统时边权演化的可能性。事实上，相互作用关系的演化和加强是现实系统共同的特征，例如，在飞机航线网络中，两机场间新航线的建立通常会影响到两个机场的客流量以及与其相关的航线的客流量。

BBV(Barrat-Barthélemy-Vespignani)模型就是基于点强度驱动和边权逐渐加强机制建立的网络演化模型[25]，可以模仿现实系统中相互作用强度的变化。首先，给定一个包含 n_0 个节点的小网络，其中每条边都赋予权重 w_0；其次，在每个时间间隔，带有 m 条边的新节点 j 加入网络中，其中每条边的权重为 w_0，每条边根据式(6-19)以点强度驱动的方式选择老节点 i 与之相连。新边 l_{ji} 的加入会导致节点 i 与其邻居 l 之间的边权的重新分配，分配规则为：

$$w_{il}\to w_{il}+\Delta w_{il}，\ \forall l\in\mathbb{N}_i，\tag{6-20}$$

其中：

$$\Delta w_{il}=\delta\frac{w_{il}}{s_i}。\tag{6-21}$$

本规则考虑了权重为 w_0 的新边的加入会给节点 i 带来一个小的流量增量 δ，然后在所有与节点 i 相连的边中按权重所占比例分配增量 δ，分配情况如图 6-10 所示。

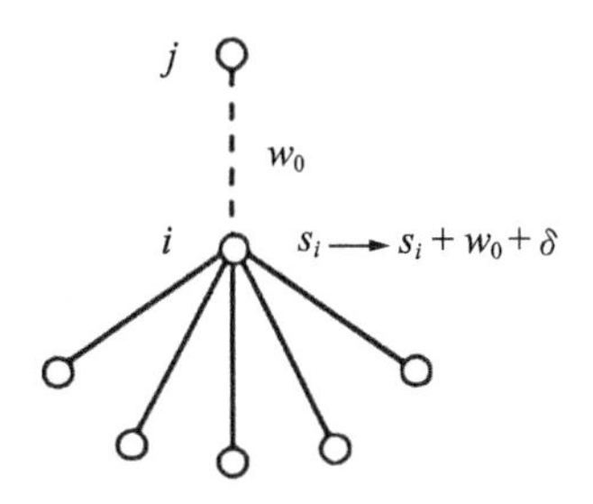

图 6-10 权重分配情况。新节点 j 和新连接 l_{ij} 的加入所导致的权重重新分配，新边的权重为 w_0，与节点 i 相连的边上权重增量为 δ，本图来源于参考文献[25]

Dorogovtsev-Mendes(DM)模型也提出了一个边权演化模型[26]，虽然该模型的演化机制与 BBV 模型的机制不同，但是，两个模型的结果却非常类似。在 BBV 模型中，点强度高的节点吸引新边连接，然后与之相连的边上的权重按比例增加一个小量。在 DM 模型中则有所不同：首先是权重大的边增加权重，然后吸引新的连接。换句话说就是，BBV 模型主要依赖强度高的节点，而 DM 模型主要依赖权重高的边，两种不同的规则各有实际的背景与之对应。DM 模型的演化规则为(图 6-11)：网络演化开始于任意的一组节点和边，例如，从一条权重为 1 的边开始；在每个时间间隔，首先，根据与权重成正比的概率选择一条边，并且令该边的权重增加一个小量 δ；其次，一个新节点连接到该边的两个端点上，新边的权重设为 1。

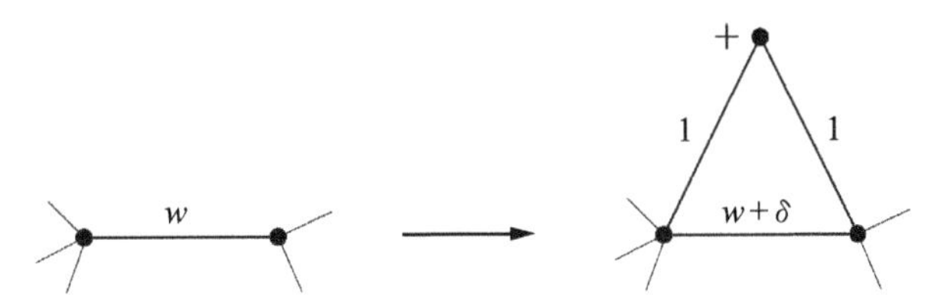

图 6-11 DM 模型网络演化示意图。每个时间间隔被选中的边的权重值增加 δ，新节点与该边的两端相连，权重值为 1，本图来源于参考文献[26]

中科大小组基于技术网络的性质，提出了一个流驱动的加权网络模型[27]。该模型不仅考虑了新节点加入的影响，同时还考虑了边权随时间的演化以及老节点之间新边的生成。其演化规则为：在每个时间间隔，所有可能的连接都会根据如下机制改变连接的权重：

$$w_{ij}\rightarrow\begin{cases}w_{ij}+1, & \text{概率为 } Wp_{ij}, \\ w_{ij}, & \text{概率为 } 1-Wp_{ij},\end{cases}\tag{6-22}$$

其中：

$$p_{ij}=\frac{s_i s_j}{\sum\limits_{a<b} s_a s_b},\tag{6-23}$$

综合考虑了相互耦合的节点的点强度。$W=\langle \sum_{i<j}\Delta w_{ij}\rangle$ 为每一步所增加的权重值的平均值；同时，带有 m 条边的新节点 n 按下面的规则与老节点进行随机连接，

$$\prod_{n\to i}=\frac{s_i}{\sum_j s_j}=\frac{s_n s_i}{\sum_j s_n s_j}, \tag{6-24}$$

每条新边的权重值为 w_0。

6.3.3 基于科学家合作机制的加权网络演化模型

在以上几个加权网络演化模型中，BBV 模型以节点的点强度为驱动机制，把权重演化和新边的加入过程联系在一起；DM 模型则关注边权的变化，并把边权的大小作为吸引新连接的偏好基础；中科大模型则兼具二者的特点，边权由于流的驱动而增加，同时新边按节点的点强度所决定的偏好连接进入网络。这些动力学过程各自具有一定的实际网络基础。但是它们共同的特点是把权重看作独立于连接之外的一个基本量。在许多情况下，权重通常是和连接的次数或网络的拓扑紧密联系在一起的，尤其在演员合作网络和科学家合作网络等社会网络中。允许节点之间的重复连接，并把连接次数转化为边权是一种方便的构造加权网络的方法。一个好的加权网络演化模型应该符合 3 个基本要求：边权演化、一般性和不需要额外的非网络信息。关于科学家合作网络的实证研究为构造加权网络演化模型提供了启示：无论是新节点还是老节点，每一时刻都可以建立新的连接，并允许节点之间的重复连接，通过简单的函数关系把连接次数转化为权重，就可以研究在各种驱动机制下的加权网络演化模型。在以上思路下建立的演化模型给出了以下演化图景：连接次数依照权重或度进行演化，然后，新的连接次数又转化为边权，再次驱动系统的演化[28]。

一个具有 N 个节点的加权网络可以定义为一个 $N\times N$ 的矩阵 $w_{N\times N}$，矩阵元 w_{ij} 表示从 i 到 j 这条边上的权重。并且 w_{ij} 是两个节点间的相似权，即权的数值越大表示两个节点间的关系越亲密。$w_{lm}=0$ 表示 l 和 m 之间不存在连接。假定边权 w_{ij} 与节点 i 和 j 之间的连接次数 T_{ij} 的关系由下式给出：

$$w_{ij}=f(T_{ij})。 \tag{6-25}$$

例如，tanh 函数 $w_{ij}=\tanh(\alpha T_{ij})$ 或者线性函数 $w_{ij}=\alpha T_{ij}$。

下面给出模型的基本演化规则。演化开始于 n_0 个节点的完全网络，每条边的连接次数初始化为 $T_{ij}=1$，并且把权初始化为 $w_{ij}=f(1)$，在每一个时间间隔，

(1)添加一个新节点，同时从网络中随机选择 l 个不同的老节点。

(2)$l+1$ 个节点中的每一个节点(记为 n)都可以与其他节点之间建立 m 个连接，由节点 n 连接到节点 i 的概率为：

$$\prod_{n\to i}=(1-p)\frac{k_i}{\sum_j k_j}+(p-\delta)\frac{s_i}{\sum_j s_j}+\delta\frac{l_{ni}}{\sum_{j\in\partial_n^d} l_{nj}}, \tag{6-26}$$

其中，k_i 为节点 i 的度值，s_i 为节点 i 的点强度，l_{ni} 为节点 n 和 i 之间的相似距离。∂_n^d 表示节点 n 的级数小于等于 d 的所有近邻集合，例如，∂_n^1 表示一级近邻的集合，∂_n^2 则表示包括一级和二级近邻的集合等。

(3)根据式(6-26)找到节点 i^* 后，节点 n 和 i^* 之间的连接次数按式(6-27)演化：

$$T_{ni^*}(t+1)=T_{ni^*}(t)+1。\tag{6-27}$$

(4)边权的演化情况为：

$$w_{ni^*}(t+1)=f[T_{ni^*}(t+1)]。\tag{6-28}$$

6.4 空间网络

许多实际网络，如人际关系网络、血管网络、神经网络、电力网络、互联网、飞机航线网络、铁路网络等都存在着空间结构。在这类网络上，每个节点都有自身固有的空间位置，网络的空间结构会对网络的特征和功能起到不可忽视的作用。因而，空间网络是发展成为复杂网络理论的一个重要分支。由于空间距离可以作为一种权重的形式，因此，空间网络可看作一种特殊的加权网络。本节主要对社会网络、互联网、交通运输网络等一系列空间网络上的重要实证工作以及网络上的可导航性进行简单介绍。

6.4.1 空间网络的实证研究

1. 社会网络

近年来，社会网络的空间性质引起了人们的广泛关注。研究显示，社会网络不仅具有明显的小世界和社团结构特征，而且在空间地理位置上也存在重要特征。很多实证研究表明，社会网络的空间距离在空间分布上存在无标度特征，即我们和我们的朋友之间的距离呈幂率分布。利本-诺威尔(Liben-Nowel)等以生活日志(Live Journal)交友网上的1 312 454个用户作为网络节点，用户之间的连接作为连边构建了一个网络，并且通过注册信息得到每个节点相应的地理位置[29]。研究发现，用户间存在连接的分布满足 $P(r)\propto r^{-1}$，其中 r 为用户间的地理距离。实验表明，该网络仅依靠局部地理信息就能在全局范围内进行非常有效地搜索。另外，阿达米克(Adamic)和埃达(Ada)利用 HP 实验室 E-mail 用户之间的通信记录构建出一个相对较小的网络，此网络仅包含436个节点[30]。他们在该网络上得到了与利本-诺威尔(Liben-Nowel)等人相同的结论，即相互联系的两人之间地理距离的概率密度函数满足 $P(r)\propto r^{-1}$ 关系，其中 r 代表地理距离。2008年，朗比奥特(Lambiotte)等分析了一个大型通信网络的通信数据，此网络包含了6个月内250万名手机用户之间的8.1亿次通信记录，统计发现任意两个节点(手机用户)u 和 v 之间存在连边的概率，满足 $P(u,v)\propto r(u,v)^{-2}$，其中 $r(u,v)$是节点 u 与 v 之间的地理距离[31]。在二维平面上与一个固定节点距离为 r 的节点数量和 r 成正比，于是可以得到该网络也满足 $P(r)\propto r\cdot r^{-2}=r^{-1}$，这与前面在线网络的实证结果一致。胡延庆等从以上社会空间网络实证工作出发，归纳出社会网络的空间结构存在 $P(r)\propto r^{-1}$ 的幂率特性，并且从人们追求信息量最大化的角度揭示了这种特性在社会网络中的普适性[32]。

2. 互联网

相对于其他空间网络，互联网空间网络的实证数据更容易获取，且互联网在日常生活中也非常重要，因而互联网的空间结构研究比较全面。参考文献[33]对互联网路由器层面和人口分布情况进行了对照研究。研究表明，在经济比较发达的地区，互联网节点位置关系和人口分布有很强的相关性。利用盒覆盖的方法对互联网多个层次的节点分布维数进行计算，得到的互联网这些层次的分形维度和人口分布的分形维度非常吻合，都为1.5±0.1。对于互联网这样的空间网络，这些结论容易理解，因为人口多的地方网络需求也多。戈登堡(Goldenberg)等研究科学技术发展对通信距离的影响，发现电子通信的范围与地理上的距离成反比，其分布遵循幂率分布[34]。参考文献[35]讨论了如何从无标度网络向空间网络转型。参考文献[36]讨论了空间因素对网络性质的影响，指出在现实网络中可以清楚地观察到双歧分支(dichotomy)。巴泰勒米(Barthelemy)等分析了法国"Renater"网络，该网络有200万用户，并且包含30个在法国不同地区相互连接的路由器[37]。实证得出，该网络的交通流主要发生在少部分路由器之间，而绝大多数路由器上的交通流都可以忽略。沃伦(Warren)等将网络节点嵌入二维的网格里，指出渗流也会受到空间因素的影响[38]。

3. 航空网络

航空网络作为一类重要的空间网络，相关的研究也很多。航空网络本身会受到许多因素的影响，如地理位置、历史、政治因素，以及各个航空公司的自身利益等，都会影响整个航空网络。吉梅拉(Guimera)等分析全球航空网络，得出全球航空网络是一个小世界网络的结论[39,40]。杨华等从中国国际航空公司网站获取数据，构建了一个包含177个机场和411条航线(包括国际航线)的航空网络[41]。统计结果表明节点之间距离的分布服从幂率分布，幂指数近似为－2.38。参考文献[42]研究日本航空公司和全日空航空公司构成的网络，指出日本航空网络中节点间的距离也存在幂率特性。日本航空公司网络包括52个节点(机场)和961条连边(航线)，全日空航空公司网络包括49个节点(机场)和909条连边(航线)，其他网络由1 114条连边(包括国际航线)和84个节点(机场)构成。对于日本航空网络，尽管国内航班的距离分布呈指数衰减，但是加入国际航班之后距离分布仍然服从幂率分布。参考文献[43]使用加权网络的方法研究了美国航空网络的空间结构，其中，边的权重为平均每天的客流量、直航的距离以及单程平均票价。他们使用2002—2005年的所有数据构建了16个网络，其中每一个网络都包括超过1 000个大城市之间的通航距离，研究表明美国航空网络中的距离分布也服从幂率分布，其幂指数近似为－2.2。

4. 其他网络

人脑作为人类的思维器官，其结构和功能都十分复杂，是人们目前所知的最复杂的系统之一。田丽霞等研究大脑网络得到的结果表明大脑网络具有小世界特性[44]。然而目前对大脑的研究还处于起步阶段，很多问题都亟待探索，如大脑结构网络与功能网络的相互影响、网络拓扑结构随时间如何演化、网络拓扑结构参数与认知、行为满足什么关系等。除互联网、社会网络、航空网络、人类大脑网络之外还存在大量的其他空间网络，相关的实证工作不再赘述。

6.4.2 基于网格的导航模型

"六度分离"具有两个重要性质：网络中任意节点之间存在大量的较短路径；网络中的个体能够有效地找到这些路径。克莱因伯格(Kleinberg)对此给出了解释[45,46]，他使用一个添加了长程连边且规模为 $n \times n$ 的二维规则网格来抽象真实的社会网络。Kleinberg

模型中的每个节点都与离它网格距离为 p 的所有节点之间存在短程连边，同时该节点还拥有 q 条长程连边。该网络示意图如图 6-12 所示，其中图 6-12(a)为 $n=6$，$p=1$ 和 $q=0$ 时的二维网络，图 6-12(b)为 $p=1$ 和 $q=2$ 时的网络示意图，其中 v 节点和 w 节点为 u 节点的远程连边终点。假定任意两个节点之间存在一条有向长程连边的概率服从如下幂率分布：

$$P_k(u, v)=\frac{d(u, v)^{-\alpha}}{\sum_{\omega \neq u} d(u, \omega)^{-\alpha}}, \tag{6-29}$$

其中，$d(u, v)$ 是节点 u 与节点 v 之间的网格距离，α 为幂指数。

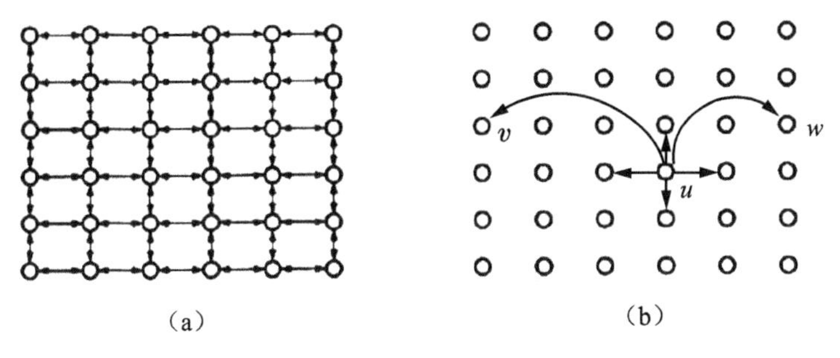

图 6-12 Kleinberg 模型导航示意图

(a)$p=1$，$q=0$ 的 6×6 二维网格，(b)$p=1$，$q=2$ 的 6×6 二维网格

由于实验者都无法全面把握身处的网络结构，即实验者只拥有局部信息而非全局信息，克莱因伯格(Kleinberg)模型提出了一种分散式贪婪算法用以描述整个搜索过程，该算法只需要了解搜索目标的地理位置以及与当前信息传递者存在连边的所有节点的地理位置。在整个搜索过程中，实验者都将信息传递给所有邻居节点中离搜索目标网格距离最近的节点。如果说一个网络的搜索时间复杂度随着网络的规模 n 呈对数多项式增长，则称该网络可导航。当 $p=1$，$q=1$ 时，Kleinberg 模型证明了搜索时间复杂度最低的幂指数为 $\alpha=2$[46]。最优幂指数 $\alpha=2$ 时的搜索时间复杂度上限为 $o(\log^2 n)$，此时的 Kleinberg 模型可导航。其他幂指数情况下相应的时间复杂度下限为：

$$T \sim n^x, \ x \geqslant x_K=\begin{cases}(2-\alpha)/3, & 0 \leqslant \alpha<2, \\ (\alpha-2)/(\alpha-1), & \alpha>2,\end{cases} \tag{6-30}$$

其中，x_K 与 α 的函数关系如图 6-13 所示。

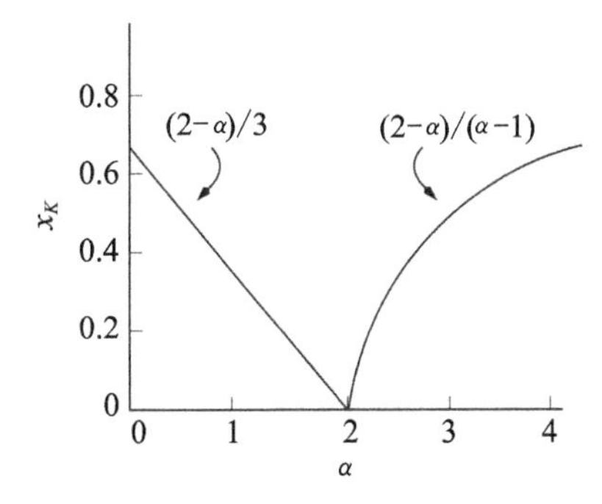

图 6-13 二维 Kleinberg 导航模型中时间复杂度下限与幂指数 α 的关系，本图来源于参考文献[45]

Kleinberg 模型的结论可以推广到任意的 d 维网格中。在任意 d 维空间中，当且仅当

幂指数为 $\alpha=d$ 时，分散式搜索的时间复杂度最低，并且此时是可导航的。同时，其他幂指数情况下的搜索时间复杂度为 $T\sim n^{x}$，是不可导航的，其下限为：

$$T\sim n^{x}，x\geqslant x_{K}=\begin{cases}(d-\alpha)/(d+1), & 0\leqslant\alpha<d,\\(\alpha-d)/(\alpha-d+1), & \alpha>d。\end{cases} \tag{6-31}$$

自从米尔格拉姆(Milgram)实验得到“六度分离”结果以后，小世界现象以及导航问题得到了广泛研究和讨论。瓦茨(Watts)等人首先从实证工作出发说明小世界现象普遍存在，然后从理论上构建了一个能够产生小世界网络的重要模型。在此基础上，克莱因伯格(Kleinberg)以规则网格为基础，通过在任意节点之间按照幂率添加长程连边的方式构建了一组导航模型，从理论上证明了“六度分离”结果的可能性，并且给出了相应的导航时间复杂度的上下限。继克莱因伯格(Kleinberg)之后，大量工作致力于可导航问题的研究，其中主要包括分形维、无标度网等网络上的 Kleinberg 导航、Kleinberg 导航的渐进行为、导航策略以及在有限能量约束下的可导航等诸多问题。这些工作构成了复杂网络研究工作的一个重要分支，即网络可导航研究。尽管当前对网络可导航问题的研究已经比较成熟，但是相信今后还会涌现出新的研究热点。

参考文献

[1]DERRIDA B，FLYVBJERG H. Statistical properties of randomly broken objects and of multivalley structures in disordered systems [J]. Journal of Physics A：Mathematical and General，1987，20(15)：5273-5288.

[2]BARTHELEMY M，GONDRAN B，GUICHARD E. Spatial structure of the internet traffic[J]. Physica A：Statistical Mechanics and its Applications，2003，319：633-642.

[3]PASTOR-SATORRAS R，VÁZQUEZ A，VESPIGNANI A. Dynamical and correlation properties of the Internet[J]. Physical Review Letters，2001，87(25)：258701.

[4]BARRAT A，BARTHÉLEMY M，PASTORSATORRAS R，et al.. The architecture of complex weighted networks[J]. Proceedings of the National Academy of Sciences，2004，101(11)：3747-3752.

[5]ONNELA J P，SARAMÄKI J，KERTÉSZ J，et al. Intensity and coherence of motifs in weighted complex networks[J]. Physical Review E，2005，71(6)：065103.

[6]HOLME P，PARK S M，KIM B J，et al. Korean university life in a network perspective：Dynamics of a large affiliation network [J]. Physica A：Statistical Mechanics and its Applications，2007，373：821-830.

[7]ALMAAS E，KOVACS B，VICSEK T，et al. Global organization of metabolic fluxes in the bacterium Escherichia coli[J]. Nature，2004，427(6977)：839-843.

[8]TIERI P，VALENSIN S，LATORA V，et al. Quantifying the relevance of different mediators in the human immune cell network[J]. Bioinformatics，2004，21(8)：1639-1643.

[9]NEWMAN M E J. Scientific collaboration networks. I. Network construction and fundamental results[J]. Physical Review E, 2001, 64(1): 016131.

[10]BARABÂSI A L, JEONG H, NÉDA Z, et al. Evolution of the social network of scientific collaborations[J]. Physica A: Statistical Mechanics and its Applications, 2002, 311(3-4): 590-614.

[11]LI W, CAI X. Statistical analysis of airport network of China[J]. Physical Review E, 2004, 69(4): 046106.

[12] GUIMERA R, MOSSA S, TURTSCHI A, et al. The worldwide air transportation network: Anomalous centrality, community structure, and cities' global roles[J]. Proceedings of the National Academy of Sciences, 2005, 102(22): 7794-7799.

[13]GUIMERA R, AMARAL L A N. Modeling the world-wide airport network[J]. The European Physical Journal B, 2004, 38(2): 381-385.

[14]MACDONALD P J, ALMAAS E, BARABÁSI A L. Minimum spanning trees of weighted scale-free networks[J]. Europhysics Letters, 2005, 72(2): 308-312.

[15]LI M, FAN Y, CHEN J, et al. Weighted networks of scientific communication: the measurement and topological role of weight[J]. Physica A: Statistical Mechanics and its Applications, 2005, 350(2-4): 643-656.

[16] NEWMAN M E J. Analysis of weighted networks[J]. Physical Review E, 2004, 70(5): 056131.

[17]FAN Y, LI M, ZHANG P, et al. Accuracy and precision of methods for community identification in weighted networks[J]. Physica A: Statistical Mechanics and its Applications, 2007, 377(1): 363-372.

[18]LI M, FAN Y, WANG D, et al. Effects of weight on structure and dynamics in complex networks[J]. arXiv preprint cond-mat, 2006: 601495.

[19]NEWMAN M E J. Fast algorithm for detecting community structure in networks [J]. Physical Review E, 2004, 69(6): 066133.

[20] DANON L, DIAZ-GUILERA A, DUCH J, et al. Comparing community structure identification[J]. Journal of Statistical Mechanics: Theory and Experiment, 2005(9): P09008.

[21]ZHANG P, LI M, WU J, et al. The analysis and dissimilarity comparison of community structure[J]. Physica A: Statistical Mechanics and its Applications, 2006, 367: 577-585.

[22]YOOK S H, JEONG H, BARABÁSI A L, et al. Weighted evolving networks [J]. Physical Review Letters, 2001, 86(25): 5835.

[23]ZHENG D, TRIMPER S, ZHENG B, et al. Weighted scale-free networks with stochastic weight assignments[J]. Physical Review E, 2003, 67(4): 040102.

[24]ANTAL T, KRAPIVSKY P L. Weight-driven growing networks[J]. Physical Review E, 2005, 71(2): 026103.

[25] BARRAT A, BARTHÉLEMY M, VESPIGNANI A. Weighted evolving

networks: coupling topology and weight dynamics[J]. Physical Review Letters, 2004, 92(22): 228701.

[26]DOROGOVTSEV S N, MENDES J F F. Minimal models of weighted scale-free networks[J]. arXiv preprint cond-mat, 2004: 0408343.

[27]WANG W X, WANG B H, HU B, et al. General dynamics of topology and traffic on weighted technological networks [J]. Physical Review Letters, 2005, 94 (18): 188702.

[28]LI M, WU J, WANG D, et al. Evolving model of weighted networks inspired by scientific collaboration networks [J]. Physica A: Statistical Mechanics and its Applications, 2007, 375(1): 355-364.

[29]LIBEN-NOWELL D, NOVAK J, KUMAR R, et al. Geographic routing in social networks[J]. Proceedings of the National Academy of Sciences, 2005, 102(33): 11623-11628.

[30]ADAMIC L, ADAR E. How to search a social network[J]. Social Networks, 2005, 27(3): 187-203.

[31]LAMBIOTTE R, BLONDEL V D, DE KERCHOVE C, et al. Geographical dispersal of mobile communication networks[J]. Physica A: Statistical Mechanics and its Applications, 2008, 387(21): 5317-5325.

[32]HU Y, WANG Y, LI D, et al. Maximizing entropy yields spatial scaling in social networks[J]. arXiv preprint arXiv: 1002. 2010: 1802.

[33]YOOK S H, JEONG H, BARABÁSI A L. Modeling the Internet's large-scale topology[J]. Proceedings of the National Academy of Sciences, 2002, 99(21): 13382-13386.

[34]GOLDENBERG J, LEVY M. Distance is not dead: Social interaction and geographical distance in the internet era[J]. arXiv preprint arXiv: 0906. 2009: 3202.

[35]BARTHÉLEMY M. Crossover from scale-free to spatial networks[J]. Europhysics Letters, 2003, 63(6): 915.

[36]CSÁNYI G, SZENDRÖI B. Fractal-small-world dichotomy in real-world networks[J]. Physical Review E, 2004, 70(1): 016122.

[37]BARTHELEMY M, GONDRAN B, GUICHARD E. Spatial structure of the internet traffic[J]. Physica A: Statistical Mechanics and its Applications, 2003, 319: 633-642.

[38]WARREN C P, SANDER L M, SOKOLOV I M. Geography in a scale-free network model[J]. Physical Review E, 2002, 66(5): 056105.

[39]GUIMERA R, MOSSA S, TURTSCHI A, et al. The worldwide air transportation network: Anomalous centrality, community structure, and cities' global roles [J]. Proceedings of the National Academy of Sciences, 2005, 102(22): 7794-7799.

[40]GUIMERA R, AMARAL L A N. Modeling the world-wide airport network[J]. The European Physical Journal B, 2004, 38(2): 381-385.

[41]YANG H, NIE Y, ZENG A, et al. Scaling properties in spatial networks and their effects on topology and traffic dynamics[J]. Europhysics Letters, 2010, 89(5): 58002.

[42]HAYASHI Y. A review of recent studies of geographical scale-free networks[J]. Information and Media Technologies, 2006, 1(2): 1136-1145.

[43]XU Z, HARRISS R. Exploring the structure of the US intercity passenger air transportation network: a weighted complex network approach[J]. GeoJournal, 2008, 73(2): 87-102.

[44]田丽霞. 基于图论的复杂脑网络分析[J]. 北京生物医学工程, 2010, 29(1): 96-100.

[45]KLEINBERG J M. Navigation in a small world[J]. Nature, 2000, 406(6798): 845.

[46]KLEINBERG J. The small-world phenomenon: An algorithmic perspective [C]//Proceedings of the thirty-second annual ACM symposium on Theory of computing. ACM, 2000: 163-170.

第 7 章　网络上的动力学

网络上的动力学指的是网络中随时间变化的复杂行为和过程。它的研究目的是理解和预测网络中的模式变化、扩散过程、网络增长和演化，以及网络故障或攻击的影响。复杂网络所实现的动力学行为和过程往往与网络的系统功能息息相关，如新陈代谢网络上的物质流，食物链网络上的能量流，网络上的信息传播及社会网络上的舆论形成等。研究网络上的各种动力学过程是探讨结构与功能之间关系的主要途径。此外，不同的网络结构也会对网络上的动力学产生不同的影响。不仅复杂网络的结构多样，网络上的动力学也是丰富多彩的。

本章将重点介绍网络上的传播、随机游走、同步等动力学过程。这些动力学过程的研究不仅增进了我们对网络行为的理解，还对多个领域的实际问题解决提供了理论基础和工具。例如，设计出更有效的传播策略、更健全的网络系统，以及更有效的网络控制措施等。

7.1　网络上的传播动力学

复杂网络上的传播和扩散过程作为最重要的动力学过程之一，得到了广泛的研究和关注。研究网络上的传播过程对于理解和控制病毒在人群中的传播以及信息在社交网络中的传播等实际问题有极其重要的意义。本节将重点介绍网络上的疾病传播以及舆论传播这两种经典的传播动力学过程。

7.1.1　经典的疾病传播模型

1. SI 模型

SI 模型是最简单的疾病传播模型，在该模型中仅包含两类人群：易感人群(S)和感染人群(I)。感染个体以一定概率将疾病传染给易感个体，若易感个体被感染，则该个体变为感染个体并成为新的感染源，继续传播疾病。SI 模型的感染原理如图 7-1 所示。

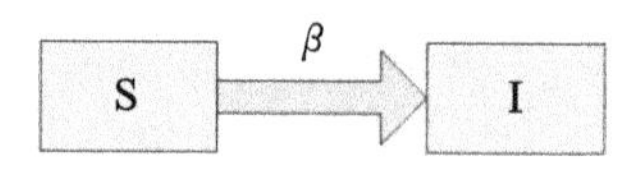

图 7-1　SI 模型示意图

在 SI 模型中，$s(t)$和$i(t)$分别为t时刻处于易感状态和感染状态的人数比例，N为个体总数，β表示易感个体变为感染个体的概率，则处于易感状态的个体总数为$Ns(t)$，处于感染状态的个体总数为$Ni(t)$，$s(t)+i(t)\equiv 1$。当易感人群和感染人群充分混合时，在单位时间内每个感染个体将会感染$\beta sNs(t)$个易感个体，则处于易感状态的个体比例随时间逐渐减少，而处于感染状态的个体比例随时间逐渐增大，其变化速率如下：

$$\begin{cases}\frac{\mathrm{d}s(t)}{\mathrm{d}t}=-\beta s(t)i(t),\\ \frac{\mathrm{d}i(t)}{\mathrm{d}t}=\beta s(t)i(t)。\end{cases} \tag{7-1}$$

假设初始时刻，处于感染状态的个体比例为 $i(0)=i_0$，则上述微分方程组的解为：

$$i(t)=\frac{1}{1+(1/i_0-1)e^{-\beta t}}, \tag{7-2}$$

其中，$i(t)$随着时间逐渐增大，最终所有个体都将处于感染状态。在初期，处于易感状态的个体比例较大，当易感人群与感染人群充分混合后，更容易与处于感染状态的个体接触并被感染，因此感染个体的数量随时间指数增长。其传播曲线如图 7-2 所示，从图中也能够看出在初始时刻，大部分节点处于易感状态，因此很容易被感染成为感染节点，此时感染节点的增长速度较快；到了后期，由于网络中易感节点的减少，使得传播的速度变得越来越慢，感染节点的增长速度缓慢，直至网络中所有节点全部成为感染节点。

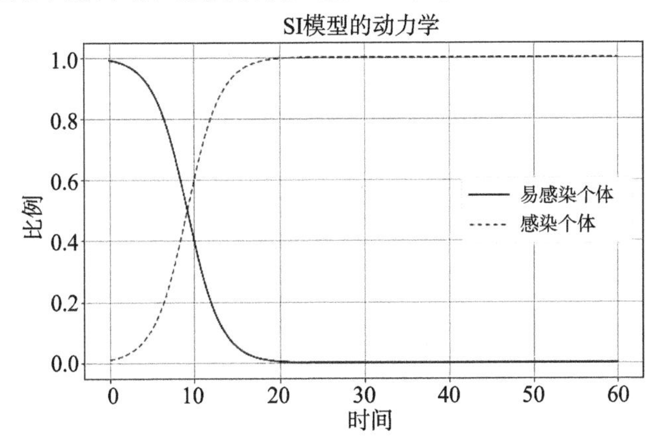

图 7-2　SI 模型的传播曲线

2. *SIS* 模型

SIS 模型与 SI 模型类似，都是仅包含易感人群和感染人群这两类，它们的主要区别在于在 SIS 模型中感染个体可以以一定概率被治愈，变为易感个体。SIS 模型的感染原理如图 7-3 所示。

图 7-3　SIS 模型的示意图

在 SIS 模型中，假设易感个体以一定概率 β 成为感染个体，感染个体又以一定概率 γ 成为易感个体。令 $s(t)$和 $i(t)$分别为 t 时刻处于易感状态和感染状态的人数比例，初始时刻感染个体的比例 $i(0)=i_0$，当易感人群和感染人群充分混合时，SIS 模型可以用如下微分方程组描述：

$$\begin{cases}\frac{\mathrm{d}s(t)}{\mathrm{d}t}=-\beta i(t)s(t)+\gamma i(t),\\ \frac{\mathrm{d}i(t)}{\mathrm{d}t}=\beta i(t)s(t)-\gamma i(t)。\end{cases} \tag{7-3}$$

令$\lambda=\frac{\beta}{\gamma}$，则上述方程存在一个阈值，即 SIS 模型的传播临界值，$\lambda_c=1$。当$\lambda>\lambda_c$时，方程的稳态解$i(T)>0$，T为达到稳态所需要的时间；当$\lambda<\lambda_c$，方程的稳态解为$i(T)=0$，感染将无法扩散。图 7-4 展示了 SIS 模型的传播曲线，从图中可以明显看出与 SI 模型的区别，在 SI 模型中，网络中所有节点都会变为感染节点，而在 SIS 模型中，网络中感染节点与易感节点达到动态平衡时，SIS 模型达到稳定状态，此时感染节点比例不再变化，达到一个小于 1 的稳定值。

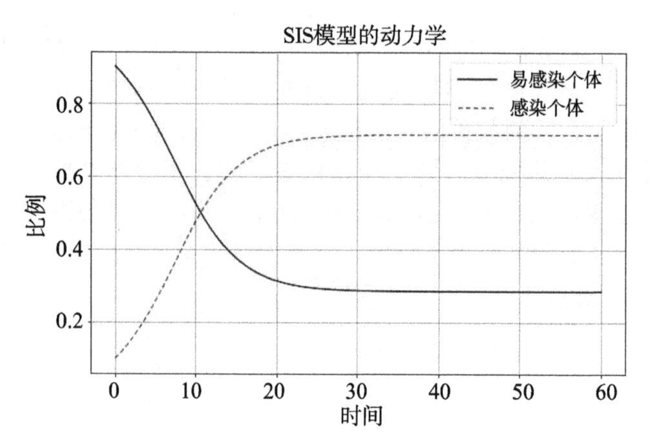

图 7-4　SIS 模型的传播曲线

3. SIR 模型

不同于 SI 与 SIS 模型，SIR 模型包含了 3 类人群：易感人群(S)、感染人群(I)以及免疫人群(R)。个体处于免疫状态是指个体被治愈后获得了免疫能力或者死亡，该个体不能被感染疾病或是传播疾病。SIS 模型是将感染个体以一定概率变为易感个体，之后允许被感染，而 SIR 模型却是将感染个体以一定概率变为免疫个体，之后不能被感染。SIR 模型的感染原理如图 7-5 所示。

图 7-5　SIR 模型示意图

在 SIR 模型中，假设易感个体以一定概率β成为感染个体，感染个体又以一定概率γ成为免疫个体。令$s(t)$、$i(t)$、$r(t)$分别为t时刻处于易感状态、感染状态、免疫状态的人数比例，$s(t)+i(t)+r(t)\equiv 1$，当易感人群和感染人群充分混合时，SIR 模型可以用如下微分方程组描述：

$$\begin{cases}\frac{\mathrm{d}s(t)}{\mathrm{d}t}=-\beta i(t)s(t),\\ \frac{\mathrm{d}i(t)}{\mathrm{d}t}=\beta i(t)s(t)-\gamma i(t),\\ \frac{\mathrm{d}r(t)}{\mathrm{d}t}=\gamma i(t)。\end{cases}\tag{7-4}$$

SIR 模型类似于 SIS 模型，也存在一个传播阈值，$\lambda_c=1$。令$\lambda=\frac{\beta}{\gamma}$，当$\lambda<\lambda_c$时，感

染无法扩散，而当 $\lambda > \lambda_c$ 时，传染的扩散范围增大。图 7-6 展示了 SIR 模型的传播曲线，从图中可以看出，感染个体比例在初期上升，随后因为感染个体的免疫开始下降，最终稳定在较低的水平或消失，而免疫个体比例随时间逐渐增加。

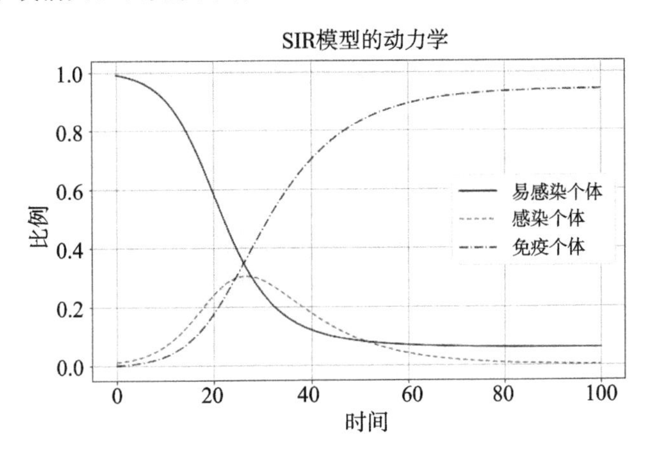

图 7-6 SIR 模型的传播曲线

总之，对比 3 种模型的动力学表现，在 SI 模型下，网络中所有节点最终都将被感染，SIS 模型下网络中感染节点数量维持在一个稳定的状态，而 SIR 模型下网络中将不会存在感染节点。

7.1.2 网络上的疾病传播

在经典的疾病传播模型中，假设个体是充分混合的，即任意两个个体彼此间都有可能接触。这种情形下的疾病传播类似于在完全连通网络上的传播。而在现实中，受地理位置等因素的影响，个体之间并非都可以接触到，他们会形成各种形式的关系网络。疾病传播会受到网络拓扑结构的影响。在本小节中我们将重点介绍在小世界网络和 BA 无标度网络上的 SIS 模型、SIR 模型以及简要介绍几种经典的网络免疫技术。

1. 网络上的 SIS 模型

对于小世界网络上的 SIS 模型，可应用平均场理论进行解析。首先假设一个易感节点被一个感染节点感染的概率为 β，其中这两个节点相互连接，而一个感染节点恢复为易感节点的概率设为 γ。接下来定义有效扩散速率 $\lambda=\dfrac{\beta}{\gamma}$，不失一般性，令 $\gamma=1$，这种做法只是会影响疾病传播的时间尺度。令 $\rho(t)$ 表示 t 时刻网络中被感染节点的密度，并假设网络中每个节点的度都近似等于网络中节点的平均度 $\langle k\rangle$，则伴随时间的变化，被感染节点的密度可以用如下方程描述[1]：

$$\frac{\partial\rho(t)}{\partial t}=-\rho(t)+\lambda\langle k\rangle\rho(t)[1-\rho(t)]。\tag{7-5}$$

令式(7-5)右端等于零，可以得到：

$$\rho[-1+\lambda\langle k\rangle(1-\rho)]=0,\tag{7-6}$$

其中，ρ 为感染节点的稳态密度。由式(7-6)可以解得感染节点的稳态密度：

$$\rho=\begin{cases}0 & \lambda<\lambda_c,\\ \dfrac{\lambda-\lambda_c}{\lambda} & \lambda\geqslant\lambda_c。\end{cases} \tag{7-7}$$

其中，传播阈值$\lambda_c=\langle k\rangle^{-1}$。由上述方程可以看出，当$\lambda<\lambda_c$时，最终网络中感染节点的密度为0，说明感染无法扩散，而当$\lambda\geqslant\lambda_c$时，感染将会扩散而且感染节点的密度最终会稳定在某一比例。

小世界网络中的节点的度值近似相等，而BA无标度网络中的节点表现出明显的度异质特性。在这种无标度网络中，度值大的节点由于拥有更多的邻居节点，会有更大的概率被感染。考虑BA无标度网络上的SIS模型，同样基于平均场理论能够给出它的微分动力学方程。令$\rho_k(t)$表示t时刻度为k的节点组中节点被感染的密度，则随着时间变化，被感染节点的密度可以用如下方程描述[1,2]：

$$\frac{\partial\rho_k(t)}{\partial t}=-\rho_k(t)+\lambda k[1-\rho_k(t)]\Theta(\rho_k(t))。\tag{7-8}$$

设ρ_k表示度为k的节点组中被感染节点的稳态密度。令式(7-8)右端等于0，可以得到稳态解：

$$\rho_k=\frac{\lambda k\Theta(\lambda)}{1+\lambda k\Theta(\lambda)},\tag{7-9}$$

其中，$\Theta(\lambda)=\sum\limits_k\dfrac{kP(k)\rho_k}{\sum\limits_s sP(s)}$，$P(k)$表示度为$k$的节点在网络中的占比。由式(7-9)可以得到网络中被感染节点的稳态密度：

$$\rho=\sum_k P(k)\rho_k。\tag{7-10}$$

此外，帕斯特-萨托拉斯(Pastor-Satorras)和韦斯皮尼亚尼(Vespignani)还给出了非关联网络(度度相关性为零)上的SIS模型传播阈值[1,3]：

$$\lambda_c=\frac{\langle k\rangle}{\langle k^2\rangle}。\tag{7-11}$$

那么对于幂指数为$2<\gamma\leqslant3$的无标度网络，当网络规模$N\to\infty$时，$\langle k^2\rangle\to\infty$，从而有$\lambda_c\to0$，此时，无论感染概率多么小，传染病都能够持久存在。参考文献[4]给出了关联网络(度度相关性为非零)上SIS模型的传播阈值：

$$\lambda_c=\frac{1}{\Lambda_m},\tag{7-12}$$

其中，Λ_m为网络邻接矩阵的最大特征值。当$\Lambda_m\to\infty$时，$\Lambda_m\to\infty$，则$\lambda_c\to0$。由此可见，对于无标度网络，无论它是关联网络还是非关联网络，当网络规模趋于无穷大时，只要感染概率大于0，传染病就会在网络中扩散并最终维持在一个平衡状态。

2. 网络上的*SIR*模型

接下来我们考虑*SIR*模型在小世界网络上的传播。令s(t)、i(t)、r(t)分别为t时刻网络中处于易感状态、感染状态、免疫状态的节点密度，并且满足s(t)+i(t)+r(t)≡1。同样令$\gamma=1$，假设小世界网络中的节点度值近似相等，则*SIR*模型可以用如下微分方程组描述：

$$\begin{cases}\dfrac{d\mathrm{s}(t)}{dt}=-\lambda\langle k\rangle i(t)s(t),\\ \dfrac{d\mathrm{i}(t)}{dt}=\lambda\langle k\rangle i(t)s(t)-i(t),\\ \dfrac{d\mathrm{r}(t)}{dt}=i(t)。\end{cases}\tag{7-13}$$

在初始条件 $r(0)=0$ 以及 $s(0)\approx1$ 时，可以解得：

$$s(t)=e^{-\lambda\langle k\rangle r(t)}。\tag{7-14}$$

当 $t\to\infty$时，可以得到最终感染个体的密度，即传播效率为：

$$r_{\infty}=1-e^{-\lambda\langle k\rangle r_{\infty}}。\tag{7-15}$$

当取传播阈值 $\lambda_c=\dfrac{1}{\langle k\rangle}$时，在 $\lambda=\lambda_c$ 处进行泰勒展开，可以得到传播效率：

$$r_{\infty}\propto(\lambda-\lambda_c)。\tag{7-16}$$

相较于小世界网络上的 *SIR* 模型，*BA* 无标度网络上的 *SIR* 模型还需要考虑节点度的异质性。令 $s_k(t)$、$i_k(t)$、$r_k(t)$分别为 t 时刻网络中节点度为 k 的一组中处于易感状态、感染状态、免疫状态的节点密度，并且满足 $s_k(t)+i_k(t)+r_k(t)\equiv1$。随着时间变化，可以得到 *BA* 无标度网络上的 *SIR* 模型的动力学方程为[1,2]：

$$\begin{cases}\dfrac{d s_k(t)}{dt}=-\lambda k\Theta(t)s_k(t),\\ \dfrac{d i_k(t)}{dt}=\lambda k\Theta(t)s_k(t)-i_k(t),\\ \dfrac{d r_k(t)}{dt}=i_k(t),\end{cases}\tag{7-17}$$

其中，$\Theta(t)=\sum_{k'}P(k'\mid k)i_{k'}(t)$。在初始条件 $r_k(0)=0$、$i_k(0)=i^0$、$s_k(0)=1-i^0$ 时，可以得到 *SIR* 模型在 *BA* 无标度网络上的传播阈值也为 $\lambda_c=\dfrac{\langle k\rangle}{\langle k^2\rangle}$。

另外，把传统的 *SIR* 模型推广到任意度分布网络之上的传染过程，可以看作在同一个网络上的边渗流过程[5]。在疾病传播网络中，边以一定概率传播疾病相当于边渗流理论中边以一定概率被占据，从而可以根据渗流模型得到有关传染病的预测情况，如疾病暴发规模的分布、疾病的传播阈值，以及相变发生后传染病规模的大小[6]。

3. 网络免疫技术

在现实生活中采取合适的免疫策略对有效控制疾病的传播具有重要的实际意义。而目前对于复杂网络上的免疫策略研究也有很多，本节主要介绍 3 种常见的免疫策略：随机免疫、目标免疫、熟人免疫。

随机免疫也被称为均匀免疫，该方法是完全随机地选取网络中的一部分节点进行免疫，即各个节点被免疫的概率是相等的。节点一旦被免疫，它既不会被其他节点感染，也不会感染其他节点。以网络上的 *SIS* 模型为例，采用随机免疫策略对其进行免疫，假设网络中免疫节点的密度为 g，即等价于传播率由 λ 缩减到 $\lambda(1-g)$。此时，对于小世界网络，随机免疫的免疫临界值，即为消除网络中的感染节点至少需要达到的免疫节点比例为[7]：

$$g_c = 1 - \frac{\lambda_c}{\lambda}。 \tag{7-18}$$

而对于无标度网络，随机免疫的免疫临界值为：

$$g_c = 1 - \frac{\langle k \rangle}{\lambda \langle k^2 \rangle}。 \tag{7-19}$$

由式(7-19)可以看出，随着度分布的二阶矩$\langle k^2 \rangle$趋于无穷大时，免疫临界值g_c趋于1，这说明，对于大规模的无标度网络，如果采用随机免疫策略对其免疫，则需要对网络中几乎所有节点都进行免疫才能保证网络中不存在感染节点。

对于无标度网络，随机免疫策略的效果不是很好，而目标免疫却是一种针对无标度网络的有效免疫策略。目标免疫是通过有选择地对少量关键节点进行免疫的一种策略。针对*BA*无标度网络上的*SIS*模型，帕斯特-萨托拉斯(*Pastor-Satorras*)和韦斯皮尼亚尼(*Vespignani*)提出了优先免疫度大节点的目标免疫策略[8]。这种免疫策略的效果要优于随机免疫，它可以使免疫临界值由随机免疫策略的$g_c \to 1$降低到$g_c \to e^{-\frac{2}{m\lambda}}$。由此可见，有选择地对无标度网络进行目标免疫，其临界值要比随机免疫小得多。

尽管目标免疫相对于随机免疫比较有效，仅需要对网络中少数度大的节点进行免疫，但是这种免疫方法却依赖网络的全局信息，至少需要了解网络中各个节点的度。然而对于大规模的且随时间演化的真实网络，想了解它们的网络整体结构是十分困难的。在只能获取网络局域信息的情况下，能否设计出有效的免疫策略成为免疫策略研究的一个难点。针对无标度网络，科恩(Cohen)等人设计了一种称作熟人免疫的策略[7]。该策略的基本思想是：从含有N个节点的网络中随机选择比例为p的节点，再从每一个被选出的节点中随机选择它的一个邻居节点进行免疫。这种策略只需要知道被随机选择出来的节点以及与它们直接相连的邻居节点，而不需要获取网络的全局信息。并且由于在无标度网络中度大的节点含有更多的邻居，这些度大的节点要比度小的节点被选中的概率更大，因此该策略效果比随机免疫好很多。

7.1.3 网络上的经典舆论动力学

舆论形成，包括投票选举、各种党派团体的形成等，是社会系统中常见的一种集群现象。社会学家对于舆论形成一般从社会心理学等角度来考虑微观层面上个体选择的形成以及个体选择对于宏观行为的影响，但从个体心理如何发展到群体心理层面的集群涌现机制，主要是从定性上进行解释，定量上的研究很少。事实上，舆论形成的机制与铁磁相变中通过微观上个体之间的相互作用涌现出宏观行为的机制类似。于是近年来，随着复杂网络这种能很好地抽象社会关系结构的工具的出现和蓬勃发展，物理学家在Ising模型的基础上，研究了舆论形成问题。本小节将着重介绍Ising模型以及基于Ising模型的投票模型。

Ising模型的提出最初是为了研究铁磁临界现象的出现，因此主要关注能否出现铁磁相变(对应于模型中全体节点方向向上或全体向下)，以及影响铁磁相变出现的因素。经典Ising模型的原型是：在一个由N个格点组成，空间维数为$d(d=1, 2, 3)$的周期性排列的晶格体系上，每个格点上有一个自旋$s_i(i=1, 2, \cdots, N)$，其方向可以有向上或向下两种选择，分别用值$s_i=+1$或$s_i=-1$表示。当考虑自旋间只有近邻相互作用时，可给出系统的哈密顿量为：

$$E=-J\sum_{\langle i,j\rangle}s_is_j-\mu B\sum_i s_i。\tag{7-20}$$

系统的配分函数为：

$$Z=\sum_{s_1=\pm1}\sum_{s=\pm1}\cdots\sum_{s_N=\pm1}e^{-\beta E}=\sum_{\{s_i\}}e^{-\beta(J\sum\limits_{\langle i,j\rangle}s_is_j+\mu B\sum\limits_i s_i)},\tag{7-21}$$

其中，$\beta=1/K_B$，K_B 为玻尔兹曼常数，T 为系统温度，μ 为自旋磁矩，$\sum\limits_{\langle i,j\rangle}$ 是对所有可能的近邻格节点 i 和 j 求和，$\sum\limits_{\{s_i\}}$ 是代表对一切可能的自旋态$\{s_i\}$求和，J 为耦合常数，代表耦合作用，一般与节点位置无关。当 $J>0$ 时，代表铁磁体，$J<0$ 时，代表反铁磁体。$\langle i,j\rangle$代表只考虑近邻格节点 i，j。考虑到系统的平移不变性法则，$\overline{s_j}=\overline{s_i}=\bar{s}$，可求出作用于节点 i 的等效平均磁场：

$$\overline{B}=B+\frac{1}{\mu}Jz\bar{s}。\tag{7-22}$$

式(7-22)代表平均场近似中作用于每个自旋的等效磁场，其中 z 代表每个格点的近邻数。基本思想就是，把某个自旋受到近邻自旋的作用用平均场$\frac{1}{\mu}Jz\bar{s}$ 代替而忽略涨落效应。这样可以把相互作用的自旋系统简化为近独立的自旋系统。在平均场近似下原系统配分函数可简化为：

$$Z=\sum_{s_1=\pm1}\sum_{s=\pm1}\cdots\sum_{s_N=\pm1}e^{\beta\mu\overline{B}\sum\limits_i s_i}=[Z_1]^N,\tag{7-23}$$

其中，$Z_1=e^{\beta\mu\overline{B}}+e^{-\beta\mu\overline{B}}$，则可算出系统的磁矩为：

$$m=\frac{1}{\beta}\frac{\partial}{\partial B}\ln Z=\frac{N}{\beta}\frac{\partial}{\partial B}\ln Z_1=N\mu\bar{s},\tag{7-24}$$

则

$$\bar{s}=\tanh\left(\frac{\mu\overline{B}}{kT}\right)。\tag{7-25}$$

当没有外磁场 $B=0$ 时，可由图解法解出式(7-25)，得出临界温度 $T_c=\frac{Jz}{k}$。

平均场的结果与精确解并不完全一致，这是因为平均场理论忽略了涨落的影响造成的。Ising 模型中某个自旋的指向不仅受到其最近邻自旋的影响，而且还受到其他所有自旋的影响。平均场理论实际上忽略了自旋的关联作用的涨落影响，所以仅能在四维及四维以上空间精确。因为四维及更高维空间的自旋间关联很强，其效应可以用一个平均的有效磁场来描述。而空间维数 d 越低，涨落的影响愈显著，则忽略涨落引起的误差也就会越大。目前已经可以证明平均场理论是四维及四维以上空间 Ising 模型的精确解。

类比于经典的 Ising 模型，对于复杂网络下的 Ising 模型，定义系统的哈密顿量为：

$$H=-\sum_{i<j}J_{ij}a_{ij}s_is_j-\sum_i H_is_i,\tag{7-26}$$

其中 a_{ij} 是网络邻接矩阵中的元素，$a_{ij}=1$ 代表网络中节点 i 和节点 j 间存在连边(i，$j=1$，2，…，N)。初始时刻耦合矩阵 J_{ij} 和局域场 H_i 取定后，在演化过程中保持不变。关于如何求解复杂网络中的 Ising 模型，已经提出了很多种方法，这里主要介绍其中的两种方法：复杂网络中基于平均场理论的 Bethe 近似方法和退火网络近似方法（Annealed Network Approach）。

在经典平均场理论下，磁矩 $M_i=\langle s_i\rangle=\tanh[\beta H_i^{(t)}]$，$H_i^{(t)}$ 包含两个部分，一部分是考虑 i 格节点自旋和它所有最近邻的作用以及考虑这些近邻和格子中其他自旋的相互作用，另一部分是局域场。Bethe 近似方法中，考虑自旋间的短程连接，把 i 格节点最近邻和其他自旋间相互作用通过一个平均分子场代表。这种方法适用于经典网格，也适用于人工复杂网络。首先可写出网络中一个自旋集团，自旋中心为 s_i，它的最近邻为 s_j，此自旋集团的能量为：

$$H_{cl}=-\sum_{j\in N(i)}J_{ij}s_is_j-H_is_i-\sum_{j\in N(i)}\varphi_{j\setminus i}s_j。\tag{7-27}$$

式(7-27)中 $N(i)$ 代表节点 i 的所有邻节点。由腔场方法[9]（cavity field），$\varphi_{j\setminus i}$ 表示网络中 i 节点所有邻居和网络中剩余节点的相互作用，这样就可以求得节点 j 对于节点 i 产生的磁场，同理可以给出节点 i 对于节点 j 产生的磁场。利用二者之间的对称关系，就可以解除各节点之间的附加场，进而求解系统的相变行为。Bethe 近似方法可以很好地求解标准 Bethe 晶格[10]、树状网络和全连接网络中的 Ising 模型[11]。对于存在环状结构的网络，只能求出近似解，采用集团变化方法（cluster variation method），也可比较精确求解[12,13]。

退火网络近似方法能够很好地讨论在复杂网络中临界现象的发生。它的优点在于形式简单，却能给出很好的近似解。它适用于解决在耦合和度相关的网络中以及存在随机外场时的 Ising 模型问题。首先建立一个全连接权重网络替代原复杂网络，此完全图的权重矩阵 a_{ij} 代表度值分别为 k_i 和 k_j 的节点 i 和 j 的连接概率。在一个构造网络模型[14]中，$a_{ij}=\dfrac{k_ik_j}{z_1N}$，其中 k_i、k_j 分别为节点 i 和 j 的度值，$z_1=\langle k\rangle$。这样就可以把原来的复杂网络投影为一个全连接的权重网络。在退火网络中的哈密顿量定义为：

$$H_{an}=-\frac{1}{z_1N}\sum_{i<j}J_{ij}k_ik_js_is_j-\sum_i H_is_i。\tag{7-28}$$

在热力学极限下，此全连接网络中当 $J_{ij}=J$ 时，在无外场即 $H_{ij}=0$ 时，可得方程：

$$M_w=\frac{1}{z_1}\sum_k p(k)k\tanh[\beta JkM_w]。\tag{7-29}$$

式(7-29)中 M_w 为加权磁矩，$p(k)$ 为网络度分布。

介绍完网络中的 Ising 模型后，接下来简要介绍一下用投票模型来模拟投票选举。2000 年，斯约吉德（Sznajd）基于 Ising 模型的思想提出了一维链上相互作用的“投票模型”[15]，并且通过分析模型的动力学性质，和实证的舆论现象做出对比，得出了一些有意思的结论。模型主要思想是：团结就胜利，分裂就失败。在投票模型中，每个人可以被视为一个节点，相当于 Ising 模型中的铁分子，有向上和向下两种自旋 $s_i=+1$ 或 -1。对应在投票系统中，就是两个候选人 A 和 B 可供选择。

具体的演化机制是：包含 N 个节点的一维链上，每一次随机选择相邻的两个节点 i 和 $i+1$。

(1)当 $s_is_{i+1}=+1$，即代表这对节点选择同一个候选人时，就令这对节点的邻居 $i-1$ 和 $i+2$ 和这对节点选择同样的候选人，即 $s_{i-1}=s_{i+2}=s_i=s_{i+1}$。这代表团结的力量。

(2)当 $s_i s_{i+1}=-1$，即代表这对节点选择不同的候选人时，就令这对节点的邻居 $i-1$ 和 $i+2$ 也意见不合，即 $s_{i-1}=s_{i+1}$，$s_i=s_{i+2}$。

模型演化到稳态，即所有人的选择不再改变时，系统会有3个稳态解：①所有节点都选 A；②所有节点都选 B；③每一对相邻节点选择不同候选人。磁化强度 $m=\frac{1}{N}\sum_{i=1}^{N}s_i$ 反映了舆论导向。如果 $m=0$，说明有一半人选 A，一半人选 B。如果 $m>0$，说明选 A 的人比选 B 的人要多，A 胜出，反之，B 胜出。m 在演化中的变化，是判定系统是否到达终态的度量之一。

在研究此模型的动力学行为时，考察了系统中的节点每换一种选择会犹豫的时间 τ，称为决策时间，发现其分布服从幂律分布(幂指数约等于1.5)。同时初始意见分布对最终结果也会有影响。模拟发现在初始时刻占大多数的一方，获胜概率大于50%，这在参考文献[16]中也有提到。

实际上社会舆论系统不是封闭的系统，个体的看法还会受到整体社会环境以及其他随机因素的影响，而不仅仅是近邻。于是，斯纳吉德(Sznajd)在模型中加入信息噪声 p，每个个体在按近邻影响机制做选择的同时以概率 p 做出随机选择。发现当 $p\to 0$ 时，决策时间分布服从幂律分布；当 $p\to 1$ 时，决策时间分布服从指数分布。

斯纳吉德(Sznajd)用此投票模型，通过“团结就是胜利，分裂就会失败”的朴素思想，模拟了社会舆论如何从无序的混乱状态演变到整体共识的过程。具体来说就是个体从最初无意识的选择由受影响到最后有意识的产生群体行为，并进一步模拟出在有限开放的社会中，已形成的舆论具有抗扰动性。

投票模型是Ising模型的思想在实际系统中的一个简单应用。虽然不能说它能够完全揭示出复杂系统中的复杂现象(集群行为产生的原因)，但是这个模型确实从一个侧面模拟出了舆论形成这种宏观现象也可以由微观影响的机制自组织实现。这也是这个模型的可取之处。并且，动力学行为呈现出幂律分布(目前在自然界以及社会经济系统中被广泛发现的一种分布)。这让试图用Ising自旋模型解释人类行为的复杂现象的物理学家们大受鼓舞。

为了更符合实际，斯托弗(Stauffer)在可模拟局部作用的二维网格上模拟了投票模型，得到了在定性上和一维链上一致的结论[17]。贝纳德斯(Bernardes)于2001年，在三维网格和无标度网络上模拟了投票模型，和巴西大选的竞选人得票分布情况吻合得很好[18]。根据巴西大选实际情况，系统中包含了 L^3 个投票者，而候选人数为 $N_{tot}\ll L^3$。赋予每个竞选人不同的竞争力，竞争力越强则初始说服概率 p 越大。演化规则为，每次任选一对相邻节点，如果意见一致，则周围邻居被同化。在迭代多步之后，得票数为 v 的竞选人数服从双曲线分布 $N_v\propto 1/v$，和实证结果吻合。接着，模型在无标度网络上进行了模拟，仍然是多候选人模型。但每个人的竞选实力由网络中的度值直接决定，无须额外赋值，仍然和实证的结果相符合。冈萨雷斯(Gonzalez)等在确定性无标度网络中，讨论了投票模型，发现了和随机无标度网络类似的结果，并很好地模拟了巴西和印度选举情况[19]。参考文献[20]考虑了网络的集聚系数对于舆论形成的影响，发现在无标度网络中，集聚系数越高越容易实现舆论统一。吉兹曼(Guzman)等侧重讨论了网络的连通性和决策时间的关系，发现低连通时，决策时间分布产生幂率尾部；高连通时，幂率尾部消失，决策时间缩短[21]。

虽然投票模型有其优势之处，但也存在局限性。在实际生活中，舆论不仅仅涵盖投票行为，还包括很广的领域，如流行的形成等。在投票模型中，个体只能有有限的几种选择，而在实际生活中，个体的选择可以是多样的甚至是连续的，这就限制了投票模型在解释其他类型舆论形成方面的应用。因此，除了投票模型外，还有其他比较经典的舆论形成模型，例如，妥协(Relative Agreement)模型和有限信心(Bounded Confidence Model)模型。妥协模型是德弗朗特(Deffuant)等于2000年首先提出[22]。它和投票模型具有相同之处，基本思路都认为舆论的形成是一种由大量个体组成，通过个体相互作用相互妥协，从而达成某种共识、产生集群行为的过程，不同之处在于投票模型为流出模型——通过影响他人，而妥协模型为流入模型——受他人影响。2002年海格塞尔曼(Hegselmann)和克劳斯(Krause)提出了有限信心模型[23]，和妥协模型类似之处，均认为差异程度在有限范围内的个体间才能交流，即每个个体只与在自己意见空间邻域内的个体讨论；不同之处，妥协模型认为个体以渐进的方式随机和自己的某一个同类相互影响，而有限信心模型则直接让个体受自己所有的同类相互作用。

7.2 网络上的随机游走

近年来，复杂网络已经在数学、物理学、生物学、管理学、计算机等诸多领域内引起了一股研究热潮。除了复杂网络的小世界特性、无标度特性等网络结构性质之外，网络上的动力学行为也是一个研究热点。其中，随机游走就是众多动力学过程中最基本，同时也是研究历史最为悠久的一种，一直以来备受关注[24-29]。复杂网络上的随机游走是指以网络节点为载体，按照一定概率从网络上任意一个节点转移到与之有连接的其他节点的状态转移过程。大量研究结果表明，网络上的随机游走不但与节点中心性[24]、网络平均距离[30]、生成树数目[31]等网络自身结构性质有关，而且与网络上运输[32]、导航[33-35]、疾病传播[36]等其他动力学过程也存在密切关系。因此，网络上的随机游走具有广泛的应用，如解决网络中的搜索、节点相似性测定、社团划分等。

7.2.1 随机游走的基础理论

考虑一个个体在网络上进行离散简单随机游走，即该个体每个时间步内只能移动一步。该网络类型可以是有向网、无向网或加权网，并且要求网络是连通的。假设该网络是一个有向网，并且含有 N 个节点，它相对应的邻接矩阵为 $A=(a_{ij})_{N\times N}$，其中矩阵元素 $a_{ij}\geqslant 0$，表示由节点 i 指向节点 j 的连边权重。当个体位于有向网络中的节点 i 时，它在下一时间步游走到节点 j 的概率正比于元素 a_{ij}，此时可以得到个体的一步转移概率 $T_{ij}=\frac{a_{ij}}{s_i^{\text{out}}}$，该值描述了一个个体从节点 i 转移到节点 j 的概率，其中 s_i^{out} 表示节点 i 的出强度。由节点之间的一步转移概率可以得到一步转移概率矩阵 $T=(T_{ij})_{N\times N}$，它是一个非对称矩阵，并且满足 $\sum_j T_{ij}=1$。令 $p_i(n)$表示一个个体从某一节点出发游走 n 步后位

于节点 i 的概率。由一步转移概率可以知道个体在游走 $n+1$ 步之后，位于节点 j 的概率为：$p_j(n+1)=\sum_{i=1}^{N}p_i(n)T_{ij}\quad j\in\{1,2,\cdots,N\}$。此外，$\sum_i p_i(n)=1$。由转移概率矩阵可知，上式等价于 $P(n+1)=P(n)T$，其中 $P(n)=(p_1(n),p_2(n),\cdots,p_N(n))$。当知道个体初始位置的概率分布 $P(0)$时，通过公式 $P(n)=P(0)T^n$，就能够知道个体在游走 n 步之后位于各节点的概率。

当个体的游走步数 n 趋近于无穷大时，就可以得到平稳概率分布 $P^*=(p_1^*,p_2^*,\cdots,p_N^*)$，其中 $p_i^*=\lim_{n\to\infty}p_i(n)$，$i\in\{1,2,\cdots,N\}$。令 $p_i(n)=p_i(n+1)=p_i^*$，则可以得到 $P^*=P^*T$。当个体所在的网络是有向并且强连通时，此时的平稳概率分布 P^* 是唯一的。当个体所在的网络是无向的，此时的平稳概率 $p_i^*=s_i/\sum_{i=1}^{N}s_j\quad i\in\{1,2,\cdots,N\}$，其中 s_i 表示节点 i 的强度。

7.2.2 随机游走的简单应用

1. 基于随机游走的搜索策略

在现实网络中，搜索具有重要实际意义，例如，通过社交关系网络联系到某一个重要人物。如果想要高效快捷地搜寻网络中的特定重要节点，往往在搜索过程中需要借助一些不同的搜索策略或搜索算法，而随机游走策略是最常用的一种搜索策略。

网络中的一个源节点能否找到它与目标节点较短的路径甚至最短的路径，依赖节点所掌握的网络结构信息、节点所使用的搜索算法以及网络的真实结构。在每个节点都只知道自己邻居节点信息的条件下，从源节点出发，应用随机游走策略搜索目标节点时，其搜索过程为：先判断自己的邻居节点中是否含有目标节点：如果含有，则终止搜索；如果没有，则向任一个邻居查询其邻居节点中是否含有目标节点。不断重复这个过程，直到搜索到目标节点为止。在此简要介绍 3 种不同的随机游走策略。

(1)无限制的随机游走(unrestricted random walk，URW)搜索策略：每一步中，当前节点不加任何限制地在其所有邻居中随机选择一个邻居节点将查询传递过去，直到搜索到目标节点的任一个邻居节点为止。

(2)不返回上一步节点的随机游走(no-retracing random walk，NRRW)搜索策略：除了刚刚将查询传递过来的上一步节点之外，每一步中，当前节点在其余的所有邻居中随机选择一个邻居节点将查询传递过去，直到搜索到目标节点的任一个邻居节点为止。

(3)不重复访问节点的随机游走(self-avoiding random walk，SARW)搜索策略：已经被查询过的节点不允许再被查询，并且每一步中当前节点在其所有未被查询过的邻居节点中随机选择一个，并将查询传递过去，直到搜索到目标节点的任一个邻居节点为止。

真实网络的拓扑结构会影响随机游走搜索策略的效率，仿真基于 3 种不同的网络：最近邻耦合网络、ER 随机网络以及 WS 小世界网络，来探究上述 3 种随机游走搜索策略在这 3 种网络上的表现。结果发现，这 3 种随机游走搜索策略在 WS 小世界网络上的搜索效率，介于最近邻耦合网络和 ER 随机网络之间，其中 NRRW 的搜索效率比 URW 稍有改进，而 SARW 的搜索效率则有较大提高。

2. 基于随机游走的节点相似性指标

基于节点间的相似性可以用于链路预测，而刻画节点之间相似性的方法有很多种，其中最简单直接的方法就是利用节点的属性，如果两个人具有相同的年龄、性别、职业、兴趣等，就说他们俩很相似。另一类相似性的定义完全基于网络的结构信息，称为结构相似性，如基于共同邻居的相似性指标，即两个节点如果有更多的共同邻居就更可能连边。近年来，基于结构相似性刻画受到越来越多的重视。基于网络结构信息的相似性指标有很多种，其中有一部分指标就是基于随机游走来定义的。这类基于随机游走的相似性指标为：

(1)平均通勤时间(average commute time，ACT)[37]。设 $m(x, y)$ 为一个随机粒子从节点 x 到节点 y 所需要走的平均步数，则节点 x 和 y 的平均通勤时间定义为：

$$n(x, y)=m(x, y)+m(y, x), \tag{7-30}$$

其数值解可通过求该网络拉普拉斯矩阵的伪逆 L^+，即：

$$n(x, y)=M(l_{xx}^+ + l_{yy}^+ - 2l_{xy}^+)。 \tag{7-31}$$

式(7-31)中 l_{xy}^+ 表示矩阵 L^+ 中相应位置的元素。可以说，如果两个节点的平均通勤时间越小，则两个节点越接近。通常，网络被观察到有普遍的集聚效应，因此相隔较近的节点更容易连边。由此定义基于 ACT 的相似性为(在此可忽略常数 M)：

$$s_{xy}^{\mathrm{ACT}}=\frac{1}{l_{xx}^+ + l_{yy}^+ - 2l_{xy}^+}。 \tag{7-32}$$

(2)基于随机游走的余弦相似性(Cos+)[38]。在由向量 $v_x=\Lambda^{\frac{1}{2}}U^T e_x$ 展开的欧式空间内，L^+ 中的元素 l_{xy}^+ 可表示为两个向量 v_x 和 v_y 的内积，即 $l_{xy}^+=v_x^T v_y$，其中 U 是一个标准正交矩阵，由 L^+ 特征向量按照对应的特征根从大到小排列所得，Λ 为以特征根为对角元素的对角矩阵，e_x 表示一个一维向量且只有第 x 个元素为 1，其他都为 0。由此定义余弦相似性为：

$$s_{xy}^{\cos+}=\cos(x, y)^+=\frac{l_{xy}^+}{\sqrt{l_{xx}^+ l_{yy}^+}}。 \tag{7-33}$$

(3)重启的随机游走(random walk with restart，RWR)[39]。该指标可以看成网页排序算法(PageRank)的拓展应用，其假设随机游走粒子每走一步时都以一定概率返回初始位置。设粒子返回概率为 $1-c$，P 为网络的马尔科夫概率转移矩阵，其元素 $P_{xy}=a_{xy}/k_x$ 表示节点 x 处的粒子下一步走到节点 y 的概率。如果 x 和 y 相连则 $a_{xy}=1$，否则为 0。某一粒子初始时刻在节点 x 处，则 $t+1$ 时刻该粒子到达网络各个节点的概率向量为：

$$q_x(t+1)=cP^T q_x(t)+(1-c)e_x, \tag{7-34}$$

其中，e_x 表示初始状态(其定义与 cos+ 中相同)，不难得到式(7-34)的稳态解为 $q_x=(1-c)(I-cP^T)^{-1}e_x$，其中元素 q_{xy} 为从节点 x 出发的粒子最终以多少概率走到节点 y。由此定义 RWR 相似性为：

$$s_{xy}^{\mathrm{RWR}}=q_{xy}+q_{yx}。 \tag{7-35}$$

(4)SimRank(SimR)指标[40]。它的基本假设是，如果两个节点所连接的节点相似，那么这两个节点就相似。它的定义为：

$$s_{xy}^{\mathrm{Sim}R}=C\frac{\sum_{z\in\Gamma(x)}\sum_{z'\in\Gamma(x)} s_{zz'}^{\mathrm{Sim}R}}{k_x k_y}, \tag{7-36}$$

其中，假定 $s_{xx}=1$，$C\in[0, 1]$为相似性传递时的衰减参数。SimRank 指标可以用于描述两个分别从节点 x 和 y 出发的粒子何时相遇。

(5)局部随机游走指标(local random walk，LRW)[41]。该指标与上述4种基于随机游走的相似性不同，其只考虑有限步数的随机游走过程。一个粒子 t 时刻从节点 x 出发，定义 $\pi_{xy}(t)$为 $t+1$ 时刻这个粒子正好走到节点 y 的概率，那么可得到系统演化方程：

$$\pi_x(t+1)=P^T\pi_x(t),\ t=0,\ 1,\ \cdots \tag{7-37}$$

其中，$\pi_x(0)$为一个 $N\times1$ 的向量，只有第 x 个元素为1，其他元素为0，即 $\pi_x(0)=e_x$。设定各个节点的初始资源分布为 q_x，基于 t 步随机游走的相似性为：

$$s_{xy}^{\mathrm{LRW}}(t)=q_x\cdot\pi_{xy}(t)+q_y\cdot\pi_{yx}(t)。 \tag{7-38}$$

(6)叠加的局部随机游走指标(superposed random walk，SRW)[41]。这个指标的目的就是给邻近目标节点的点更多的机会与目标节点相连。在 LRW 的基础上将 t 步及其以前的结果加总便得到 SRW 的值，即：

$$s_{xy}^{\mathrm{SRW}}(t)=\sum_{l=1}^{t}s_{xy}^{\mathrm{LRW}}(l)=q_x\sum_{l=1}^{t}\pi_{xy}(l)+q_y\sum_{l=1}^{t}\pi_{yx}(l)。 \tag{7-39}$$

3. 基于随机游走的社团划分

随机游走也可以用来探测复杂网络中的社团结构。一般而言，相似性越高的节点越有可能属于一个社团，因此可以基于节点间的相似性来划分社团。节点之间的相似性可以由节点间的距离来度量，而基于随机游走又恰好可以计算节点间的距离，所以应用随机游走可以衡量节点间的相似性，进而挖掘网络中的社团结构[42,43]。目前，基于随机游走来划分社团结构的算法有很多种[44]，在此重点介绍由庞斯(Pons)与拉塔皮(Latapy)提出的 Walktrap 算法[45]。假设网络中有一个可以任意跳跃到其邻居位置上的粒子，它每一步跳跃都只与其当时所处的位置有关，而与之前的状态没有关系，即一系列跳跃形成一个马尔科夫链。在每一步中，由节点 i 跳跃到其邻居节点 j 的概率为：

$$P_{ij}=\frac{A_{ij}}{d(i)}, \tag{7-40}$$

其中，A_{ij} 表示邻接矩阵中的元素，$d(i)$表示节点 i 的度，从而得到节点间的一步转移概率矩阵(Transition Matrix)P。由节点间的一步转移概率矩阵可以得到节点间的 t 步转移概率矩阵 P^t，矩阵中的元素 P_{ij}^t 表示由节点 i 通过 t 步转移到节点 j 的概率，这里的节点 j 可以是网络中的任何节点，不局限于节点 i 的邻居节点。如果两个节点同属一个社团，那么分别从两个节点透视整个网络得到的结果应该相近，即如果节点 i 和节点 j 在同一个社团，则对于任意节点 k 有 $P_{ik}^t\cong P_{jk}^t$。两个节点结构等价的程度由距离 r_{ij} 衡量，其定义为：

$$r_{ij}=\sqrt{\sum_{k=1}^{S}\frac{(P_{ik}^t-P_{jk}^t)^2}{d(k)}}。 \tag{7-41}$$

因为 r_{ij} 的取值依赖 t 的取值，所以也可以表示成 r_{ij}^t。t 值的选取不宜过大，因为当 t 趋于无穷时，P_{ij}^t 只与节点 j 的度有关，而与节点 i 无关。Walktrap 算法初始将每个节点看作一个社团，然后基于节点间的距离 r_{ij} 进行层次聚类，直到所有节点都归为一类，最终应用 Q 函数得到最优的社团结构。Walktrap 算法流程如图 7-7 所示。

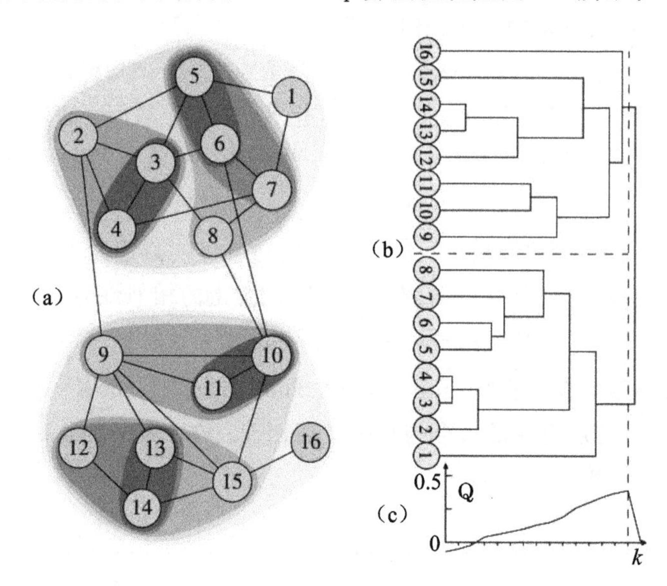

图 7-7 Walktrap 算法流程

(a)一个简单网络的社团结构，(b)层次聚类的结果，(c)模块度的变化情况。本图来源于参考文献[45]

此外，随机游走还有一项重要应用，即基于随机游走对网络中的重要节点进行排序，其中比较典型的算法包括特征向量中心性、PageRank 算法、随机游走介数中心性等。由于在第 8 章会详细介绍网络中重要节点判别算法，因此在本节中不再赘述。

7.3 网络上的同步

在现实生活中同步是一种常见的现象，例如，1665 年，物理学家惠更斯发现：并排挂在墙上的两个钟摆不管从哪个初始位置出发，经过一段时间以后会出现同步摆动的现象。1680 年，荷兰旅行家肯普弗在泰国旅行时观察到一个奇特的现象：停在同一棵树上的萤火虫有时同时闪光又同时不闪光，很有规律而且在时间上很准确。当一场精彩的戏剧演出结束时，人们的掌声从三三两两，到大家都按着共同的节奏鼓掌。在我们的心脏中，无数的心脏细胞同步振荡着，它们同时做着一个动作，使心瓣膜舒张开，然后同时停下来，心瓣膜就收缩了。但是同步也可能是有害的，例如，2000 年伦敦千年桥落成，当成千上万的人们开始通过大桥时，共振使大桥开始振动。桥体的 S 形振动所引起的偏差甚至达到了 20cm，使得桥上的人们开始恐慌，大桥不得不临时关闭。

科学研究发现，假定一个集体中的所有成员的状态都是周期变化的，例如，从发光到不发光，那么这种同步现象完全可以用数学语言来描述，其中的每个个体是一个动力学系统，而个体间存在着某种特定的耦合关系。在物理学、数学和理论生物学等领域，耦合动力学系统中的同步现象已经研究了很多年[46,47]。此外，关于耦合系统的网络同步化现象引起了人们的极大兴趣，但 20 世纪的工作大多集中在具有规则拓扑形状的网络结构上，例如，耦合映象格子[48]和细胞神经网络[49]。然而网络的拓扑结构在决定网络动态特性方面起着很重要的作用。复杂网络中的小世界和无标度特性的发现，使得人们开始关注网络的拓扑结构与网络的同步化行为之间的关系[50-52]。本节首先给出网络同步的定义，其次介绍如何衡量一个网络的同步能力，最后以小世界网络和无标度网络为例，讨论了影响网络同步能力的因素。

7.3.1 同步的定义

对于两个或多个动力学系统，除了自身的演化外，它们之间还存在相互作用(耦合)，并且这种相互作用既可以是单向，也可以是双向。对于这样的动力学系统，当满足一定条件时，在耦合的影响下，这些系统的状态输出就会逐渐趋同进而完全相等，称为同步(精确同步)。除了精确的同步外还存在如相同步、频率同步等这样广义的同步。

以一般连续时间耦合网络为研究对象，讨论它的完全同步问题。设连续时间耗散耦合动态网络中有 N 个相同的节点，其中第 i 个节点的状态方程为：

$$\dot{x}_i=f(x_i)-c\sum_{j=1}^{N}l_{ij}H(x_j),\ i=1,\ 2,\ \cdots,\ N,\tag{7-42}$$

其中，$x_i\in\Re^n$ 为节点 i 的状态变量，$f(\cdot)$是一个动力学函数(通常是非线性函数)，常数 $c>0$ 为网络的耦合强度，$L=(l_{ij})_{N\times N}$ 称为网络的拉普拉斯矩阵，它满足耗散耦合条件 $\sum_{j=1}^{N}l_{ij}=0$，$i=1,\ 2,\ \cdots,\ N$，$H(\cdot)$ 为节点状态变量之间的内部耦合函数，也称为节点的输出函数，这里假设每个节点的输出函数是相同的。当所有节点的状态都相同时，式(7-42)右端的耦合项自动消失。如果在动态网络中，当 $t\to\infty$ 时有 $x_1(t)\to x_2(t)\to\cdots\to x_N(t)$，则称网络达到完全(渐进)同步。如果存在 $s(t)\in\Re^n$，使得 $\lim_{t\to\infty}x_i(t)=s(t)$，$i=1,\ 2,\ \cdots,\ N$，则称动态网络中的所有节点的状态完全(渐近)同步于 $s(t)$，并称 $s(t)$为同步状态。

7.3.2 网络的同步能力度量

假设网络是一个无权无向的简单连通图，则可以用邻接矩阵 $\mathbf{A}=(a_{ij})_{N\times N}$ 来描述网络的拓扑结构。当网络中的节点 i 与节点 j 有连边时，$a_{ij}=a_{ji}=1$；当节点 i 与节点 j 之间不存在连边时，$a_{ij}=a_{ji}=0$。拉普拉斯矩阵 L 可以用邻接矩阵来计算，矩阵元素为 $l_{ij}=-a_{ij}(i\neq j)$，$l_{ii}=\sum_{j=1}^{N}a_{ij}=k_i$，其中 k_i 为节点 i 的度，并且网络的拉普拉斯矩阵的特征值均为实数，记为：$0=\lambda_1<\lambda_2\leqslant\lambda_3\leqslant\cdots\leqslant\lambda_N$。设网络的同步化区域为 $S=(\alpha_2,\ \alpha_1)$，其中 $0<\alpha_1<\alpha_2$，如果此网络的耦合强度和拉普拉斯矩阵的特征值满足如下同步判据：

$$\frac{\alpha_1}{\lambda_2}<c<\frac{\alpha_2}{\lambda_N}\text{或}\frac{\lambda_N}{\lambda_2}<\frac{\alpha_2}{\alpha_1},\tag{7-43}$$

那么，该网络的同步流形是渐进稳定的。此时该网络关于拓扑结构的同步化能力可以用对应的拉普拉斯矩阵 L 的最大特征值与最小非零特征值的比率 λ_N/λ_2 来刻画：λ_N/λ_2 值越小，网络的同步化能力越强。

以规则网络为例，主要分析最近邻耦合网络、全局耦合网络、星形网络的同步化能力。

1. 最近邻耦合网络

对于节点度为 K(假设为偶数)的最近邻耦合动态网络，它所对应的拉普拉斯矩阵的特征值满足：

$$\frac{\lambda_{NC,N}}{\lambda_{NC,2}} \approx \frac{2(3\pi+2)N^2}{\pi^3 K(K+2)}，1 \ll K \ll N。 \tag{7-44}$$

当网络规模 N 很大时，比率 $\lambda_{NC,N}/\lambda_{NC,2}$ 的值很大，因而网络的同步化能力很差。

2. 全局耦合网络

全局耦合动态网络对应的拉普拉斯矩阵的最大特征值和最小非零特征值均为 N。比率 $\lambda_{GC,N}/\lambda_{GC,2}=1$，由同步判据可知，只要满足 $\alpha_2/\alpha_1>1$，网络就可以实现同步。

3. 星形耦合网络

星形耦合网络对应的拉普拉斯矩阵的最大特征值和最小非零特征值之比为 N。因此，当网络规模 $N\to\infty$时，此比值也趋于无穷，则该网络无法实现同步。

在上述分析中，可以得知当网络规模 $N\to\infty$时，最近邻耦合网络以及星形耦合网络不能实现同步，但是全局耦合网络比较容易实现同步。不同的网络具有不同的拓扑结构性质，这些网络拓扑性质可能会对网络的同步化能力产生影响。目前在许多研究中已表明通过调节网络耦合强度以及改变网络结构可以提高网络的同步能力[53,54]。在 7.3.3 节中以小世界网络和无标度网络为例，简单介绍它们的同步性能与网络基本特性之间的关系。

7.3.3 影响网络同步能力的因素

对于小世界网络，当加边或重连概率 p 不断变化时，对应地会产生多个具有不同基本特性的小世界网络。随着对小世界网络不断地加入长程连边或不断重新连边，即随着加边或重连概率 p 的增加，λ_N/λ_2 将随之变小。由此可以发现小世界网络的同步化能力随着概率 p 的增加而增强[55]。同时，当加边或重连概率 p 很小时，网络的平均路径长度会有大幅度的下降；当 $0.5<p<1$ 时，平均路径长度的变化不是很显著，但是从整体来看，随着 p 的增加，小世界网络的平均路径长度会变小。用如下方差作为指标：

$$\sigma_k^2 = \left\langle \frac{\sum_i k_i^2}{N} \right\rangle - \left\langle \left(\frac{\sum_i k_i}{N} \right)^2 \right\rangle, \tag{7-45}$$

来度量网络度分布的均匀性，方差值越大说明网络中节点度分布范围越大，并有度较大的节点出现，网络的度分布越不均匀。由图 7-8 中的曲线可以看出随着概率 p 的增加，网络变得更加不均匀。

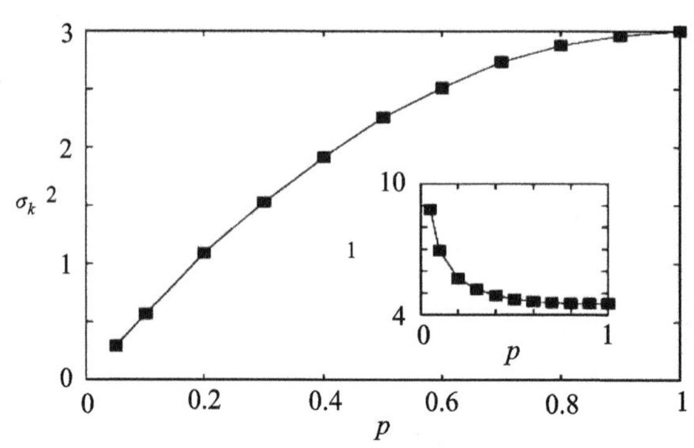

图 7-8　小世界网络的方差 σ_k^2 以及平均路径长度 l 与连接概率 p 的关系。本图来源于参考文献[55]

对于度分布为幂律形式 $P(k)\propto k^{-\gamma}$ 无标度网络，通过研究具有不同 γ 值的无标度网络的同步能力发现，γ 值越大的无标度网络，其 λ_N/λ_2 越小，这表明幂律指数 γ 越大，对应的无标度网络的同步化能力越强[56]。在无标度网络中，少数具有度非常大的节点将大量的度很小的节点连接在一起，因此这些度大的节点使得网络的平均路径长度变短。用节点度的标准偏差 s 来衡量网络的非均匀性，发现随着 γ 值的增大，s 值变小，说明网络的度分布变得比较均匀，而且网络的平均路径长度还会增大，同时网络节点的平均度会变小。

通过对以上两个模型的对比分析，可以看到单纯用度的大小、度分布或平均路径长度等都无法统一表征复杂网络的同步化能力。

参考文献

[1] PASTOR-SATORRAS R，VESPIGNANI A. Epidemic dynamics and endemic states in complex networks[J]. Physical Review E，2001，63(6)：066117.

[2]何大韧，刘宗华，汪秉宏. 复杂系统与复杂网络[M]. 北京：高等教育出版社，2009.

[3] PASTOR-SATORRAS R，VESPIGNANI A. Epidemic spreading in scale-free networks[J]. Physical Review Letters，2001，86(14)：3200-3203.

[4] BOGUNÁ M，PASTOR-SATORRAS R. Epidemic spreading in correlated complex networks[J]. Physical Review E，2002，66(4)：047104.

[5] CALLAWAY D S，NEWMAN M E J，STROGATZ S H，et al. Network robustness and fragility：Percolation on random graphs[J]. Physical Review Letters，2000，85(25)：5468-5471.

[6]孙胜秋. 用复杂网络理论研究疾病的传播[J]. 重庆师范大学学报(自然科学版)，2005，22(4)：1-5.

[7]COHEN R，HAVLIN S，BEN-AVRAHAM D. Efficient immunization strategies for computer networks and populations[J]. Physical Review Letters，2003，91(24)：247901.

[8] Pastor-Satorras R，Vespignani A. Immunization of complex networks[J]. Physical Review E，2002，65(3)：036104.

[9]MÉZARD M，PARISI G. The Bethe lattice spin glass revisited[J]. The European Physical Journal B-Condensed Matter and Complex Systems，2001，20(2)：217-233.

[10]BAXTER R J. Exactly solved models in statistical mechanics[M]. Elsevier，2016.

[11] THOULESS D J，ANDERSON P W，PALMER R G. Solution of "solvable model of a spin glass"[J]. The Philosophical Magazine：A Journal of Theoretical Experimental and Applied Physics，1977，35(3)：593-601.

[12]KIKUCHI R. A theory of cooperative phenomena[J]. Physical Review，1951，81(6)：988-1003.

[13]DOMB C. On the theory of cooperative phenomena in crystals[J]. Advances in

Physics, 1960, 9(35): 245-361.

[14]MONTANARI A, RIZZO T. How to compute loop corrections to the Bethe approximation[J]. Journal of Statistical Mechanics: Theory and Experiment, 2005, 2005(10): P10011.

[15]SZNAJD-WERON K, SZNAJD J. Opinion evolution in closed community[J]. International Journal of Modern Physics C, 2000, 11(6): 1157-1165.

[16]GALAM S. Real space renormalization group and totalitarian paradox of majority rule voting[J]. Physica A: Statistical Mechanics and its Applications, 2000, 285(1-2): 66-76.

[17]STAUFFER D, SOUSA A O, DE OLIVEIRA S M. Generalization to square lattice of Sznajd sociophysics model[J]. International Journal of Modern Physics C, 2000, 11(6): 1239-1245.

[18]BERNARDES A T, STAUFFER D, KERTÉSZ J. Election results and the Sznajd model on Barabasi network[J]. The European Physical Journal B-Condensed Matter and Complex Systems, 2002, 25(1): 123-127.

[19]GONZALEZ M C, SOUSA A O, HERRMANN H J. Opinion formation on a deterministic pseudo-fractal network[J]. International Journal of Modern Physics C, 2004, 15(1): 45-57.

[20]TU Y S, SOUSA A O, KONG L J, et al. Sznajd model with synchronous updating on complex networks[J]. International Journal of Modern Physics C, 2005, 16(7): 1149-1161.

[21]GUZMAN-VARGAS L, HERNÁNDEZ-PÉREZ R. Small-world topology and memory effects on decision time in opinion dynamics[J]. Physica A: Statistical Mechanics and its Applications, 2006, 372(2): 326-332.

[22]DEFFUANT G, NEAU D, AMBLARD F, et al. Mixing beliefs among interacting agents[J]. Advances in Complex Systems, 2000, 3(01n04): 87-98.

[23]HEGSELMANN R, KRAUSE U. Opinion dynamics and bounded confidence models, analysis, and simulation[J]. Journal of Artificial Societies and Social Simulation, 2002, 5(3): 1-33.

[24]NOH J D, RIEGER H. Random walks on complex networks[J]. Physical Review Letters, 2004, 92(11): 118701.

[25]FRONCZAK A, FRONCZAK P. Biased random walks in complex networks: The role of local navigation rules[J]. Physical Review E, 2009, 80(1): 016107.

[26]HERRERO C P. Self-avoiding walks on scale-free networks[J]. Physical Review E, 2005, 71(1): 016103.

[27]CAMPOS P R A, MOREIRA F G B. Adaptive walk on complex networks[J]. Physical Review E, 2005, 71(6): 061921.

[28]WANG S P, PEI W J. Detecting unknown paths on complex networks through random walks[J]. Physica A: Statistical Mechanics and its Applications, 2009, 388(4):

514-522.

[29]MASUDA N, KONNO N. Return times of random walk on generalized random graphs[J]. Physical Review E, 2004, 69(6): 066113.

[30]LEE S, YOOK S H, KIM Y. Random walks and diameter of finite scale-free networks[J]. Physica A: Statistical Mechanics and its Applications, 2008, 387(12): 3033-3038.

[31]ALDOUS D J. The random walk construction of uniform spanning trees and uniform labelled trees[J]. SIAM Journal on Discrete Mathematics, 1990, 3(4): 450-465.

[32]TADIĆB, RODGERS G J, THURNER S. Transport on complex networks: Flow, jamming and optimization[J]. International Journal of Bifurcation and Chaos, 2007, 17(7): 2363-2385.

[33]KLEINBERG J M. Navigation in a small world[J]. Nature, 2000, 406(6798): 845.

[34]CAJUEIRO D O. Optimal navigation in complex networks[J]. Physical Review E, 2009, 79(4): 046103.

[35]KIM B J, YOON C N, HAN S K, et al. Path finding strategies in scale-free networks[J]. Physical Review E, 2002, 65(2): 027103.

[36]ZHOU J, LIU Z. Epidemic spreading in communities with mobile agents[J]. Physica A: Statistical Mechanics and its Applications, 2009, 388(7): 1228-1236.

[37]KLEIN D J, RANDIĆ M. Resistance distance[J]. Journal of Mathematical Chemistry, 1993, 12(1): 81-95.

[38]FOUSS F, PIROTTE A, RENDERS J M, et al. Random-walk computation of similarities between nodes of a graph with application to collaborative recommendation[J]. IEEE Transactions on Knowledge and Data Engineering, 2007, 19(3): 355-369.

[39]BRIN S, PAGE L. The anatomy of a large-scale hypertextual web search engine[J]. Computer Networks and ISDN Systems, 1998, 30(1-7): 107-117.

[40]JEH G, WIDOM J. SimRank: a measure of structural-context similarity[C]// Proceedings of the eighth ACM SIGKDD international conference on Knowledge discovery and data mining. ACM, 2002: 538-543.

[41]LIU W, LÜ L. Link prediction based on local random walk[J]. Europhysics Letter, 2010, 89(5): 58007.

[42]ZHOU H. Distance, dissimilarity index, and network community structure[J]. Physical Review E, 2003, 67(6): 061901.

[43]ZHOU H. Network landscape from a Brownian particle's perspective[J]. Physical Review E, 2003, 67(4): 041908.

[44]MASUDA N, PORTER M A, LAMBIOTTE R. Random walks and diffusion on networks[J]. Physics Reports, 2017, 716: 1-58.

[45]PONS P, LATAPY M. Computing communities in large networks using random

walks[C]//International symposium on computer and information sciences. Springer, Berlin, Heidelberg, 2005: 284-293.

[46]WINFREE A T. Biological rhythms and the behavior of populations of coupled oscillators[J]. Journal of Theoretical Biology, 1967, 16(1): 15-42.

[47]KURAMOTO Y. Chemical oscillations, waves, and turbulence[M]. Springer Science & Business Media, 2012.

[48]KANEKO K. Overview of coupled map lattices[J]. Chaos: An Interdisciplinary Journal of Nonlinear Science, 1992, 2(3): 279-282.

[49]CHUA L O. CNN: A paradigm for complexity[M]. World Scientific, 1998.

[50]WANG X F, CHEN G. Synchronization in small-world dynamical networks[J]. International Journal of Bifurcation and Chaos, 2002, 12(1): 187-192.

[51] WANG X F, CHEN G. Synchronization in scale-free dynamical networks: robustness and fragility[J]. IEEE Transactions on Circuits and Systems I: Fundamental Theory and Applications, 2002, 49(1): 54-62.

[52]BARAHONA M, PECORA L M. Synchronization in small-world systems[J]. Physical Review Letters, 2002, 89(5): 054101.

[53]赵明，汪秉宏，蒋品群，等. 复杂网络上动力系统同步的研究进展[J]. 物理学进展，2005，25(3)：273-295.

[54]赵明，周涛，陈关荣，等. 复杂网络上动力系统同步的研究进展Ⅱ——如何提高网络的同步能力[J]. 物理学进展，2008，28(1)：22-34.

[55]HONG H, KIM B J, CHOI M Y, et al. Factors that predict better synchronizability on complex networks[J]. Physical Review E, 2004, 69(6): 067105.

[56]NISHIKAWA T, MOTTER A E, LAI Y C, et al. Heterogeneity in oscillator networks: Are smaller worlds easier to synchronize? [J]. Physical Review Letters, 2003, 91(1): 014101.

第 8 章　网络中节点重要性评价

在复杂网络理论中，节点重要性评价是一项关键任务，它旨在确定网络中哪些节点在结构上或功能上扮演着核心角色。在很多实际情形中都需要衡量网络中节点的重要性。例如，在生态系统中，食物链中的哪些物种对整个生态的影响最大；在全球经济系统中，哪些国家或地区对全球的贸易体系发挥着至关重要的作用；在社交网络中，将“种子信息”，如广告，发送给哪些用户可以带来最大规模的传播。要解决上述问题都可以转化为如何度量复杂网络中的节点重要性。此外，在评估节点重要性时，明确说明评价依据和目的是至关重要的。这不仅有助于更准确地识别关键节点，还能确保采取的策略或干预措施能够有效地满足特定的需求和目标。

本章首先介绍几种经典的节点重要性排序方法，其次分别从节点近邻、路径、特征向量以及节点移除和收缩这几方面来介绍节点重要性排序方法的简单分类，最后简述如何评价节点重要性的排序方法。正确选择和应用节点重要性评价方法不仅能够深入理解网络的内在结构和功能，还能够针对特定的应用场景做出科学合理的决策，从而在各个领域内实现价值最大化。

8.1　几种经典的节点重要性排序方法

在网络分析中，中心性(centrality)的概念与节点重要性判别存在紧密的联系。下面将介绍几种常见的中心性指标，如度中心性、介数中心性、特征向量中心性，这些指标都是经典的节点重要性排序方法。

8.1.1　度中心性

度中心性(degree centrality)是在网络分析中度量节点重要性的最简单指标，它的基本思想是如果一个节点的邻居数目越多，那么该节点就越重要。例如，在社交网络中，如果一个人拥有的粉丝数量越多，则说明该博主的影响力越大。考虑到相同度值的节点在不同规模的网络中可能具有不同的影响力，为了区分这些具有相同度值的节点重要性，将节点 i 的归一化处理后的度中心性定义为：

$$DC(i)=\frac{k_i}{N-1}, \tag{8-1}$$

其中，k_i 为节点 i 的度值，N 为网络中的节点数。度中心性指标的计算非常简单，但它仅考虑了节点的一阶近邻的数目，并未考虑周围邻居节点的重要性，在很多情况下并不能准确地刻画节点重要性。

8.1.2 介数中心性

在第3章复杂网络的基本统计特性中已经介绍了节点介数的相关概念。在这里节点的介数中心性(betweenness centrality)的基本思想是在网络中经过节点 i 的最短路径数目越多，则该节点就越重要。将节点 i 的介数中心性定义为：

$$BC(i)=\sum_{i\neq s,\ t}\frac{g_{st}^{i}}{g_{st}}, \tag{8-2}$$

其中，g_{st} 表示节点 s 与节点 t 之间的最短路径的总数目，g_{st}^{i} 表示在节点 s 与节点 t 之间的最短路径中经过节点 i 的路径数目。由式(8-2)可以观察到若没有任何节点间的最短路径经过节点 i，则节点 i 的介数中心性为0。

8.1.3 特征向量中心性

特征向量中心性(eigenvector centrality)的基本思想是一个节点的重要性不仅取决于它的邻居节点数量，还受邻居节点重要性的影响，即节点的邻居越重要，则该节点也越重要。设节点 i 的重要性得分为 x_i，基于特征向量中心性的思想可得：

$$x_i=c\sum_{j=1}^{N}a_{ij}x_j, \tag{8-3}$$

其中，c 为一个比例常数，a_{ij} 为网络的邻接矩阵元素。可将式(8-3)写成矩阵形式，即：

$$x=c\mathrm{A}x, \tag{8-4}$$

其中，$x=[x_1,\ x_2,\ \cdots,\ x_n]^{\mathrm{T}}$，可以发现这里的向量 x 实际上就是矩阵 A 的特征值 c^{-1} 所对应的特征向量。而一般地，常说的节点的特征向量中心性是指网络的邻接矩阵的第一大特征值所对应的特征向量。

8.2 网络节点重要性排序方法的分类

除了上述这几种经典的节点重要性排序方法，研究者们还从不同角度提出了多种多样的排序方法，可基于节点近邻、路径、特征向量及节点移除或收缩对这些方法进行简单分类[1]。

8.2.1 基于节点近邻的排序方法

基于节点近邻的排序方法简单且高效，这类方法是基于网络的局域信息来进行计算。即使在网络规模很大的情况下，基于这类方法也能够快速给出节点的重要性。基于节点近邻的排序方法除了前面提到的度中心性，还包括半局部中心性、k-壳分解等方法。

1. 半局部中心性

度中心性指标实际上仅考虑了一阶邻居的信息，而半局部中心性(semi-local centrality)指标不仅考虑了节点的一阶邻居信息，还考虑了节点的更高阶邻居信息[2]。首先定义 $N(w)$ 为节点 w 的所有一阶、二阶邻居的数目，然后定义：

$$Q(j)=\sum_{w\in\Gamma(j)}N(w),\tag{8-5}$$

其中，$\Gamma(j)$表示节点 j 的一阶邻居的集合，$Q(j)$涉及了节点 j 的三阶邻居信息。然后就可以得到任意节点 i 的半局部中心性，将其定义为：

$$\mathrm{SLC}(i)=\sum_{w\in\Gamma(i)}Q(w)。\tag{8-6}$$

可以看出，半局部中心性指标涉及节点 i 的四阶邻居信息。实际上还可以考虑节点的更多阶的邻居信息来设计节点中心性指标，而当用到的阶数越多时，所使用的信息越接近全局信息。

2. k-壳分解

节点位于网络中的不同位置会影响节点的重要程度。例如，一个位于网络中心位置的节点，即使它的度值很小，但它的影响力也会比较大；而一个位于网络边缘的节点，即使它的度值很大，但它的影响力也会比较受限。k-壳分解法(k-shell decomposition)正是通过确定节点在网络中的位置来衡量节点的重要性[3]。它可以看作一种基于节点度值的粗粒化的节点重要性排序方法，图 8-1 显示的是 k-壳分解的示意图，它的分解过程如下所示：

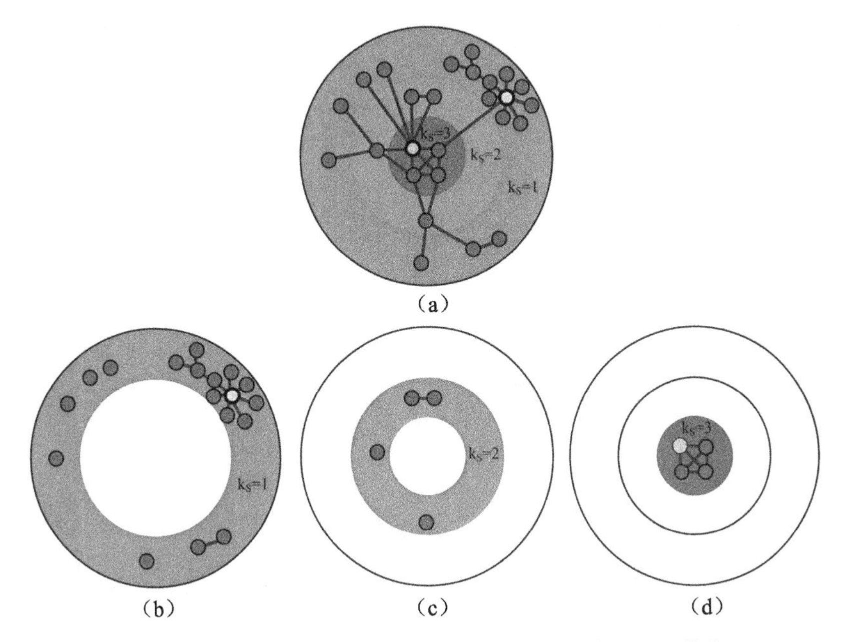

图 8-1 网络的 k-壳分解示意图。本图来源于参考文献[3]

(1)删掉网络中度值为 1 的节点以及与这些节点相连的边；重新计算网络中剩余节点的度值，并删掉新出现的度值为 1 的节点以及与这些节点相连的边；循环操作，直到网络中不存在度值为 1 的节点。此时，把所有被删掉的节点组成一层，称为网络的 1-壳(1-shell)。

(2)在完成步骤(1)的操作后，网络中所有剩余节点的度值至少为 2。删掉网络中度值为 2 的节点以及与这些节点相连的边；重新计算网络中剩余节点的度值，并删掉新出现的度值不超过 2 的所有节点以及与这些节点相连的边；循环操作，直到网络中所有剩余节点的度值都超过 2。将在步骤(2)中所有删掉的节点所组成的一层，称为网络的 2-壳(2-shell)。

(3)以此类推，不断重复上面的操作，直至网络中所有节点都被划分到相应的壳中。

一般来说，如果网络中存在孤立节点，即这些节点的度值为 0，将这些节点称为网络的 0-壳。在经过 k-壳分解后，每个节点都被唯一地划分到某一层，并且还满足任意节点的度值都大于或等于自己的壳数。图 8-1 是一个 k-壳分解的示例，它展示了一个网络可被分解为 3 个壳层，其中大部分节点属于 1-壳，只有少数节点属于 2-壳和 3-壳。在图 8-1 中可以观测到有的节点的度值尽管很大，但它的壳数却很小，位于网络的边缘；而有的节点的度值并不是非常大，但它却具有很大的壳数，位于网络的中心位置。

8.2.2 基于路径的排序方法

8.2.1 节主要介绍了基于网络局域结构信息的节点重要性排序方法，本节将介绍一些常见的基于路径的节点重要性排序方法。在刻画节点重要性时还需要考虑节点对信息流的控制力，例如，有些节点尽管度值很小，但是它们在信息传递过程中却发挥着桥梁节点的作用。而这种控制力还往往与网络中的路径密切相关，不仅节点间的路径长度会影响信息的传输，路径上的中间节点数目也会对信息的传输时间造成影响。第 8.1.2 节讲过的介数中心性就是一种典型的基于路径的节点重要性排序方法，下面再介绍几种常见的基于路径的排序方法。

1. 离心中心性

对于网络中的节点 i，可以计算它与网络中任意一个节点的距离，将这些距离中的最大值作为节点中心性的度量，即节点 i 的离心中心性[4]。因此，节点 i 的离心中心性可定义为：

$$\mathrm{ECC}(i)=\max_j(d_{ij}) \quad j=1,\ 2,\ \cdots,\ N, \tag{8-7}$$

其中，d_{ij} 为网络中节点 i 与节点 j 之间的最短距离，N 为网络中的节点数目。可以看出所有节点的离心中心性的最大值为网络的直径，而最小值为网络的半径。如果一个节点的离心中心性越接近网络的半径，则表明该节点越靠近网络的中心位置。需要注意的是离心中心性指标容易受到特殊值的影响，如一个节点与网络中的大多数节点的距离都很小，但是与少数节点的距离特别大，这将使该节点的离心中心性指标取得一个较大的值。在此情形下基于离心中心性来判定一个节点的重要性显然是不合理的。

2. 接近中心性

接近中心性(closeness centrality)通过计算节点与网络中其他所有节点的距离的平均值来消除特殊值的干扰[5]。如果一个节点与网络中其他节点的平均距离越小，该节点的接近中心性就越大。基于接近中心性的方法也可以理解为利用信息在网络中的平均传播时长来确定节点的重要性。平均意义而言，接近中心性最大的节点对于信息的流动具有最佳的观察视野。对于有 N 个节点的连通网络，可以计算任意一个节点 v_i 到网络中其他节点的平均最短距离：

$$d_i=\frac{1}{N-1}\sum_{j\neq i}d_{ij}, \tag{8-8}$$

其中，d_i 越小，意味着节点 v_i 更接近网络中的其他节点，于是把 d_i 的倒数定义为节点 v_i 的接近中心性，即：

$$C_C(i)=\frac{1}{d_i}=\frac{N-1}{\sum\limits_{j\neq i}d_{ij}}。 \tag{8-9}$$

基于接近中心性的方法在研究中应用非常广泛，但它的时间复杂度比较高。

3. Katz 中心性

Katz 中心性方法不仅考虑节点对之间的最短路径，还考虑它们之间的非最短路径[6]。基于 Katz 中心性的方法认为短路径比长路径更重要，它通过一个与路径长度相关的因子对不同长度的路径加权。一个与 v_i 相距有 p 步长的节点，对 v_i 的中心性的贡献为 $s[s\in(0,1)$为一个固定参数]。定义节点 v_i 的 Katz 中心性为：

$$\text{Katz}(i)=\sum_j k_{ji}, \tag{8-10}$$

其中，$K=sA+s^2A^2+\cdots+s^pA^p+\cdots=(I-sA)^{-1}-I$，$I$ 为单位矩阵，K 矩阵中第 j 行 i 列对应的元素为 k_{ji}。Katz 中心性方法中使用矩阵求逆的方法虽然比直接数路径数目简单，但其时间复杂度依然较高。另一方面，在考虑所有路径长度时，如果节点 v_i 与 v_j 之间存在长度为 p 的路径，在使用 K 矩阵计算节点间长度为 p 的奇数倍路径时，这条路径就会被重复计算多次。衰减因子 s 的引入正好削弱了这些由于重复计算产生的对中心性值的影响，尤其是当 s 很小时，高阶路径的贡献便非常小，使得 Katz 中心性指标的排序结果接近于局部路径指标。Katz 中心性方法主要用在规模不太大，环路比较少的网络中。

4. 流介数中心性

介数中心性在度量节点的重要性时只考虑了节点间的最短路径，而在有些情形下还需要考虑节点间的所有路径数。流介数中心性(flow betweenness centrality)正是考虑了网络中节点间的所有路径数，不再局限于最短路径[7]。它的基本思想是经过一个节点的路径数越多，那么该节点就越重要。节点 i 的流介数中心性定义为：

$$\text{FBC}(i)=\sum_{s<t}\frac{g_{st}^i}{g_{st}}, \tag{8-11}$$

其中，g_{st} 表示网络中节点 s 与节点 i 之间的所有路径数目(不包含回路)，g_{st}^i 表示节点 s 与节点 i 之间的所有路径中经过节点 i 的路径数目。由式(8-11)可以看出流介数中心性指标考虑了所有路径数目，并认为每条路径的作用是相同的。

5. 连通介数中心性

连通介数中心性(communicability betweenness centrality)不仅考虑了网络中节点间的所有路径，而且还考虑了路径作用的异质性[8]。它认为短路径比长路径更加重要，因此在计算指标值时，给短路径赋予更大的权值，而给长路径赋予较小的权值。首先给出节点 p 与节点 q 之间连通度的定义：

$$G_{pq}=\sum_{k=1}^{\infty}\frac{(A_k)_{pq}}{k!}=(e^A)_{pq}, \tag{8-12}$$

其中，A 为网络的邻接矩阵。根据式(8-12)就可以定义节点 r 的连通介数中心性为[9]：

$$\text{CBC}(r)=\frac{1}{C}\sum_p\sum_q\frac{G_{prq}}{G_{pq}}=\frac{1}{C}\sum_p\sum_q\frac{(e^A)_{pq}-(e^{A(r)})_{pq}}{(e^A)_{pq}},\ p\neq q\neq r, \tag{8-13}$$

其中，$C=(N-1)2-(N-1)$是归一化常数，N 为网络中的节点数目。G_{prq} 为考虑从节点 p 到节点 q 且经过节点 r 的路径所得到的连通度。$A(r)$为邻接矩阵 $\mathbf{A}$ 中第 r 行和第 r 列上的元素均为 0 的矩阵。

8.2.3 基于特征向量的排序方法

8.1.3 节提到的特征向量中心性是一个基于全局信息的算法，它在度量节点重要性时不仅考虑了节点的邻居数量，同时还考虑了邻居的重要程度，该方法一般应用在无向网络中。基于特征向量的典型排序算法还有 PageRank、LeaderRank 和 HITS，这 3 种方法主要应用于有向网络。

1. PageRank

PageRank 算法最初被提出是用于对网页的重要性进行评价，它的基本思想是一个网页的重要性是由链接到该网页的其他网页的数量和质量决定的，如果该网页被其他重要的网页链接的次数越多，那么该网页就越重要[10]。该算法的示意图如图 8-2 所示。PageRank 算法是一个迭代算法，在初始步会给每个节点赋予相同的 PageRank 值 $PR_i(0)$，$i=1, 2, \cdots, N$，并且 $\sum_i PR_i(0)=1$。在下一步每个节点会将其自身的 PageRank 值均分给它所指向的邻居节点，不断进行迭代，直到网络中所有节点的 PageRank 值达到稳定状态。节点 i 在 PageRank 算法迭代到第 t 步时的 PageRank 值可被定义为：

$$PR_i(t)=(1-c)\sum_{j=1}^{N} a_{ji}\frac{PR_j(t-1)}{k_j^{\text{out}}}+\frac{c}{N}, \tag{8-14}$$

其中，c 是一个标度常数，它的取值介于 0 到 1。k_j^{out} 表示节点 j 的出度，N 为网络中的节点数量。参数 c 还会影响 PageRank 算法的收敛速度，它的取值越大，PageRank 算法的收敛速度就会越快，它通常取值为 0.15。另外，还可以将 PageRank 算法理解为有向网络上的随机游走过程。此时公式中的参数 c 表示返回概率，它表示一个随机游走者从当前节点随机地跳到网络中任意一个节点的概率，而 $1-c$ 则表示一个随机游走者继续沿着当前节点的出边游走的概率。

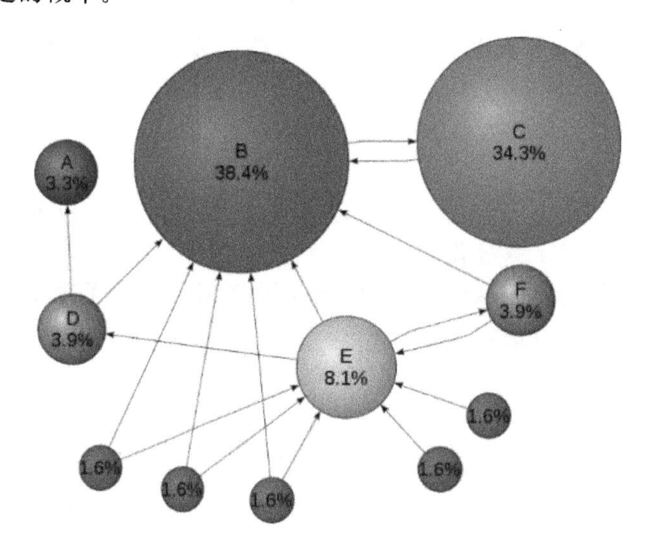

图 8-2　PageRank 算法示意图

本图来源于网址：https://wikiless.org/wiki/PageRank

2. LeaderRank

当网络中存在孤立节点或不连通子图时，将 PageRank 算法应用于节点重要性度量时会发生排序不唯一的问题。而 LeaderRank 算法通过向网络中引入背景节点(ground node)的方式解决了这一问题[11]。将背景节点与网络中的所有 N 个节点建立双向连接，

这样就得到了含有 $N+1$ 个节点的强连通网络。在该网络中应用 LeaderRank 算法来度量节点的重要性，具体过程为：在初始步时，令背景节点的 LeaderRank 值为 $LR_g(0)=0$，网络中其他节点的 LeaderRank 值为 $LR_i(0)=1$，$i=1,2,\cdots,N$。节点 i 在 LeaderRank 算法迭代到第 t 步时的 LeaderRank 值可被定义为：

$$LR_i(t)=\sum_{j=1}^{N+1}\frac{a_{ji}}{k_j^{\text{out}}}LR_j(t-1)。\tag{8-15}$$

LeaderRank 算法按照以上公式进行迭代，直到网络中节点的 LeaderRank 值在时间步 t_c 达到稳定。此时，背景节点的 LeaderRank 值将会均分给网络中的其他节点，因此，网络中节点 i 的最终 LeaderRank 值为：

$$LR_i=LR_i(t_c)+\frac{LR_g(t_c)}{N}。\tag{8-16}$$

实证结果表明，相较于 PageRank 算法，LeaderRank 算法可以更好地识别出网络中有影响力的节点，在抵抗垃圾用户攻击和随机干扰方面具有更强的鲁棒性。

3. HITS

HITS(hyperlink-induced topic search)算法最早是由克莱因伯格(Kleinberg)于 1999 年提出，用于对网页进行排序[12]。该算法的基本思想是每个网页的重要性可由权威值(authorities)和枢纽值(hubs)两个指标来刻画，如图 8-3 所示。一个高权威值的网页一般会被很多网页指向，而一个高枢纽值的网页往往会指向很多网页。网页的权威值和枢纽值相互影响，HITS 算法认为一个网页的权威值等于所有指向它的网页的枢纽值之和，而一个网页的枢纽值等于它指向的所有网页的权威值之和。一般地，如果一个网页指向许多高权威值的网页，则该网页具有高枢纽值；如果一个网页被许多高枢纽值的网页指向，则该网页具有高权威值。

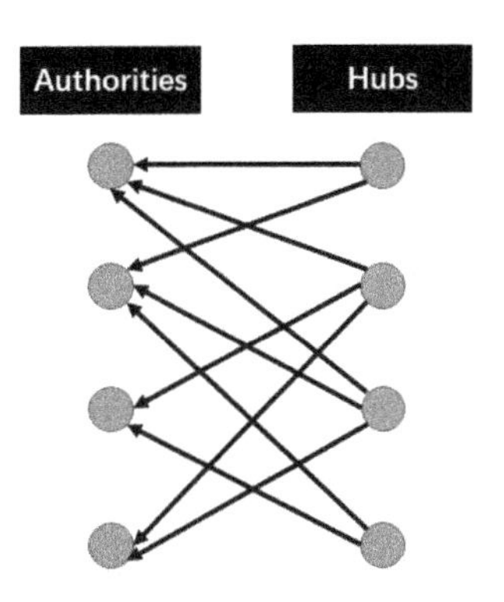

图 8-3 网络中节点的权威值和枢纽值

考虑一个包含 N 个节点的有向网络，$A=(a_{ij})_{N\times N}$ 为该网络的邻接矩阵，其中 $a_{ij}=1$，存在一条由节点 i 指向节点 j 的有向连边，否则 $a_{ij}=0$。将 HITS 算法应用于该有向网络，则每个节点都会得到两个得分值：权威值和枢纽值。HITS 算法与 PageRank 算法一样，也是一种迭代算法。设 HITS 算法在初始步时所有节点的权威值和枢纽值均为 1，而节点 i 在第 t 时间步的权威值和枢纽值分别用 $a_i(t)$ 和 $h_i(t)$ 表示，则：

$$a_i(t)=\sum_{j=1}^{N}a_{ji}h'_j(t-1),\ h_i(t)=\sum_{j=1}^{N}a_{ij}a'_j(t-1),\tag{8-17}$$

算法在每一步迭代结束后还需要进行归一化处理：

$$a'_i(t)=\frac{a_i(t)}{\|a(t)\|},\ h'_i(t)=\frac{h_i(t)}{\|h(t)\|},\tag{8-18}$$

其中$\|a(t)\|$、$\|h(t)\|$分别表示所有节点在第 t 时间步的总权威值和总枢纽值。随着 HITS 算法不停迭代，直到每个节点的权威值和枢纽值收敛，HITS 算法才结束。

8.2.4 基于节点移除和收缩的排序方法

前面的几类排序方法主要是从静态的视角基于网络的拓扑结构对节点的重要性进行度量。而节点的重要性还往往体现在该节点被移除之后对网络结构的破坏性(如对网络的连通性、平均路径长度等拓扑结构性质的影响)或对网络的特定功能的影响。这使得可以从动态的视角通过研究节点被移除或收缩后对网络结构或功能造成的影响来衡量节点的重要性。

1. 节点移除法

节点移除法主要考虑在节点被移除后，观察网络结构特性的改变或者网络功能的改变。如果一个节点在被移除后，该网络的结构特性或网络功能变化越大，则该节点越重要。这里的网络结构特性可以是网络的连通性、网络社团结构的显著性等，而网络功能的变化主要体现在节点被移除后对网络中动力学过程的影响。

本节介绍其中一种经典的节点移除法，该方法主要通过考察在节点移除后对网络最大特征值的影响来度量节点的重要性[13]。用 λ 来表示网络的邻接矩阵 $\mathbf{A}$ 的最大特征值，则有 $Au=\lambda u$，$\nu^T A=\lambda\nu^T$，其中 u 和 ν 分别表示邻接矩阵 $\mathbf{A}$ 的右特征向量和左特征向量。定义移除某节点 i 之后(即移除节点 i 及其所有连边)的网络的邻接矩阵 $\mathbf{A}'$所对应的最大特征值为λ'，则将节点 i 的动力学重要性 I_i 定义为：

$$I_i=\frac{\lambda-\lambda'}{\lambda}。\tag{8-19}$$

若节点 i 的 I_i 值越大，则表明该节点对网络上的动力学过程影响越大，即该节点的动力学重要性越大。需要注意的是当网络的规模比较大时，移除网络中的某个节点会对网络的谱特性有较小的影响，这会使得网络邻接矩阵的最大特征值的改变量比较小。此时可以借助邻接矩阵的左右特征向量来估计节点动力学重要性的大小。当网络的规模比较大时，节点 i 的动力学重要性的估计值 $\hat{I}_i$ 为：

$$\hat{I}_i=\frac{v_i u_i}{v^T u}。\tag{8-20}$$

图 8-4 展示了具有不同匹配特性的网络节点动力学重要性 $\hat{I}_i$ 与$\sqrt{k_i^{\text{in}}k_i^{\text{out}}}$的关系，其中 k_i^{in} 和 k_i^{out} 分别表示节点 i 的入度和出度。在图中可以发现在同配网络中节点的动力学重要性 $\hat{I}_i$ 与$\sqrt{k_i^{\text{in}}k_i^{\text{out}}}$存在正相关关系，而在异配网络中则观察到具有比较小的$\sqrt{k_i^{\text{in}}k_i^{\text{out}}}$的节点重要性与大度的节点重要性相当，这可能是由于这些小度的节点在异配网络中充当连接大度的节点间的桥梁导致的。

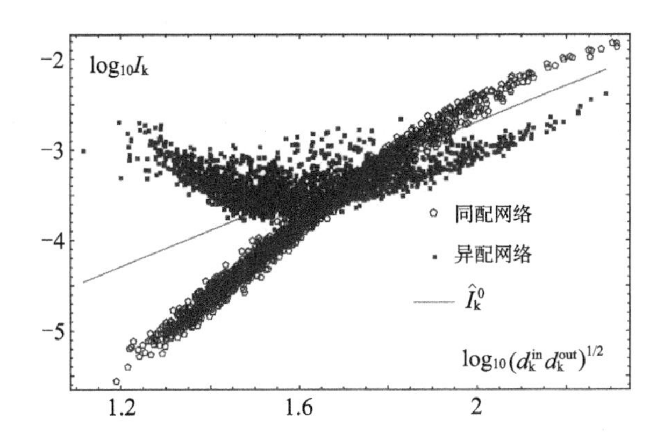

图 8-4 在同配网络与异配网络中，节点的动力学重要性 I_i 和 $\hat{I}_i$ 与 $\sqrt{k_i^{in}k_i^{out}}$ 的关系

本图来源于参考文献[13]

2. 节点收缩法

节点收缩法是将一个节点和它的相邻节点收缩成一个新节点[14]。如果 v_i 是一个很重要的核心节点，将它收缩后整个网络将能更好地凝聚在一起。最典型的是将星形网络的核心节点收缩后，整个网络就会凝聚为一个大节点。从社会学的角度讲，社交网络中人员之间联系越方便(平均最短路径长度 d 越小)，人数越少(节点数 n 越小)，网络的凝聚程度就越高。因此定义网络的凝聚度为：

$$\partial G=\frac{1}{n\cdot d}=\frac{1}{n\frac{\sum\limits_{i\neq j}d_{ij}}{n(n-1)}}=\frac{n-1}{\sum\limits_{i\neq j}d_{ij}},\tag{8-21}$$

其中，d_{ij} 表示节点 v_i 与 v_j 的最短路径长度 $n=1$ 时，令凝聚度 $\partial G=1$，显然 $0<\partial G\leqslant 1$。节点收缩法主要考察节点收缩前后网络凝聚度的变化幅度，由此判定网络中节点的重要性，故定义节点 v_i 的重要性指标为：

$$C_{IM}=1-\frac{\partial G}{\partial G_{-v_i}}。\tag{8-22}$$

其中 ∂G_{-v_i} 表示将节点 v_i 收缩后所得到的网络凝聚度。由式(8-22)可得：

$$C_{IM}=1-\frac{\partial G}{\partial G_{-v_i}}=\frac{n\cdot d(G)-(n-k_i)\cdot d(G_{-v_i})}{n\cdot d(G)}。\tag{8-23}$$

可见，节点收缩法中节点的重要程度由节点的邻居数量和节点在网络中的位置共同决定。由于每收缩一个节点，需要计算一次网络的平均路径长度，时间复杂度比较高，所以这种方法不适用于大规模网络。

8.3 节点重要性排序方法的评价

基于不同的排序方法可以识别出网络中的重要节点，但是如果想了解究竟哪种排序算法的效果更好，还需要给出一些评价排序方法表现优劣的标准。第一种常见的评价标准就是将不同评价方法的结果与实际调查的结果(通过调查获知每个节点的重要性)进行比较，能与调查结果相符合更好的评价方法表现更优。但这种实际调查的方法主要适用于小规模网络，当网络规模比较大时将很难客观地评价每个节点的重要性。第二种评价标准是通过比较移除不同排序方法所识别出的重要节点前后对特定的动力学过程的影响，对动力学结果影响更大的排序算法的表现更优。在下面将分别介绍基于网络的鲁棒性和脆弱性以及基于传播动力学的评价标准。

8.3.1 基于网络的鲁棒性和脆弱性的评价标准

当对网络中的部分节点进行攻击后，这些节点及其与这些节点相连的边将被移除，此时网络的连通性可能会被破坏。基于网络的鲁棒性和脆弱性的评价标准正是通过移除不同的排序方法所识别出的重要节点，看哪种排序方法所识别出的节点对网络的结构破坏更大。网络的结构变化越大，表示所对应的排序方法的表现越好。网络的鲁棒性可使用 R-指标来刻画[15]。它的基本思想是通过移除网络中的一部分节点后，计算网络中属于最大连通集团的节点数目的比例，它的定义为：

$$R=\frac{1}{N}\sum_{Q=1}^{N}s(Q), \tag{8-24}$$

其中，N 表示网络中的节点数，$s(Q)$表示移除 $Q=qN$(q 为移除的节点比例)节点后，网络中属于最大连通集团的节点数目的比例。由网络的鲁棒性定义，可将网络的脆弱性定义为：

$$V=\frac{1}{2}-R。 \tag{8-25}$$

它表示网络对于移除节点后的脆弱性，V 值越大表示网络的攻击方式越脆弱，即攻击的策略效果越好。图 8-5 展示的是在网络规模为 10 000，平均度为 4 的无标度网络中，通过移除不同排序方法所识别出的重要节点对网络最大连通集团的规模所产生的影响[16]。通过观察图 8-5 中最大连通集团规模的变化速率以及网络的脆弱性指标值，能够发现在该实验中相较于介数中心性、接近中心性、特征向量中心性以及随机挑选方式，基于度中心性的排序方法的表现最好，其次是介数中心性，而随机挑选方式的表现最差。

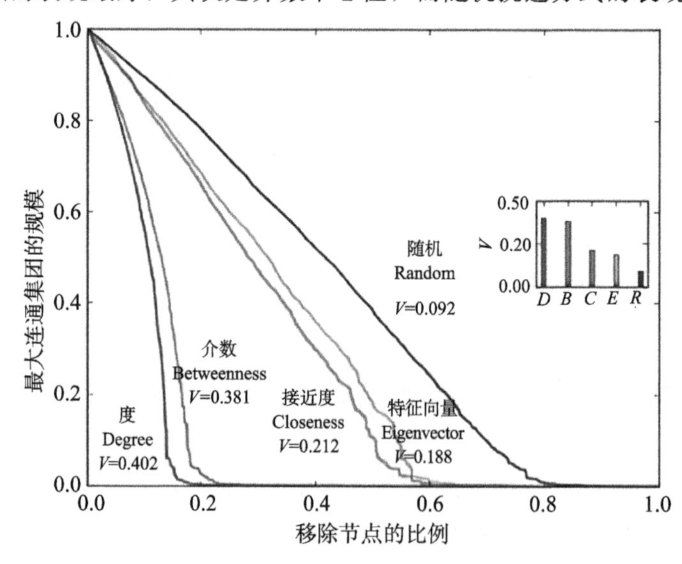

图 8-5　无标度网络中移除节点数目与网络最大连通集团规模的关系。本图来源于参考文献[16]

8.3.2 基于传播动力学的评价标准

基于传播动力学的评价标准是将不同的排序方法所识别出的重要节点设置为传播源，根据哪种排序方法所识别出的节点能将疾病、信息等传播得更远更广，将其对应的方法判定为表现更优的排序方法。通常会采用疾病传播模型(如 SIS 模型[3]、SIR 模型[11]等)作为排序方法的评价标准。在第 7 章中已经介绍了网络上的疾病传播动力学模型，在此以 SIR 模型为例来展示基于疾病传播动力学的评价标准。首先，基于不同的排序方法来度量给定复杂网络中的每个节点的重要性。其次，依据不同方法的节点重要性的排序，分别选取等量的节点作为初始的感染源并模拟 SIR 模型。最后，根据疾病的传播速度以及达到稳态时的感染过的节点数目来评价排序算法的表现。如果在模拟实验中观测到一种排序方法所识别的重要节点能使网络中的疾病传播又快又广，则表示该排序方法具有比较好的表现。图 8-6 展示了分别用 LeaderRank 算法和 PageRank 算法所识别的排名前 20 的节点作为传播源，进行 SIR 传播的结果[11]。在图中可以观测到相较于 PageRank 算法，LeaderRank 算法所识别出的重要节点作为初始传播源时，能使疾病传播得又快又广，这表明 LeaderRank 算法能更好地识别网络中传播影响力高的节点。

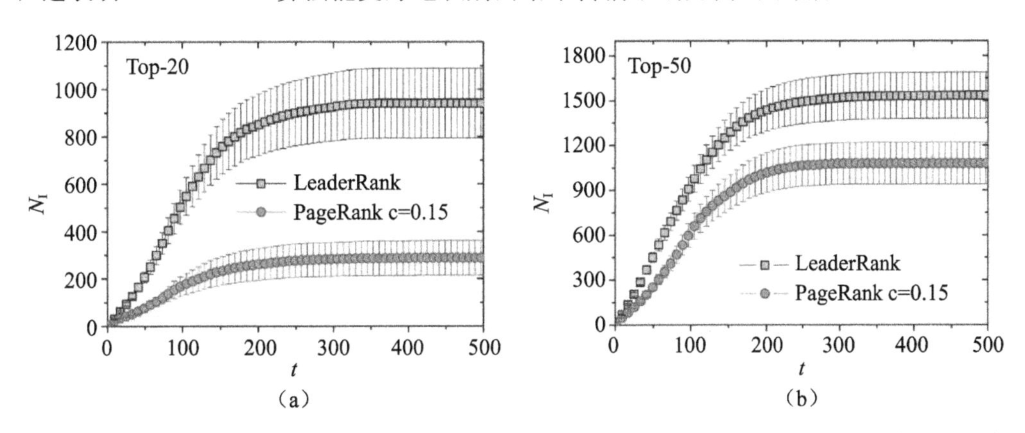

图 8-6 分别用 LeaderRank 算法和 PageRank 算法所识别出的重要节点作为初始传播源的 SIR 模型的仿真结果

(a)选取排名前 20 的节点作为初始传播源，

(b)选取排名前 50 的节点作为初始传播源。本图来源于参考文献[11]

参考文献

[1]任晓龙，吕琳媛. 网络重要节点排序方法综述[J]. 科学通报，2014，59(13)：1175-1197.

[2]CHEN D，LÜ L，SHANG M S，et al. Identifying influential nodes in complex networks[J]. Physica A：Statistical Mechanics and its Applications，2012，391(4)：1777-1787.

[3]KITSAK M，GALLOS L K，HAVLIN S，et al. Identification of influential spreaders in complex networks[J]. Nature Physics，2010，6(11)：888-893.

[4]HAGE P, HARARY F. Eccentricity and centrality in networks[J]. Social Networks, 1995, 17(1): 57-63.

[5] FREEMAN L C. Centrality in social networks: Conceptual clarification[J]. Social Networks, 1979, 1: 215-239.

[6]KATZ L. A new status index derived from sociometric analysis[J]. Psychometrika, 1953, 18(1): 39-43.

[7]FREEMAN L C, BORGATTI S P, WHITE D R. Centrality in valued graphs: A measure of betweenness based on network flow[J]. Social Networks, 1991, 13(2): 141-154.

[8]ESTRADA E, HATANO N. Communicability in complex networks[J]. Physical Review E, 2008, 77(3): 036111.

[9]ESTRADA E, HIGHAM D J, HATANO N. Communicability betweenness in complex networks[J]. Physica A: Statistical Mechanics and its Applications, 2009, 388(5): 764-774.

[10]BRIN S, PAGE L. The anatomy of a large-scale hypertextual web search engine [J]. Computer Networks and ISDN Systems, 1998, 30: 107-117.

[11]LÜ L, ZHANG Y C, YEUNG C H, et al. Leaders in social networks, the delicious case[J]. PLoS ONE, 2011, 6: e21202.

[12] KLEINBERG J M. Authoritative sources in a hyperlinked environment[J]. Journal of the ACM, 1999, 46(5): 604-632.

[13]RESTREPO J G, OTT E, HUNT B R. Characterizing the dynamical importance of network nodes and links[J]. Physical Review Letters, 2006, 97: 094102.

[14]谭跃进，吴俊，邓宏钟. 复杂网络中节点重要度评估的节点收缩方法[J]. 系统工程理论与实践，2006(11)：79-83.

[15]SCHNEIDER C M, MOREIRA A A, ANDRADE J S, et al. Mitigation of malicious attacks on networks[J]. Proceedings of the National Academy of Sciences, 2011, 108: 3838-3841.

[16]IYER S, KILLINGBACK T, SUNDARAM B, et al. Attack robustness and centrality of complex networks[J]. PLoS ONE, 2013, 8: e59613.

第 9 章　二分网络与多层网络

本书前面内容主要是基于单顶点网络来研究网络的结构特性及其动力学。而在现实世界中除了单顶点网络，二分网络、多层网络等异质性网络也是重要的网络表现形式，它们提供了分析复杂系统中多元关系的框架。二分网络非常适合于描述两类对象之间的关系，例如，人与他们参加的活动、作者与他们撰写的论文，或者顾客与他们购买的商品等。而多层网络是一种更为复杂的网络结构，它允许同一个节点在不同的层次上以不同的身份或状态存在。在多层网络中，节点之间的连接可以是同一层内的(内部连接)也可以是跨越不同层次的(外部连接)，这种结构可以更好地捕捉现实世界中系统的多维性质和复杂性。

本章将简要介绍二分网络和多层网络的概念、网络结构特性以及动力学过程等。在实际应用中，选择哪种网络模型取决于研究的具体需求和目标，有时也可以将二分网络与多层网络结合起来使用，以深入理解和分析复杂的系统动态。通过运用这些高级网络模型，能够获得关于现实系统行为的深入见解，从而在此基础上制定出更为科学、合理的策略。

9.1　二分网络

按照复杂网络内节点类型的数量，可以将复杂网络分成单顶点网络、二分网络、多层网络等形式。本节将介绍关于二分网络的基础知识。

9.1.1　二分网络的概念

二分网络是由两类节点以及它们之间的连边组成，同类节点之间不存在连边。它是复杂网络的一种重要的网络表现形式，许多实际网络具有二分性。

下面介绍 4 种典型的二分网络。

(1)科学家合作网络：纽曼(Newman)在参考文献[1，2]中对科学家合作网络做了实证研究。科学家和论文形成了一个二分网络，纽曼(Newman)将这个二分网络投影到单顶点网络进行研究，若两位科学家合著过论文，则这两位科学家之间就有一条连边，这属于无权投影。他收集了几个大型科研数据库，得到几个不同学科的科学家合作网络，统计了每个网络的平均距离、集聚系数等统计量，并首次统计了这些科学家合作网络中每个作者文章数的分布和每篇论文的作者数分布。这实际上就是给出了二分网络中两类节点的度分布。另外他指出，将二分网络无权投影得到的单顶点网络，不能反映科学家之间的合作强度，并提出了一种将无权投影变成加权投影的测定合作强度的方法，该方法得到的科学家合作网络的连边是带有权重的。

(2)听众与歌曲网络：参考文献[3]研究了人们从网上下载音乐的数据，建立了一个二分网络：网络中的两类节点分别是听众(listeners/users)和歌曲(music groups)，如果听众曾下载过某些歌曲，这个听众和这些歌曲之间就存在连边。他们发现，歌曲的听众规模符合幂律分布，而听众所听歌曲的规模符合指数分布。为了探索该网络的结构，他们设计了一种聚类方法——PIB(percolation idea-based)法，分别对听众和歌曲进行聚类。

(3)演员合作网络：标志着复杂网络研究热潮的开始的两篇经典参考文献[4，5]都以好莱坞演员合作网络为例证。该演员合作网络是一个由演员和影视作品两类节点所组成的二分网络。参考文献[4]集中研究了好莱坞演员合作网络的小世界特性，参考文献[5]集中研究了该合作网络的无标度特性。可见，演员合作网络是十分重要的实证系统。刘爱芬等对中国大陆近 80 年的电影网络进行了实证研究，通过采用二分图及其投影来描述大陆电影合作竞争网络，并得到了平均距离、距离分布等统计性质[6]。

(4)图书借阅网络：把读者作为一类节点，把图书作为另一类节点，当某位读者借阅过某本书时，就在这两个节点之间连接一条边，这样就构建出了图书借阅系统的二分网络模型。傅林华等研究了根据北京师范大学图书馆外借处的 14 个月内的图书借阅情况所建立的二分网络，发现这个网络体现了很好的单标度性质，即度分布体现为一指数衰减的形式[7]。王进良等对 2005 年北京师范大学的图书借阅记录进行分析，构建了单顶点网络和二分网络，给出了图书借阅数据在这两个网络上的度分布，通过比较分析得到这两个网络的度分布具有时间演化不变性，他们还对网络中的平均路径长度、平均集聚系数等统计量进行了研究[8]。

9.1.2 二分网络的投影

通常在进行二分网络研究时，可以首先将二分网络投影到单顶点网络，然后再对单顶点网络进行分析。从二分网络到单顶点网络的投影方式有多种，可分为无权投影和加权投影两类。二分网络可以用二分图 $G=(\bot, \top, E)$ 来描述，其中$\bot$代表一类节点，$\top$代表另一类节点，E 为上述两类节点之间的连边。对一类节点，如$\bot$类节点，进行无权投影时的规则是：如果两个$\bot$类节点有至少一个公共邻居($\top$类节点)，那么这两个节点之间有连边。投影的结果表示为 $G_{\bot}=(\bot, E_{\bot})$，其中 $E_{\bot}=\{(u, v), \exists x \in T: (u, x)\in E, (v, x)\in E\}$。图 9-1 是将二分网络无权投影到单顶点网络的一个示例，其中图 9-1(a)是对$\bot$类节点投影的结果，图 9-1(c)是对$\top$类节点投影的结果。无权投影所得网络只能给出一类节点之间是否存在边(是否合作过)，而无法描述节点之间的合作强度(如演员合作演出的电影数、科学家共同发表的论文数等)。以演员合作网络为例，在从该二分网络投影到演员无权单顶点网络的过程中，合作一次的演员之间的关系与合作十次的演员之间的关系程度是一样的。也就是说，无权单顶点网络无法给出两个同类节点之间的合作强度，造成了信

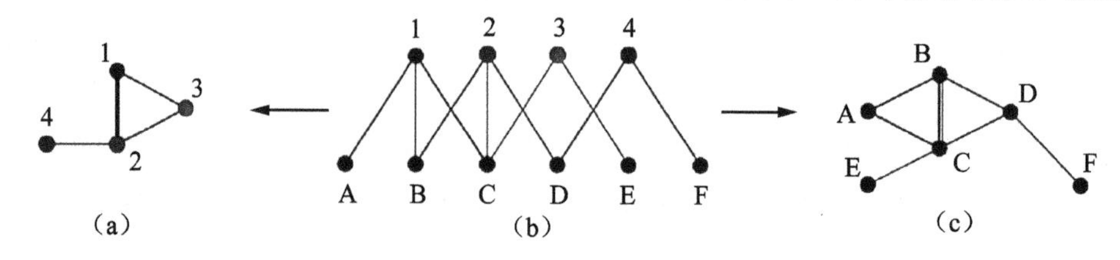

图 9-1　二分网络及其节点投影结果图

(a)$\bot$类节点投影的结果，(b)二分网示意图，(c)$\top$类节点投影的结果。本图来源于参考文献[9]

息的丢失。

对二分网络多种加权投影方法的区别主要在于对权重的设定不同。最常见的一种方式是把权重定义为两个同类节点共同连接的另一类节点的个数，如图 9-2 所示。这种简单的加权投影比无权投影保留了更多的信息。此外，还有一些其他的定义权重的方式。例如，纽曼(Newman)提出合著过论文的两位科学家的熟识程度不仅受其合作次数的影响，还受合作所拥有的参与者总数的影响[2]。例如，一篇只由两名科学家合作的论文，即使这两名科学家只合作过一次，他们之间也肯定是熟悉的。反之，假使两位科学家合作过多篇论文，但每篇论文的作者都有一百多人，则这两名科学家极可能是不熟悉的，甚至有可能是不认识的。考虑到这种情况，纽曼(Newman)将科学家每次合作对其熟识程度的贡献表示为$\frac{1}{n-1}$，n 是参与合作的总人数。他将科学家之间的连边权重定为 $w_{ij}=\sum_k \frac{1}{n_k-1}$，$n_k$ 是科学家 i 和 j 所合著的第 k 篇论文的作者总数。李梦辉等对经济物理学家网络进行了实证分析，用 $w_{ij}=\tanh(T_{ij})$来定义权重，其中 T_{ij} 是节点 i 和 j 合作的次数，他们认为科学家合作关系呈现“饱和”效应[10]。以上两种加权投影所得边权是对称的，即 $w_{ij}=w_{ji}$。而周涛等认为边权应该是不对称的，因为几名合作者对于他们的合作关系紧密程度的贡献的估计是不同的，一名和许多科学家合作过许多论文的科学家，对关系紧密程度的贡献小，赋予的权重也应该小[11]。

周涛等还指出在传统的二分网络投影过程中，只有一条连边(即度为 1)的节点在投影后会消失[11]。考虑到边权的不对称性和度为 1 的节点消失，他们提出了一种新的加权投影方法。如图 9-3 所示，该方法将利用资源分配的思想来完成投影计算。

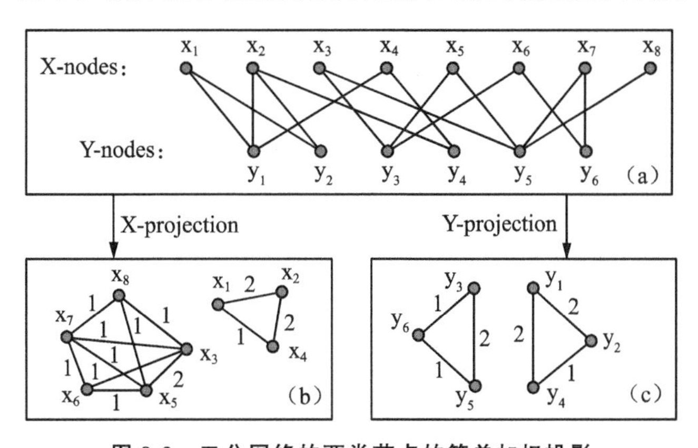

图 9-2 二分网络的两类节点的简单加权投影

(a)原始二分网络，(b)一类节点的简单加权投影，

(c)一类节点的简单加权投影。本图来源于参考文献[11]

假设图 9-3 所示的二分图中位于上面的节点初始分配的资源为 x，y 和 z。首先将这些资源分配到下面的节点上去，分配原则是将资源平均分配到和自己相连的所有节点上。接着将位于下面的节点上的资源平均分配到上面的节点上去，于是有关系式：

$$\begin{pmatrix}x'\\y'\\z'\end{pmatrix}=\begin{pmatrix}11/18 & 1/6 & 5/18\\1/9 & 5/12 & 5/18\\5/18 & 5/12 & 4/9\end{pmatrix}\begin{pmatrix}x\\y\\z\end{pmatrix},\tag{9-1}$$

其中的三阶矩阵即为上面 3 个节点之间的权重矩阵 W。这种加权投影方法的关键是边的加权，即资源分配过程。矩阵 W 有两个特点：①不一定是对称的；②对角元素非零。

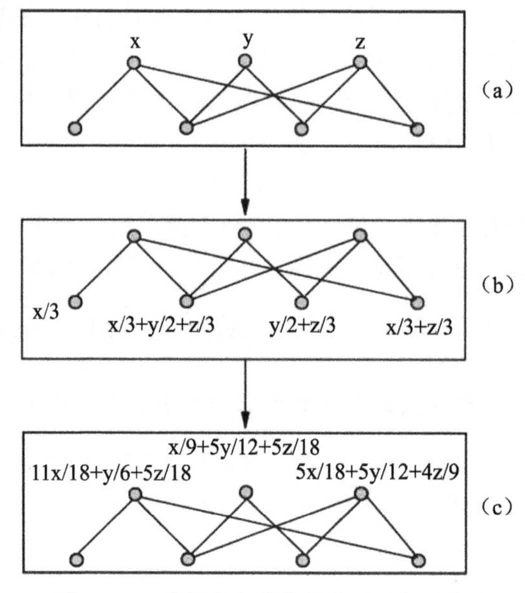

图 9-3　二分网络上的资源分配过程示意图

(a)初始分配的资源为 x，y，z，(b)上面的节点分配资源到下面的节点，(c)下面的节点分配资源到上面的节点。本图来源于参考文献[11]

9.1.3　二分网络的基本拓扑性质

考虑到将二分网络投影到单顶点网络再进行研究的缺陷，很多学者开始尝试利用数据的二分特性来分析网络。一些针对原始二分网络的统计量被提出。下面将对网络的度和度分布、集聚系数、最短路径长度、介数等经典统计量进行介绍。

1. 度和度分布

度是单个节点的属性中简单而又重要的概念。一般网络中节点的度可定义为与该节点直接相连的节点数目。在二分网络中，虽然有两类节点，但由于度考虑的是单个节点的属性，因而二分网络中度的定义与其他类型的网络没有本质的区别。二分网络中一个节点的度是指与该节点连接的边的数量，两类节点的度值之和相等。

度分布定义为随机选择一个节点，它具有 k 条连边的概率。可以用分布函数 $p(k)$来表示整个网络度的统计特征，这是网络的重要拓扑性质。大量的实际网络的度分布符合幂律分布。实证研究发现，二分网络的一类或两类节点的度分布也符合幂律分布[1,2,9]。

2. 集聚系数

集聚系数(clustering coefficient)是网络非常重要的特性之一。在单顶点网络中，集聚系数 C_3 是网络中已存在三角形占所有可能出现三角形的比例。它可以用来描述单顶点网络的小世界特性、理解无标度网络上的同步、分析社会关系网络。与单顶点网络相比，二分网络的集聚系数也具有重要的研究意义。但是根据二分网络的定义，在二分网络中无法找到三角形，二分网络中边数最小的环状单位是四边形。因此，一些二分网络的集聚系数的定义被陆续提出。

参考文献[9]给出了二分网络中某一节点的集聚系数定义：

$$cc.(u)=\frac{\sum_{v\in N(N(u))} cc.(u, v)}{|N(N(u))|},\tag{9-2}$$

整个网络的集聚系数定义为：$cc_N(G)=\frac{2N_\infty}{N_N}$，并且对二分网络的集聚系数做了一系列讨论和分析。

林德(Lind)等给出了一种基于四元组的集聚系数定义，他认为某一点的集聚系数等于该点实际存在的四元组的个数与该点可能存在的四元组的个数之比[12]。定义节点 i 的两个一级近邻 m、n 对它的集聚系数的贡献为：

$$C_{4,mn}(i)=\frac{q_{imn}}{(k_m-\eta_{imn})(k_n-\eta_{imn})+q_{imn}},\tag{9-3}$$

其中，q_{imn} 表示网络中包含节点 i、m、n 的实际四元组的个数，即节点 m、n 除了节点 i 以外所共同拥有的一级近邻的个数。$\eta_{imn}=1+q_{imn}+\theta_{mn}$，当节点 m、n 之间有边直接相连时，$\theta_{mn}=1$，否则 $\theta_{mn}=0$。根据二分网络的定义，同类节点 m、n 之间不可能有边连接，故在二分网络中，$\theta_{mn}=0$，$\eta_{imn}=1+q_{imn}$。式(9-3)只给出了节点 i 的一对一级近邻对节点 i 的集聚系数的贡献，当要考虑节点 i 的集聚系数时，需要把节点 i 的所有对一级近邻贡献的结果的分子和分母分别求和后再求比值。张鹏等提出了 $C_{4,mn}(i)$ 的另一种形式[13]：

$$C_{4,mn}(i)=\frac{q_{imn}}{(k_m-\eta_{imn})+(k_n-\eta_{imn})+q_{imn}},\tag{9-4}$$

其中所有参数的含义与式(9-3)中的相同。这两种 $C_{4,mn}(i)$ 的不同之处在于可能存在的四元组个数的计算方式不同：林德(Lind)考虑的是两个节点的重叠将增加的四元组数目[12]；张鹏考虑的是如果增加连边将增加的四元组数目[13]。

以上讨论的是节点的集聚系数。张鹏等在参考文献[13]中还提出了边集聚系数 LC_3，LC_4。他们首先定义了三元组中同类节点的相似度：两个同类节点共同连接的异类节点数占它们连接的所有异类节点数的比例。基于这个定义，他们提出边 l_{iX} 的边集聚系数为：

$$LC_{3,iX}=\frac{1}{k_i+k_x-2}\left(\sum_{m=2}^{k_X}\frac{t_{mi}}{k_m+k_i-t_{mi}}+\sum_{N=2}^{k_i}\frac{t_{NX}}{k_N+k_X-t_{NX}}\right),\tag{9-5}$$

其中，m 为 i 的同类节点，m 遍历的是与点 X 相邻的除节点 i 以外的节点，t_{mi} 表示的是与 m 和 i 两个节点构成的三元组的个数。N、X、t_{NX} 的含义与此类似。基于四元组的边集聚系数被定义为该边实际存在的四元组的个数与该边可能存在的四元组的个数之比为：

$$LC_{4,iX}=\frac{q_{iX}}{(k_i-1)(k_x-1)+k_i^{(2)}+k_X^{(2)}},\tag{9-6}$$

其中，q_{iX} 表示边 l_{iX} 实际存在的四元组个数，k_i 表示节点 i 的度，$k_i^{(2)}$ 表示节点 i 的二级近邻的个数。

3. 最短路径长度

在单顶点网络中，两点的最短路径定义为所有连通这两点的通路中所经过节点最少的一条或几条路径。比较单顶点网络上最短路径的定义，同样可以定义二分网络上的最短路径长度。一种定义就是把二分网络看成普通的单顶点网络来计算其最短路径长度[9]。

这种定义的缺点是没法区分二分网络和单顶点网络的差别。

4. 介数

在单顶点网络中，点介数的含义为网络中所有的最短路径中经过该节点的数量。有了二分网络最短路径的定义后，就可以得到点介数。类似地，二分网络点介数的定义也可以推广到边上，即最短路径经过某边的次数。纽曼(Newman)等发现，单顶点网络的边介数可以应用于网络的聚类分析[14]。那么，同样可以将二分网络的边介数用于二分网络的聚类分析。

9.1.4 二分网络的社团结构

单顶点网络中的社团结构指网络中的顶点可以分成组，组内顶点间的连接比较稠密，而组间顶点间的连接比较稀疏。对网络中社团结构的研究是了解整个网络的结构和功能的重要途径。由于二分网络在实际中广泛存在，而且是复杂网络的一种重要表达形式，因此二分网络的社团结构也具有重要的研究意义。

根据单顶点网络中社团结构的定义，二分网络的社团结构也可以根据连接的相对疏密程度来定义[13]：社团可以看作二分网络中的一组节点，使得社团内部异质节点间的连接比较密集，而社团间的异质节点间的连接比较稀疏，如图 9-4 所示。下面，将对其中几种社团划分方法作简单介绍。

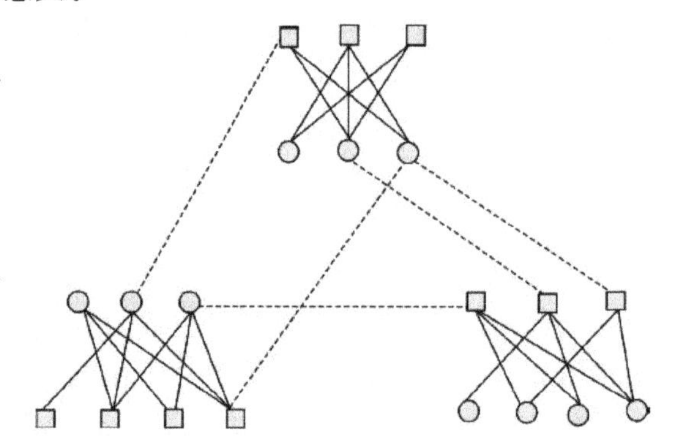

图 9-4 二分网络的社团结构示意图，本图来源于参考文献[13]

1. 基于边集聚系数的社团划分算法

LC_3 是二分网络中基于三元组定义的边集聚系数。它表征二分网络中两个同类节点合作的事件占这两个节点间的所有发生事件的比例，能用来表示两个同类节点之间的相似度，可以根据 LC_3 来对二分网络进行聚类分析。类似地，基于二分网络四元组定义的边集聚系数 LC_4 也能够用来表示两个同类节点之间的相似度，也可以根据它来对二分网络进行聚类分析。参考文献[13]给出了 LC_3 和 LC_4 的定义，并且提出了用二分网络中的边集聚系数来定义社团的聚类方法：①计算网络中所有边的集聚系数值(LC_3 或 LC_4)，并计算网络模块化的值；②找到并删除集聚系数值最小的边，如果集聚系数值最小的边不止一条，那么随机选择其中的一条删除，并计算删除边后网络模块化的值；③重新计算剩余边的集聚系数值；④重复步骤①②③直至找到网络模块化的局部最大值。将这种断边方法应用于实际网络和人工生成的二分网络中，发现当社团结构比较明显时能够得到比较好的结果[13]。

2. $K_{a,b}$-团($K_{a,b}$-Biclique)划分方法

帕拉(Palla)等提出了一种能够识别节点重叠的算法——k-团划分方法[15]。该算法的基本假设是，网络由多个相邻的 k-团(k-clique)组成，相邻的两个 k-团至少共享 $k-1$ 个节点，每个 k-团唯一地属于某个社团，但属于不同社团的 k-团可能会共享某些节点。莱曼(Lehmann)等基于单顶点网络的 k-团划分方法(k-clique community detection algorithm)提出了一种二分网络社团的划分方法[16]。在单顶点网络的众多社团划分方法中，绝大多数都不考虑社团之间出现节点重叠的情况，但在多数应用中，允许社团之间出现节点重叠具有更实际的意义。例如，在科学家合作网络中，一名科学家可能同时属于多个社团。莱曼(Lehmann)等提出了具有二分网络特点的二分团(Biclique)——$K_{a,b}$-团，其中 a 和 b 分别是该团所包含的两类节点的个数[16]。$K_{a,b}$-团的定义与单顶点网络的 k-团类似：$K_{a,b}$ 是由 a 个 top 类节点和 b 个 bottom 类节点组成的全连接二分子图；$K_{a,b}$-团是由若干个 $K_{a,b}$ 组成，它们两两之间至少共享 $a-1$ 个 top 类节点和 $b-1$ 个 bottom 类节点。基于以上定义，参考文献[16]给出了社团划分的步骤：①对给定的参数 a、b，计算得到网络中的全部 $K_{a,b}$-团，并建立两个团-团重叠矩阵(clique-overlap matrix)L_{Δ} 和 L_T；②对以上两个矩阵做一些运算得到全图的重叠矩阵(total clique overlap matrix)L；③基于 L 计算出包含节点重叠的网络社团结构。该算法继承了 k-团划分方法的优点——能够合理划分社团并且能给出社团之间的节点重叠。另外，它还有一个显著的优点，即 a 值和 b 值是相互独立的，在实际应用中，选取不同的 a 值和 b 值，可以对网络的社团结构进行系统的研究。以演员合作网络为例，如果设定 a 值低、b 值高，那么合演过电影的演员们及他们合演过的电影会被划分到同一社团里；如果设定 a 值高、b 值低，那么由几个演员合演过的众多电影及这几个演员会被划分到同一社团里。

3. 优化模块化函数算法

在探索社团结构的过程中，描述性的定义无法直接应用。因此，纽曼(Newman)和格万(Girvan)定义了模块化函数，定量地描述网络中的社团清晰程度[17]。所谓模块化是指网络中社团内部顶点的连边所占的比例与其对应随机网络中社团内部顶点的连边所占比例的期望值相减得到的差值。如果社团划分得好，则社团内部连接的稠密程度应高于随机连接网络的期望水平。同样，在二分网络上也可定义模块化来定量描述二分网络社团划分的水平[18,19]。

通过与单顶点网络进行比较，参考文献[18，19]分别提出了二分网络上模块化的定义，并且给出了基于该定义的二分网络社团结构的划分算法。这两种算法的共同之处都是以最大化模块化函数为目标，区别在于最大化的途径不同。吉梅拉(Guimerà)等人在提出二分网络中模块化定义后，给出了 3 种算法：无权投影算法、加权投影算法及二分算法[18]。前两种算法是将二分网络投影成单顶点网络，运用单顶点网络中最大化模块化函数的方法来划分社团，显然，这两种算法不能同时给出二分网络中两类顶点的划分结果。与此不同，二分算法是基于他们所提出的二分网络中模块化的定义，直接对二分网络进行划分，可以同时给出两类顶点的划分结果。吉梅拉(Guimerà)等将这 3 种方法分别在人工网络和实际网络中进行实验，得出的结果是：无权投影算法不可靠，常常得出错误的结论；只关注一类顶点的划分时，加权投影算法和二分算法的划分准确率都比较高，而且划分出的结果相似，但是对于模块结构不明的二分网络，二分算法优于加权投影算法[18]。参考文献[18]的结论再一次证明，直接在原始二分网络上进行分析才是准确把握二分网络信息的根本方法。纽曼(Newman)将单顶点网络的模块化定义成模块化矩阵(modularity matrix)，该矩阵的特征根与网络的模块化结构之间存在着联系[20]。参考文献[19]与此工作类似，提出了针对二分网络的模块化矩阵，并且利用模块化矩阵的特性提出了 BRIM(bipartite recursively induced modules)算法，经过在人工网络和实际网络上的检验，该算法有效。

9.1.5 二分网络的演化模型

二分网络的结构并非一成不变，随着时间的变化其结构也在不断发生变化。近年来，研究者们开始建立一些模型来研究二分网络的性质及其演化。这些模型主要分成两类：一类模型生成的二分网络是静态的，即节点和边的数目是固定的，只是存在边的重连；另一类模型生成的二分网络是动态的，除了存在边的重连，节点或边的数目也在不断变化，新增的边按一定的规则连接网络中的节点。纽曼(Newman)等提出了一个生成随机二分网络的静态模型：给定两类节点的度分布，在节点度值的限定下任意连接它们之间的连边[21]。他们将该模型产生的网络与实际网络进行对比，发现这个模型有时能很好地模拟出实际网络，有时效果很差。参考文献[22]提出了一个静态模型，其中网络规模是固定的，但网络的结构是变化的。

一些动态模型陆续被提出[3,23-25]。这些模型的不同主要在于连接新增边的规则不同。例如，拉马斯科(Ramasco)等将巴拉巴西(Barabási)和阿尔伯特(Albert)提出的偏好依附特性[5]引入动态模型中，即网络中新增的边按偏好依附的规则来连接，使得生成的二分网络具有无标度特性[23]。还有一些研究关注“重连”的二分网络模型[26-28]。例如，考虑到社团结构和重连在二分网络中十分普遍，参考文献[28]提出了一种带有社团结构的二分网络模型，来研究重连对度分布的影响。

9.2 多层网络

多层网络是复杂网络研究的前沿和热点，它突破了单层网络中节点和连边同质性的限制，考虑了多种类型节点及其连边关系（包括层内连边和层间连边）[29,30]。事实上，由几个网络的相互作用关系刻画的复杂系统普遍存在。如在社会系统中，不同类型的社交关系（朋友、同事、亲属等)能够被抽象成不同的网络层，进而代表友谊、协作、家庭等社会关系；基础设施系统可以通过区分不同的运输工具（公共汽车、地铁、火车、飞机等)，进而研究基础设施系统应对突发灾难的能力；大脑系统中，不同脑功能区的相互作用可能有所不同，用一个全面的多层框架来研究大脑系统可以处理不同类型相互作用之间存在的差异。复杂系统的时空多尺度特征通过多层网络建模及分析，可以揭示系统拓扑性质与演化机制。已有的多层网络研究在理论上主要关注网络的拓扑结构、动力学、功能以及它们之间的关系，同时在社会经济系统、生态和生物系统等领域进行了应用。

目前，多层网络研究已开始从简单地扩展单层网络的概念与方法，发展到针对多层网络结构与实际问题定义相应的拓扑性质和动力学行为[31]。本节重点从多层网络建模、基本统计性质、社团结构、多层网络功能与动力学行为等几个方面对多层网络的研究进展进行梳理与评述。

9.2.1 多层网络模型构建

研究多层网络面临的首要问题是网络的构建与数学描述，即定义网络中节点和连边。虽然多层网络概念没有明确的统一定义，但是依据拓扑结构特征可将其划分为多路复用网络、时序网络、网络的网络、相互依赖网络等不同的类型。本小节主要关注多层网络一般形式的数学描述，并分别从矩阵表达、张量表达和聚合表达3个方面进行介绍。

1. 多层网络的矩阵表达

多层网络更加关注复杂系统中的异质性，这种异质性包括不同类型节点以及属于不同网络层节点之间相互作用模式的刻画。这使得多层网络研究框架能够更全面完整地描述复杂系统的结构。单个网络中的节点及其相互作用关系可以由邻接矩阵完整地刻画，这种建模方案可以很自然地扩展至多层网络。多层网络的矩阵表达也被称为超邻接矩阵或者分块矩阵[29,32]。

一个含有 M 层的多层网络(multilayer networks)可以用超邻接矩阵 $G=(A, O)$ 来表示。其中 $A=\{A^{[1]}, A^{[2]}, \cdots, A^{[M]}\}$ 表示多层网络中层的邻接矩阵集合，$A^{[\alpha]}=(V^{[\alpha]}, E^{[\alpha]})$ 表示 α 层的邻接矩阵，$V^{[\alpha]}$ 表示 α 层的节点集合(该集合中的节点 i 表示为 $v_i^{|\alpha|}$)，$E^{[\alpha]}$ 表示 α 层的层内连边集合。$a_{ij}^{[\alpha]}$ 是 $A^{[\alpha]}$ 中的元素：当 α 层中节点 i 和节点 j 有连边时，$a_{ij}^{[\alpha]}=1$，否则 $a_{ij}^{[\alpha]}=0$。$O=\{O^{[1,2]}, O^{[1,3]}, \cdots, O^{[\alpha,\beta]} \mid \alpha\neq\beta\}$ 表示层间网络邻接矩阵的集合。$O^{[\alpha,\beta]}=(V^{[\alpha]}, V^{[\beta]}, E^{[\alpha,\beta]})$，其元素 $O_{ij}^{[\alpha_j\beta]}$ 代表是否存在 α 层节点 i 到 β 层节点 j 的连边。$V^{[\alpha]}$ 和 $V^{[\beta]}$ 分别表示 α 层和 β 层的节点集合，$E^{[\alpha,\beta]}=\{(v_i^{[\alpha]}, v_j^{[\beta]}) \mid i, j\in\{1, 2, \cdots\}; \alpha, \beta\in\{1, 2, \cdots, M\}\}$ 表示 α 层和 β 层的层间连边集合。

根据上述定义，多层网络的一般形式可以被定义为 $G=(A, O)=\{A^{[1]}, A^{[2]}, \cdots, A^{[M]}; O^{[1,2]}, O^{[1,3]}, \cdots, O^{[\alpha,\beta]}\}(\alpha, \beta\in\{1, 2, \cdots, M\})$。其示意图如图 9-5(a)所示。多层网络用超邻接矩阵可表示为：

$$G=\begin{pmatrix} A^{[1]} & O^{[1,2]} & \cdots & O^{[1,M]} \\ O^{[2,1]} & A^{[2]} & \cdots & O^{[2,M]} \\ \vdots & \vdots & \ddots & \vdots \\ O^{[M,1]} & O^{[M,2]} & \cdots & A^{[M]} \end{pmatrix}。\tag{9-7}$$

与单层网络一样，多层网络 G 也可以被定义为加权、有向和符号等不同的网络形式，在此不加赘述。需要说明的是一些文章也将这种具有不同网络相互关系所组成的"大网络"称为网络的网络(network of networks)，如图 9-5(b)所示，其本质上与多层网络的概念是一致的。此外，一些研究还针对特殊的多层网络结构类型进行了定义。下面将介绍3种常见的模型：相互依存网络、多路复用网络、时序网络。

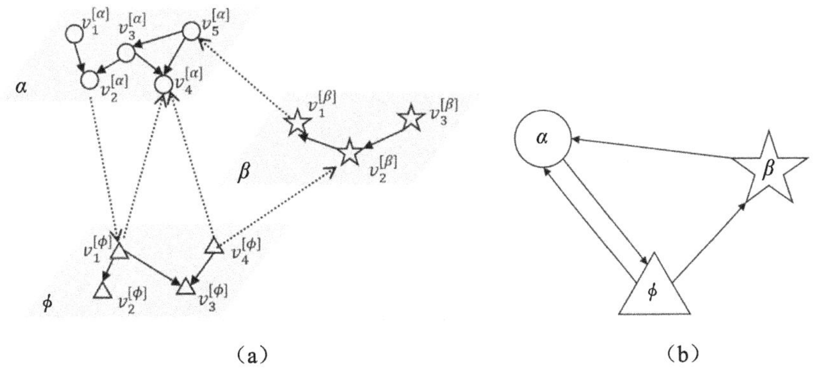

图 9-5 多层网络和网络的网络示意图

(a)多层网络，(b)网络的网络

相互依存网络(interdependent networks)是由多个具有相互依存关系的网络所组成，示意图如图 9-6 所示。层间连边表示了节点的依存关系，这种依存关系使得一个网络层的动态变化会极大地影响其他网络层。如“计算机—电力”相互依存网络：α 层表示电站之间相互传输电力，β 层表示计算机之间互通信息。电站之间的电力传输通过计算机进行控制，而计算机间的通信又依赖电站供给必需的电力。

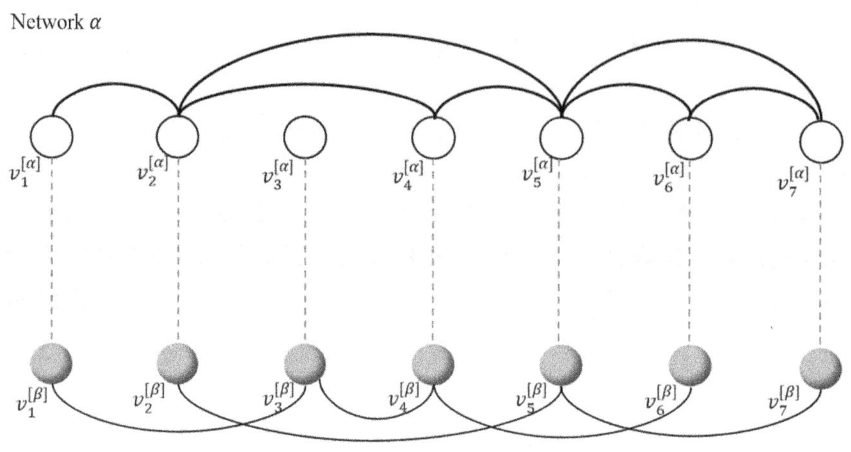

图 9-6　相互依存网络示意图

多路复用网络(multiplex networks)中的所有网络层由同一组节点构成，如图 9-7 所示。该网络的特点是每一个网络层表示节点间的某种关系或者相互作用模式，而层间连边表示同一个节点在不同网络层的对应关系。如不同的社会关系所构成的多层社交网络，其中不同层表示的是个体间不同的社交关系(可以包括朋友关系、合作关系或者家庭关系等)。

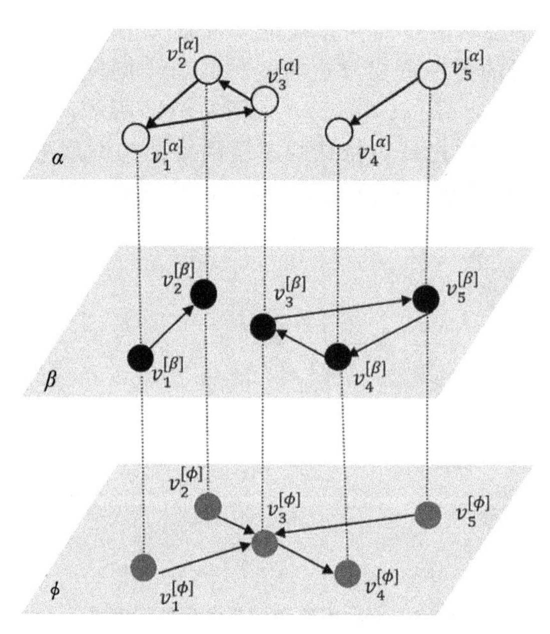

图 9-7　多路复用网络示意图

多层网络还可以用于研究单个网络随时间演变的情况。在随时间演变的过程中，节点和连边都有可能发生变化(新增或移除)，这种变化可能是某种因素带来的，如网络遭受攻击或者故障等。在此，由单个网络随时间变化所构成的多层网络被称为时序网络(temporal networks)，其示意图如图 9-8 所示。

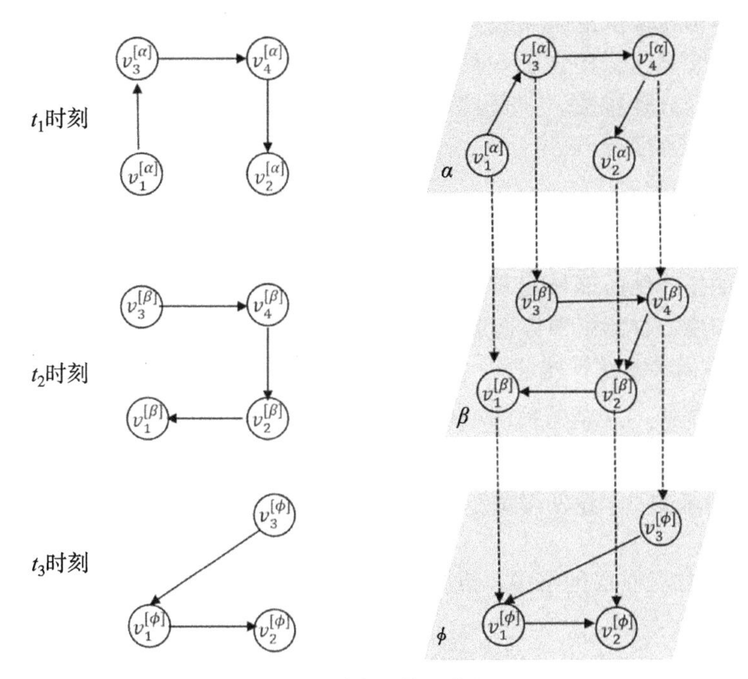

图 9-8 时序网络示意图

2. 多层网络的张量表达

张量本质是多维数组，也是数量、向量、矩阵的自然推广。一阶张量是一个向量，二阶张量是一个矩阵，三阶以上的张量称为高阶张量。张量的阶(order)表示为张量维度的数目。以多路复用网络为例，该类型多层网络的张量表达是 $U=(u_{i\alpha j\beta})\in\Re^{N\times M\times N\times M}$，这是一个四阶张量(fourth-order tensor)[33,34]。S 中每个元素可以被定义为：如果节点 $v_i^{[\alpha]}$ 和节点 $v_j^{[\beta]}$ 存在连边，则 $u_{i\alpha j\beta}=1$；否则 $u_{i\alpha j\beta}=0$。其中，$1\leqslant i$，$j\leqslant N$，$1\leqslant\alpha$，$\beta\leqslant M$，N 表示多路复用网络中每层网络的节点总数，为了简写有时 $u_{i\alpha j\beta}$ 也被写成 $u_{j\beta}^{i\alpha}$。

张量表达方法为研究多层网络及其动态过程提供了一个强有力的工具。多层网络的张量表达不仅可以直接得出不同层之间的对应关系，还不会丢失网络的细节信息。参考文献[33]给出了多层网络拓扑性质的张量形式描述，包括度中心性、聚类系数、特征向量中心性、熵和扩散等。

3. 多层网络的聚合表达

多层网络模型由于多维度网络层的引入，为网络基本统计性质、社团结构以及动力学行为的刻画带来了新的挑战。为了降低研究的复杂性，早期的研究考虑了多层网络的聚合表达[30]，即在不考虑多层结构层间交互性质的情况下，将多层网络压缩成单层网络(该单层网络被称为聚合网络)。

聚合网络的邻接矩阵可以被定义为：$B=\{b_{ij}\}$，即当任意的网络层 α：$a_{ij}^{[\alpha]}=1$，则 $b_{ij}=1$，否则 $b_{ij}=0$。聚合网络也可以是加权的，权重的含义是节点 i 和节点 j 在多层网络中连边的次数。值得说明的是，聚合网络本质上是一个单层网络，而在聚合网络中连边的含义是两个节点在至少一层上共享一条边。

聚合网络是多层网络的简化形式。这样的建模方式虽然降低了后续研究的难度，但是丢失了多层网络特有的拓扑信息(层间相互作用关系)。一个开放性的问题是究竟需要多少层才能够准确地表示复杂系统的结构，即考虑如何用较少的层数尽可能保留整个系统的信息。参考文献[35]提出了一种层聚合和结构可还原的模型，采用网络层的熵定义了多层网络的可区分性指数，并通过最优化该指数来获得最优划分。结果表明一些真实网络可以减少75%的冗余层。

9.2.2 多层网络的拓扑性质

多层网络的拓扑性质能够定量化地描述复杂系统的基本特征。本小节从多层网络的基本统计特征和中心性测度两方面进行总结。

1. 多层网络的基本统计特征

节点的统计特征：节点度是网络的一阶属性，其刻画了网络的局部统计特征，即节点的邻居数量。给定一个多层网络，节点 i 的度是 $k_i=\{k_i^{[1]}, k_i^{[2]}, \cdots, k_i^{[M]}\}$，其中 $k_i^{[\alpha]}=\sum_{i\neq j}a_{ij}^{[\alpha]}$ 表示节点 i 在 α 层内的度值。节点在各个层中度值总和为重叠度，定义为 $o_i=\sum_{\alpha=1}^{M}k_i^{[\alpha]}$。在加权多层网络中，点强度指某个节点与其近邻节点的权重之和并被定义为 $s_i=\{s_i^{[1]}, s_i^{[2]}, \cdots, s_i^{[M]}\}$，其中 $s_i^{[\alpha]}=\sum_{i\neq j}w_{ij}^{[\alpha]}$ 表示节点 i 在 α 层内连接的点强度。

与单层网络相比，多层网络中节点有着更丰富的拓扑性质，如参与系数和熵[30]。参与系数衡量了节点在不同层中连边分布的异质性，其本质是辛普森多样性指标并被定义为 $p_i=\frac{M}{M-1}\left[1-\sum_{\alpha=1}^{M}\left(\frac{k_i^{[\alpha]}}{o_i}\right)^2\right]$ ($p_i\in[0, 1]$)。当节点 i 的所有连边都在同一层时，$p_i=0$，而节点 i 在不同的网络层中具有相同的连接方式时 $p_i=1$。根据参与系数值可以将节点划分为3类，即 $p_i\in[0, 0.3]$称为集中型；$p_i\in(0.3, 0.6]$称为混合型；$p_i\in(0.6, 1]$称为多重型。相似的定义还有节点熵，其本质是香农熵并被定义为 $H_i=-\sum_{\alpha=1}^{M}\frac{k_i^{[\alpha]}}{o_i}\ln\left(\frac{k_i^{[\alpha]}}{o_i}\right)$。值得说明的是，香农熵与辛普森多样性指标在衡量生物多样性方面有着广泛的应用，这两个指标都是兼顾了均匀度(刻画了各个物种个体数目分配的均匀程度)与丰富度(样本中物种的数量)的综合指标。

网络层的统计特征：多层网络关注了不同网络层之间的相互作用关系，使得网络层的统计性质也备受关注。相关研究关注层的统计性质，包括层的重叠性、相关性和中心性等。

参考文献[31]考虑了多路复用网络层的重叠性 $Q_{\alpha,\beta}$，计算了两个层之间共同出现的节点占整个网络节点的比例。$Q_{\alpha,\beta}=\frac{1}{N}\sum_{i=1}^{N}\nu_i^{[\alpha]}\nu_i^{[\beta]}$，其中 $v_i^{[\alpha]}$ 是取值为0或1的整数，1代表节点 i 在第 α 层中活跃(在 α 层中的节点 i 的度值大于0)，0代表不活跃。$Q_{\alpha,\beta}\in[0, 1]$，$Q_{\alpha,\beta}=1$ 表示所有节点在两层均为活跃状态，$Q_{\alpha,\beta}=0$ 则表示所有节点均为非活跃状态。

层的度相关性指的是每个层度序列之间的相关系数。研究表明层间存在强的度相关性，而这种强相关性对网络的鲁棒性、多层网络社团探测以及链路预测等方向的研究有着积极的作用[32]。

集聚系数是对复杂网络中节点紧密程度的刻画，也是网络的高阶属性。集聚系数被定义为网络中节点的邻居之间也互为邻居的比例，即网络中三角关系的比例。参考文献[30，38]将集聚系数扩展到多路复用网络。在三角结构 j-i-k 中，存在 3 种情况：1-triangle（三条边在同一层），2-triangle（仅有两条边在同一层）和 3-triangle（三条边在不同层）。进一步，以节点 i 为中心还可以定义三元结构：1-triad（i-j 和 i-k 属于同一层）和 2-triad（i-j 和 i-k 属于不同层）。由此，根据 2-triangle 和 3-triangle 的比例分别定义了两种多路复用网络的集聚系数。需要说明的是多路复用网络的层间连接是一一对应的，故三角结构的定义未考虑层间连接信息。

第一种定义集聚系数关注以节点 i 为中心，2-triangle 三角形数和 1-triad 三元数的比例，即：

$$C_{i,1}=\frac{\sum_{\alpha}\sum_{\beta\neq\alpha}\sum_{j\neq i,\, m\neq i}\left(a_{ij}^{[\alpha]}a_{jm}^{[\beta]}a_{mi}^{[\alpha]}\right)}{(M-1)\sum_{\alpha}\sum_{j\neq i,\, m\neq i}\left(a_{ij}^{[\alpha]}a_{mi}^{[\alpha]}\right)}。\tag{9-8}$$

第二种定义集聚系数关注以节点 i 为中心，3-triangle 三角形数和 2-triad 三元数的比例，这种定义仅适用于大于 3 层的网络模型。即：

$$C_{i,2}=\frac{\sum_{\alpha}\sum_{\beta\neq\alpha}\sum_{\phi\neq\alpha}\sum_{j\neq i,\, m\neq i}\left(a_{ij}^{[\alpha]}a_{jm}^{[\varphi]}a_{mi}^{[\beta]}\right)}{(M-2)\sum_{\alpha}\sum_{\beta\neq\alpha}\sum_{j\neq i,\, m\neq i}\left(a_{ij}^{[\alpha]}a_{mi}^{[\beta]}\right)},\tag{9-9}$$

其中，α，β，ϕ 表示不同的网络层。

2. 多层网络中心性测度

量化网络中心性是复杂网络分析的重要话题，也对研究网络结构与功能的关系具有重要意义。多层网络的中心性测度包括节点中心性与层中心性。本节将对多层网络中心性量化的方法进行总结与分析。

多层网络的节点中心性：量化多层网络的中心性主要基于两种思路：一方面，以预先确定的恒定权重作为网络层对节点中心性影响的权重；另一方面，着眼于一些特殊的多层网络类型定义中心性，如多路复用网络。本节主要关注多层网络节点的中心性指标。

PageRank 算法已广泛地应用于复杂网络中节点中心性的度量，其基本思想是一个节点的重要性取决于指向该节点的邻居数量和质量。在多层网络中，PageRank 节点中心性不仅仅取决于指向该节点的邻居数量和质量，还取决于所在层的相对重要性。参考文献[39，40]基于层间的相互作用关系定义了多层网络的 PageRank。以两层相互依存网络为例，$A^{[\alpha]}$ 和 $A^{[\beta]}$ 分别表示双层网络中层的邻接矩阵。为了方便表述，规定 α 层中节点的 PageRank 中心性表示为 $f=[f_1, f_2, \cdots, f_N]$，以及 β 层中节点的 PageRank 中心性表示为 $z=[z_1, z_2, \cdots, z_N]$。首先，由经典 PageRank 算法获得层中的节点中心性 f。其次，β 层中的节点中心性不仅要考虑网络层中指向该节点的节点数量与质量影响，还要考虑指向该节点的来自其他层节点的数量与质量的影响。故 β 层的节点中心性可被描述为 $z_i=\tau^{[\beta]}\sum_j f_i^{\mu}a_{ij}^{[\beta]}\frac{z_j}{G_j}+(1-\tau^{[\beta]})\frac{f_i^{\lambda}}{N\langle f^{\lambda}\rangle}$。其中 $G_j=\sum_l a_{lj}^{[\beta]}f_i^{\mu}+\delta\left(0, \sum_l a_{lj}^{[\beta]}f_i^{\mu}\right)$，模型的调节参数为$\lambda$，$\mu>0$，$\tau^{[\beta]}$为$\beta$层 PageRank 参数，$\langle f\rangle$表示$f$的平均值。参考文献[41]针对多路复用网络提出了一种新的 PageRank(functional multiplex PageRank，FMP)方法来量化节点中心性。FMP 方法首先将节点 PageRank 中心性X_i定义为一组参数的函数$X_i(\lambda)$：单层网络上的 PageRank、聚合网络上的 PageRank 以及边$(i，j)$同时在每一层网络上的 PageRank；其次，通过最大化中心性函数获得稳定的节点重要性排序。参考文献[42]将多路复用网络的 PageRank 看作平稳分布，通过一些约束条件，对该类型网络的 PageRank 进行精确估计。参考文献[40]则基于有偏的随机游走定义了多层 PageRank，直接考虑网络之间的相互作用对节点重要性的影响。有偏的随机游走指的是在下一节点跳跃时，会以概率p在α层网络上游走和概率$1-p$在β层网络游走。

此外，还有一些研究关注层间连接如何影响多层网络的节点中心性。参考文献[43]采用张量框架来研究多层网络特征向量中心性，并证明了在给定层间影响形式下多层网络的特征向量中心性存在的唯一性。该方法在资源分配时考虑了层间相互作用模式对多层中心性的贡献，即$H_{j\beta}^{i\alpha}\Theta_{i\alpha}=\lambda\Theta_{i\beta}$。其中，层的相互作用表示为$H_{j\beta}^{i\alpha}=W_{\beta}^{\alpha}u_{j\beta}^{i\alpha}$，即$\alpha$层的$i$节点到$\beta$层的$j$节点的相互作用$u_{j\beta}^{i\alpha}$与网络层$\alpha$对网络层$\beta$的影响程度$W_{\beta}^{\alpha}$的乘积，$\lambda$是参数。

多层网络的层中心性：层中心性对定量化研究其他统计测度有着重要意义，它的含义是每一层网络在多层网络中的相对重要程度。层中心性定义目前有两种比较常用的方法：一是通过张量分析方法量化其重要性；二是根据层内拓扑结构信息量化其重要性。

张量分析方法是研究多层网络的一种重要的数学工具，近年来也被用于研究多层网络的层中心性。参考文献[44]基于张量分解量化了多层网络的中心性。参考文献[45]基于网络的张量定义提出了一种新的特征向量中心性度量方案，并验证了该方法的唯一性与收敛性。参考文献[46，47]利用张量方程的迭代算法，提出了一种多路复用网络中心性的度量方法。该方法同时计算了层中心性和节点中心性，并利用布劳沃不动点定理证明了该中心性在某些条件下的存在唯一性和迭代算法的收敛性。张量迭代方程为：

$$\begin{cases} x_i=\sum_{\alpha=1}^{M}\sum_{j=1}^{N}\sum_{\beta=1}^{M}o_{i\alpha j\beta}x_j y_\alpha y_\beta, \\ y_\alpha=\sum_{j=1}^{N}\sum_{i=1}^{N}\sum_{\beta=1}^{M}\sigma_{i\alpha j\beta}x_i x_j y_\beta, \end{cases} \tag{9-10}$$

式中，$1\leqslant i，j\leqslant N$；$1\leqslant\alpha，\beta\leqslant M$；$x_i$和$y_\alpha$分别表示多层网络的节点中心性和层中心性。

此外，还有一些研究基于层内拓扑信息量化层中心性。参考文献[46]提供了两种策略计算层中心性：边的介数中心性和最短路径。该指标的核心思想是承担全局连接越多的网络层具有越高的中心性。具体来说，首先将多层网络压缩成聚合网络并量化边的重要性；其次根据某些策略将边中心性分布到每一层，最后将层中心性定义为层内边的中心性之和。参考文献[48]融合了层与节点的信息以确定层中心性和节点中心性。该算法的基本思想是如果一个节点能够连接到影响力较高的层，则具有更大的中心性，相应地，如果网络层中高中心性的节点越多则该层越具有影响力。

9.2.3 社团结构

社团结构是复杂网络研究中的重要内容之一。研究社团结构对拓扑结构分析、功能分析和行为预测有着至关重要的意义。相比于单层网络，多层网络结构具有更加丰富的拓扑信息，这将有助于更精准地探测网络中潜藏的社团结构，进而加深对结构与功能关系的理解。

1. 基于模块度优化的社团划分算法

多层网络是单层网络自然地扩展，并用于描述现实复杂系统中不同网络之间的相互作用关系。融合多层网络大数据并对其进行社团结构挖掘是一个重要的研究方向。模块度函数优化是探测社团结构的经典方法，其核心思想是通过最大化目标函数获得最优的社团划分结果。

多层网络社团结构具有代表性的研究是2009年发表在*Science*上的论文[49]。该文将模块度的概念推广到动态的、具有多种连接形式的多层网络，其核心思想是通过比较最大化实际网络中边的总权重与作为零模型的随机图中边的期望总权重之间的区别，以此将网络分为若干个不同的社团。具体来说，首先将网络中的每个节点都视为一个社团，并在多层网络模块度函数最大化的约束下合并社团，其次不断重复这个过程，直到模块度函数达到一个局部最大值。参考文献[50]提出了多层边缘混合模型，其核心思想是将边的混合信息引入模块度函数，其中边的权值反映了边缘在社团探测过程中的作用，进而识别出不同的社团。参考文献[51]利用局部社团检测框架给出了3种优化函数，分别对应于不同的层内和层间拓扑特征的融合。

2. 基于网络层聚合的多层网络社团划分算法

由于层间相互作用的存在，多层网络比单层网络社团探测更具有复杂性。为了降低社团探测的难度，相关研究基于多层网络的聚合结构进行社团划分。该研究主要有两种思路：聚合网络社团划分算法和共识社团划分算法。

聚合网络社团划分算法是将一个多层网络压缩成单层网络后，直接利用单层网络的社团划分算法对其进行社团探测。该方法的明显缺点是忽略了层相互作用的异质性。参考文献[52]将层间信息纳入了网络聚合的过程。首先，计算了每层网络的节点相似性矩阵和重要度。若该层网络与其他网络层的相似性越强则说明其重要程度越高。其次，利用层重要性对节点相似性矩阵进行加权求和。最后，在该加权网络上进行社团划分。参考文献[53]考虑了在阈值约束下，多层网络由M层到K层($K<M$)的聚合过程如何影响社团结构。结果表明带阈值的层聚合是一个非线性的数据过滤器，而合适的阈值可以检测出原本无法检测到的小社团(即直接以多层网络或者聚合网络进行社团划分)。

共识社团(consensus community structure)划分算法是利用每个网络层的社团划分结果和节点相似性矩阵进行聚类分析。具体来说，首先对多层网络的每个层进行社团探测，其次根据每个节点对(i，j)在同一层网络中属于同一社团的次数与网络层数的比值定义节点之间的相似性，最后基于节点相似性的聚类分析方法获得最终的社团结构。参考文献[54]则直接考虑通过计算每个节点对在同一层网络中属于同一社团的次数作为边权构造出一个单层网络，然后直接对该网络进行社团划分。结果表明基于共识聚类的多层网络社团划分算法可以快速地在真实的网络中生成一致和稳定的社团。参考文献[55]采用了频谱聚类或低秩矩阵分解的方法组合多层网络中的多源信息，进而识别了多层网络的社团结构。

3. 基于动力学的社团划分

复杂网络的结构与功能具有紧密的联系，许多网络动力学的方法也被用于识别社团结构[56]。下面将介绍随机游走和压缩流方法在多层网络社团划分中的应用。

参考文献[51]分析了多路复用网络中不同随机游走的局部行为与社团结构之间的关系。参考文献[57]提出一种局部自适应随机游走算法，通过调整转移概率，使其依赖任意给定节点和网络层之间的拓扑相似性。首先，该方法定义了一个节点 $v_i^{[\alpha]}$ 在下一时刻待在原位置 $v^{[\alpha]}$，跳到同一层的邻居节点以及跳到其他层的同一节点 $v_i^{[\beta]}$ 和不同节点 $v_j^{[\beta]}$ 处的概率。其次，基于多层随机游走的长度定义了距离矩阵。该矩阵包含层内和层间任意一对节点之间的所有可能距离。无论两个节点是否在同一层中，当这两个节点属于同一社团时，它们之间的距离较小；反之距离较大。最后，对距离矩阵进行聚类。为了确保每个可以检测到的社团都是连接的，规定只有当节点和社团之间至少有一个层内或层间连接时才可以合并。在此过程中，该方法同时考虑了被检测社团的层内连接和层间连接，并用模块化函数来最终确定社团结构。

压缩流方法有助于捕捉加权和有向网络中的社团探测，参考文献[58]将该方法扩展到多层网络。通过随机沃克模型对动力学建模证明了该方法可以揭示具有更多重叠的、更小的模块。在该模型中节点的转移概率为 $\varphi_{ij}^{[\alpha,\beta]}=(O_i^{[\alpha,\beta]}/s_i^{[\alpha]})(a_{ij}^{[\beta]}/s_i^{[\beta]})$，其中，$s_i^{[\alpha]}=\sum_{\beta}O_i^{[\alpha,\beta]}$ 为层间点强度，$s_i^{[\beta]}=\sum_{j}a_{ij}^{[\beta]}$ 为层内点强度，$O_i^{[\alpha,\beta]}$ 为节点 i 的层间邻接矩阵，$a_{ij}^{[\beta]}$ 表示为 β 层内邻接矩阵。值得注意的是，实际数据中很少包含层间权重的信息，为此该模型采用具有松弛率 r 的随机游走过程模拟节点的跳跃过程。在给定的步骤中，节点分别以 r 和 $1-r$ 的概率在层间与层内随机游走。节点 i 从 α 层随机游走到 β 层的概率为 $s_i^{[\beta]}/s_i^{[\alpha]}$。由此，节点的转移概率可以描述为 $\varphi_{ij}^{[\alpha,\beta]}(r)=(1-r)\delta(a_{ij}^{[\beta]}/s_i^{[\beta]})+r(a_{ij}^{[\beta]}/s_i)$。其中，$s_i=\sum_{\beta}s_i^{\beta}$，$\delta$ 为模型参数。然后，通过随机游走生成序列并对其进行层次编码。编码长度最小时，所对应的社团结构即为最佳划分。

4. 多层网络中的重叠社团划分

大多数社团探测算法考虑的对象是节点，即将节点划分到唯一的社团，但这会忽略节点属性的多样性。节点同时属于多个社团的现象被称为社团结构的重叠性。本节主要介绍两种重叠社团的划分算法。

派系过滤算法：一个社团从某种意义上可以看作一些互相连通的“小的全耦合网络”的集合。这些“全耦合网络”称为“派系”，k-派系则表示该全耦合网络的节点数目为 k。网络中的k-派系社团可以看作由所有彼此连通的k-派系构成的集合，如网络中的2-派系代表了网络中的边。参考文献[59]将派系过滤方法拓展到了多层网络。该方法的思路是用邻接矩阵和连边标签的信息同时找到多层网络中的社团。与单层网络派系过滤算法相似，多层网络的派系过滤社团划分方法分为3部分：①定义多路复用网络层的派系(AND-派系)。AND-派系是由各个层次的派系组合而成的，即 k-m-AND-派系为具有 k 个节点的多层网络中的子图，该子图包括来自 m 个不同层的至少 m 个不同k-团的组合。②通过AND-派系定义找到最大派系及其派系邻接矩阵。③聚合派系。当两个派系至少共享 $k-1$ 个节点和 m 条边时，则将这两个派系聚合在一起，进而得到最终的社团结构。

边聚类算法：多层网络社团结构可以通过由许多不同类型的连边构成，利用边聚类社团划分的思想可以量化节点间连边的相似性进而探测多层网络的重叠社团。参考文献[60]提出了一种基于边聚类的多层网络社团检测方法。通过比较两条边实际观察到的局部结构与最大熵零模型的期望结构，计算出两条边之间的相似性并得到相似矩阵。然后根据相似矩阵进行分层聚类构造树状图，进而得到最佳的社团结构。参考文献[61]结合了层间信息与层内信息提出了一种新的重叠社团探测算法。该社团划分算法的步骤主要分为：首先，计算同一层和跨层边的相似性。其次，计算多层网络社团密度。计算社团密度的基本思路是计算 $V_c^{[\alpha]}$ 中节点之间的连接可能性，并使用社团 $c^{[\alpha]}$ 中的最小链接数 $\min(E_c^{[\alpha]})=V_c^{[\alpha]}-1$ 和最大链接数 $\max(E_c^{[\alpha]})=\binom{2}{V_c^{[\alpha]}}$ 来规范这种可能性。其中 $c^{[\alpha]}=(V_c^{[\alpha]}, E_c^{[\alpha]})$ 表示 α 层中社团(c)节点和边的集合。最后，通过连边相似权和树状图计算社团密度，并根据最大密度和聚类分析找到网络的社团。该方法同时考虑了节点在层内与层间的相互作用信息，使其在真实网络中可以找到更小、更密集的重叠社团。

9.2.4 多层网络功能

现代社会中各类基础设施的交互依赖关系使其具有脆弱性，如从飓风到大规模停电停水，从恐怖袭击到交通与互联网瘫痪，以及经济金融危机的联动效应等。研究多层网络结构与功能的关系对寻求复杂系统一般机理与演化规律有着重要意义。本节将从鲁棒性与渗流问题、动力学过程以及“一致性”现象等方面梳理多层网络的研究进展。

1. 多层网络的鲁棒性与渗流

多层网络的鲁棒性：网络的结构与功能性质紧密联系在一起，多层网络中节点与连边的多样性会影响系统的鲁棒性及其动力学过程。实际网络经常面临各种突发事件的干扰，使网络崩溃与瘫痪，甚至遭受经济损失。深入探讨网络拓扑结构对鲁棒性的影响，将有助于更好地了解实际网络的鲁棒性能，进而设计具有抗毁性的网络结构。本节综述了多层网络鲁棒性的研究进展。

(1)网络类型对多层网络鲁棒性的影响。参考文献[62]研究了相互依存网络的鲁棒性问题，结果表明减少网络之间的耦合强度会导致渗流在临界点附近从一级相变转为二级相变。参考文献[63]研究了多层网络中的冗余结构如何调控系统的鲁棒性。结果表明通过在层之间增加额外的连边会提高系统的鲁棒性。参考文献[64]则考虑了多层网络的层次结构对鲁棒性的影响。结果表明层次结构可以影响基础设施网络的脆弱性。参考文献[65]基于沙堆模型还分析了无标度性质和层间关联度如何抑制多层网络中节点的大规模失效。

(2)不同类型的层间相关性对多层网络鲁棒性的影响。参考文献[66]关注层间的度相关性对鲁棒性的影响。研究表明在随机攻击的情况下正相关的多层网络比负相关的网络更加健壮；相反，在蓄意攻击的情况下正相关网络具有脆弱性而负相关网络则具有鲁棒性。此外，多层网络中层间的入度(出度)相关性增加了网络的鲁棒性[67]。参考文献[68]研究了多层网络潜在的几何相似性对鲁棒性的影响。研究表明多层网络潜在的几何相似性会缓解网络目标攻击的脆弱性。参考文献[69]考虑了非最大连通集团中的节点被激活所带来的影响。结果表明随着网络层间依赖关系的增加，系统鲁棒性的边界也会随之提高。

(3)网络社团结构对多层网络鲁棒性的影响。多层网络不仅具有相互关联层间耦合结构，还具有社团结构。网络在特定区域发生局部故障时，社团结构对影响整个系统发挥着重要作用。社团结构的变化会给耦合系统带来极大的风险[70]。参考文献[71]关注了一类特殊的多层网络：每层网络中具有相同的社团数量且层间连接被限制在不同层对应的社团之间。结果表明模块化结构会显著地影响相变的类型。

(4)多层有向网络的不对称性对多层网络鲁棒性的影响。参考文献[67]基于生成函数和渗流理论的理论框架分析了相互依赖的有向网络的鲁棒性。结果表明，每层网络不对称性增加了多层网络的脆弱性并呈现混合相变。更为重要的是异质网络比同质网络更具鲁棒性。此外，有向多层网络中巨强连接组件比巨弱连接组件更容易受到攻击[72]。参考文献[73]基于不需要跟踪每个级联步骤的自洽概率方法分析了有向依赖边对临界性的影响。结果表明，多层网络的相变性质只能由几个参数来决定，且节点间有向依赖关系大大降低了网络的鲁棒性。参考文献[74]发现在有向多层网络中，层间的耦合强度会使系统呈现不同的相变现象。

多层网络的渗流：多层网络中一些节点的故障会导致从属节点以及其他层节点的故障，这种级联故障破坏了网络连接性质，最终会导致系统突然崩溃[62,75]。一个重要的问题是如何控制失效节点的比例以避免系统的功能性失效。该问题可以用渗流方法进行建模与模拟，进而分析系统的脆弱性。本节将从网络结构与渗流现象、最优渗流以及群体渗流等方面综述多层网络上渗流过程的最新进展。

(1)从网络结构的视角讨论多层网络的渗流。参考文献[76]提出了一个通用框架并研究了相互依存网络的渗流特性。结果表明层间耦合强度 q(层间节点对之间的连边权重)能够影响系统的相变。在渗流的过程中存在最大的耦合强度 $q_{\max}$ 和有效的耦合强度 q_c^{eff}：当 $q<q_c^{\text{eff}}$ 时，多层网络有二级相变；当 $q_c^{\text{eff}}<q<q_{\max}$ 时，则呈现出混合相变。这里混合相变是指序参量在临界点有不连续的跃变和临界指数关系；其他情况下不存在相变现象。渗流的临界阈值不取决于网络的层数。参考文献[74]量化了多层有向网络的不对称性对网络鲁棒性的影响，结果表明了多层有向网络的不对称性会增强级联故障的鲁棒性。参考文献[77]则从节点的空间地势差异的视角讨论 3D 网络拓扑结构的渗流理论。以道路网络为例，一个小的局部扰动可能导致整个道路网络在临界点处的大规模系统故障。参考文献[64]考察了具有层次结构的多层网络的渗流过程。结果表明层次结构的弹性取决于每一层社团结构的数量、节点度、移除节点的比例以及层间的耦合强度。参考文献[78]关注了多层网络的迭代渗流过程，即探究历史依赖机制的作用。结果表明连续渗流相变可能由若干过程迭代作用而成。而无限迭代渗流过程会改变系统巨分支的涌现方式，进而呈现出不连续相变。

(2)多层网络上的最优渗流。最优渗流指的是在复杂网络中如何移除尽可能少的节点以最大程度破坏渗流过程中的最大连通集团，从而将连通集团分裂成许多小规模且相互断开连接的集团。参考文献[79]将该思路拓展到多层网络，重点关注在最优渗流过程中忽略多层结构所产生的后果。结果表明，如果忽略层的存在会高估系统的鲁棒性。参考文献[80]通过耦合网络的灾难性崩溃与活跃节点的动态消亡过程展示了网络之间的相互依赖的最佳范围。

(3)从增强系统抵御风险能力的视角，许多研究还考虑了群体渗流和键渗流。一方面，实际系统中一些节点会以群组的形式相互协作以增强其抵御风险的能力，但是在无法抵御风险时，这些相互协作的节点会同时失效。这一现象被称为群体渗流。参考文献[81]发现多层网络中一些节点构成的群组可以显著地提高网络的鲁棒性，但是无论群组的分布如何，渗流相变总是一级的。另一方面，多层网络键渗流则描述了网络中所有连接组件的结构和大小如何受到键渗流的影响。参考文献[82]建立了一个通用的理论来研究上述问题，研究结果对优化网络和检测网络崩溃前的细微信号有着重要的作用。实际上，多路复用网络鲁棒性的增强会导致多个不连续渗流相变的产生[83]。在相互依存网络中，只需要加强一小部分节点的抗压能力就可以防止突然灾难性崩溃[84]。参考文献[85]提出了一个用动力学模型和拓扑网络结构来描述级联故障的研究框架，并且提供了一系列能够预测系统故障程度的定量结果。

2. 多层网络中的动力学

传播动力学：多层网络中的传播动力学是值得探索的课题。多层网络中层间交互耦合信息使得其动力学过程具有多样性与复杂性。参考文献[86]总结了复杂网络扩散过程数值模拟的经典方法。本节主要从多层网络传播与扩散机制的角度评述相关工作。

扩散现象描述的是系统中微观个体从高浓度区域到低浓度区域的运动[87]。早期研究多层网络的扩散行为有两种模式：所有层中具有相同扩散机制的动态过程[88]和不同层中具有不同扩散机制的动态过程[89,90]。在相同扩散机制下，层间的耦合强度能够调控扩散过程，即弱的层间耦合会减缓扩散，而强的耦合会使得扩散速度收敛至所有层叠加的平均速度。在研究多层网络动力学过程时，层间和层内扩散的权衡可以采用有偏的随机游走模型表述[91]。在不同扩散机制下，双层耦合网络是被研究得较为全面和透彻的。双层网络的协同演化动力学过程对于实际问题的模拟与机制研究有着重要的意义。根据协同演化传播研究的对象，可以将其大致分为生物协同演化传播问题（描述实际系统中两个传染病同时暴发的传播行为）、社会协同演化传播问题（社会传播具有加强效应，多次传播行为具有很强的不确定性）、意识—流行病传播（定量刻画意识对流行病传播范围的影响）和资源—流行病传播（在有限的社会资源下通过优化分配以极大程度地抑制流行病暴发）四大类[92]。

根据传播模式来看，可以将其分为 3 种情况：相互促进[93]、相互抑制[94]以及既有促进又有抑制[95]。参考文献[95]通过微观马尔可夫链，将上述 3 种传播类型统一到相同的框架之下讨论。首先定义传播速率的层间调控参数 λ_1 和 λ_2，使得原来独立的两个层的感染率由 η_1 和 η_2 变为 $\lambda_1\eta_1$ 和 $\lambda_2\eta_2$。当 $\lambda_1>1$ 时，α 层传播率变大，表示 β 层对 α 层的传播有促进作用，反之则有抑制作用。同理通过 k_1 和 k_2 的不同组合可得到对应的传播模式。在这样的传播机制下，系统存在一条可以区别局部传播和非局部传播的临界曲线，该曲线显示了两个区域之间的交叉：两个区域之间的临界特征既有独立性又有依赖性[87]。

拓扑结构也影响着多层网络的扩散。首先，多层网络中层的某些拓扑度量相关性影响着扩散结果。参考文献[96]通过定量化层间距离研究了层间相似性对网络扩散的影响，结果表明低的层间相似性会增强多层网络的扩散。当存在于多个层上的节点的时间激活模式呈正相关时，节点复用程度的增加会显著降低流行病阈值[97]。层间节点的重叠度会影响扩散能力：当扩散能力较强时，层间重叠性缺失对促进最大化传播有重要的影响[98]。值得关注的是低重叠度和中低值扩散系数不利于扩散。其次，参考文献[99]关注了多层有向网络中层间耦合程度和不对称程度对扩散过程的影响，结果表明中度耦合的网络会比完全耦合的网络具有更高的传播能力。最后，多层网络结构与动力学和其 Laplace 矩阵光谱特性是相互影响的[88,100,101]。参考文献[100]对多路复用网络拉普拉斯算子进行了频谱渐近分析，结果表明网络在扩散过程中呈现超扩散现象。超扩散现象指的是扩散从弛豫到稳定状态的时间尺度比孤立的任何层都小[88]。超扩散最早出现在扩散层较弱的系统中且与层重叠性无关。此外，多种病毒传播涉及丰富的动力学过程也备受关注[102]。多种病毒传播动力学的复杂性体现在病毒之间的多种交互方式和接触网络层间的相互作用模式。当两种病毒在一个网络上传播时，系统存在共存阈值(两种疾病会在传染病阈值与共存阈值之间同时流行)[103]。若将其推广到两种病毒不在同一个网络上传播时，共同阈值则作为一种特殊情况出现[104]。参考文献[105]提出了一个研究框架以讨论网络层的相互作用所带来的影响。结果表明两种病毒不会在单个接触网络中长期共存，但在双层网络中可以长期共存。此外，一些研究还关注了多层网络及其聚合网络中的多病毒传播问题。参考文献[104]研究了重叠网络中两种流行病的动态传播过程，结果表明两个网络的重叠程度对抑制第二种病毒的传播是有益的。但是，当两个相互作用的流行病在多层网络中传播时，重叠的连边对动力学过程没有影响[106]。

多层网络上的交通动力学：交通系统由多个相互影响的运输网络组成，包括道路网络、公交网络、地铁网络等。交通运输过程中所产生的拥堵现象不仅仅受到交通事故、极端天气、大型活动等随机因素的干扰，还会受到多层网络结构的影响。深入了解交通系统的特征有助于理解交通堵塞问题，也对提升突发交通状况的应对能力有着重要的意义。本节将对多层网络中的交通动力学研究进行总结与评述。

网络结构对交通拥堵的影响。参考文献[107]提出了一个交通动力学模型，分析了多层交通网络结构中网络层之间的协作现象。参考文献[108]构建了一个耦合交通网络模型并定义了包含路径长度和交通负荷系数的效用函数。结果表明层间最佳的耦合关系与最小平均路径不是等价的。在双层网络中，对节点进行分类耦合比随机耦合更容易缓解交通拥堵问题[109]。参考文献[110]分析了不同交通拥堵情况下不同网络结构的抗拥堵能力。结果表明双层网络中无论哪一层具有无标度特性，都能让交通系统具有更高的抗拥堵能力。此外，参考文献[111]指出多路复用网络结构会导致交通拥堵，同时不同层运输效率的失衡也会导致交通拥堵。

考虑到不同类型的交通工具传输效率不同，一些研究还关注了传输速度异质性的作用，了解传输速度异质性有助于设计出合理的流量分配策略，进而为缓解交通堵塞等问题提供科学依据。参考文献[109]研究了耦合空间网络中的交通动力学，结果表明网络最大承载量与双层网络中的传输速度比有关。参考文献[112]提出了一种有效的多层网络流量分配策略，可以合理地将低速网络层的流量重新分配到高速层。参考文献[113]提出了一种负载均衡模型，该模型在保持高速层传输优势的同时减少了资源消耗。

多层网络中的演化博弈：演化博弈关注的是有限理性的个体如何在重复博弈的过程中通过策略学习来优化收益。在演化博弈的过程中，参与者之间的关系所形成的网络结构至关重要。多层网络是对多种社会关系的抽象表达，其中节点表示博弈实验的参与者，在不同层中的连边表示参与者间某种特定的关系，层间连边表示不同网络层之间的依赖关系[114]。本节将对多层网络中的演化博弈进行评述与分析。

参与者的层外收益对演化博弈结果的影响，即参与者的收益来源包括层内与层外两部分。参考文献[115]分析了当所有参与者都能与层外参与者互动的情况，结果表明两个相互依赖的网络促进了合作。而在层内只有一部分特定参与者能与层外参与者互动时，则需要存在最佳的相互依存关系以保证最高的合作水平[116]。这种最佳相互依赖关系可以自发演化，即使在极端不利的条件下也能保持协作。然而，参与者的适应性和奖励会自组织地产生促进合作行为的超级参与者，这种现象的产生与博弈规则和网络结构无关[117]。

网络层之间的依赖关系还可以通过策略更新机制的影响来确定。参与者采用某种特定策略，同时依赖于其所在网络层中邻居的收益和其他网络层的其他策略，这种耦合方式有利于促进合作[118]。对于合作区域而言，如果某个策略在参与者所在的区域被频繁使用，那么采用其他策略的意愿将大大减弱。反之亦成立，即如果其他策略在其他网络层中被频繁使用，那么这将增大其在当前网络层中被接受的可能性。

网络结构对演化博弈结果的影响。参考文献[119]研究了多路复用网络的层数与边重叠度的作用，结果表明多个社会关系的存在可能会促进合作。在度相关性很强的多路复用网络中，博弈的最终结果会独立于收益参数[120]。在相互依赖的加权网络中，参与者的多样性会影响合作的发展[121]。在网络层间的连边模式产生不同的纳什均衡，这会对处于不同地位的参与者产生反直觉的博弈结果[122]。此外，节点在层间的分类匹配可以增强协作，这种现象与层中的网络结构无关[123]。

3. 多层网络中的“一致性”行为

多层网络的同步行为：同步现象是指在满足一定条件和耦合相互作用的影响下，个体状态在宏观上形成步调一致的现象。现实生活中同步是一种常见的现象，如多个钟摆的一致性摆动，萤火虫的同步发光，以及鼓掌时呈现的一致性等。系统的同步行为有两种呈现形式：一是序参量在通过相变点后呈现增长，即呈现连续相变；二是序参量在通过相变点时发生突变，即呈现一级相变(也被称为爆炸性同步)[124]。随着多层网络研究的兴起，多层网络中同步行为的研究也备受关注。

从多层网络拓扑结构的视角看同步行为。参考文献[125]研究了通过随机连接的双层网络，网络层内连边的权重与网络层间连边的权重之间的平衡会导致两个网络之间的同步性更高。相关研究还对时序网络、耦合星形网络与耦合无标度网络等不同类型网络中的同步行为做了分析[126]。

从多层网络同步行为的机制上分析，参考文献[127]研究了节点在网络之间的连接方式如何影响网络的同步和稳定性。结果表明，通过非随机方式连接节点可最大限度地提高网络同步性。参考文献[128]研究了不同动力学交织在一起的多层网络的同步行为。参考文献[129]则提出了一种多层网络同步和扩散之间动态依赖关系的研究框架。参考文献[130]提出了一个通用框架，用于评估具有多层网络中同步状态的稳定性。

爆炸性同步是近年来比较热门的研究领域，其特征为序参量通过相变点后出现突然的跃变，并随着耦合强度的变化，相变点前后的过程不可逆。多层网络的爆炸性同步研究的突破点在于放宽了早期研究爆炸性同步的第二个基本假设：节点度与频率成正比。参考文献[131]通过耦合网络表明在一定条件下，系统可以呈现爆炸性同步，且节点度与频率不需要强关联条件。进一步，参考文献[132]在双层网络中验证了在自适应条件下，系统爆炸性现象的出现不依赖于第二个条件。值得说明的是，多层网络中具有自适应演化特征的振子所占的比例会影响系统的同步行为，尤其是在该比例小于1时，系统会同时存在爆炸性同步和经典同步[133]。

多层网络中的投票模型：复杂系统中的集群行为是复杂系统涌现性的重要表现，它通过微观个体之间的相互作用，并在宏观上表现出一定的时空或者功能的有序结构。许多物理学家和社会学家试图通过物理模型揭示社会经济系统中的集群行为，包括投票模型。参考文献[134]最早通过该模型模拟了社会舆论如何从无序的混乱状态演化到整体认识的过程。在多层网络框架中研究多数投票模型对了解多元化对意见动态的影响是至关重要的，这种动态过程可以采用蒙特卡洛模拟、非均匀平均场近似和主方程等方法进行定量化研究[135-137]。

从多层网络的角度研究投票模型的类型，发现网络中可能存在两种状态的共存阶段，其中个体倾向于通过层间连边在不同的层中保持相同的观点[138,139]。参考文献[137]讨论了3种类型的选民如何达成共识，以及在这些不同类型的选民达成共识背后起作用的微观基础。参考文献[135]研究了由两个无标度网络组成的多路复用网络的多数表决模型，结果表明铁磁相变的临界指数取决于层中的度分布。

在共同演化的投票模型中，节点的状态和网络拓扑结构彼此协同发展，并呈现碎片化过渡[140]。在实际系统中，个体的行为通常与环境变化相耦合，参考文献[136]研究了多数投票过程与反应扩散过程耦合网络的非均衡模型，结果表明噪声层中的噪声参数与投票行为有关。

参考文献

[1]NEWMAN M E J. Scientific collaboration networks. I. Network construction and fundamental results [J]. Physical Review E，2001，64：016131.

[2]NEWMAN M E J. Scientific collaboration networks. II. Shortest paths，weighted networks，and centrality [J]. Physical Review E，2001，64(2)：016132.

[3]Lambiotte R，Ausloos M. Uncovering collective listening habits and music genres in bipartite networks[J]. Physical Review E，2005，72：066107.

[4]WATTS D J，STROGATZ S H. Collective dynamics of small world networks [J]. Nature，1998，393：440-442.

[5]BARABÁSI A L，ALBERT R. Emergence of scaling in random networks [J]. Science，1999，286：509-512.

[6]刘爱芬，付春花，张增平，等. 中国大陆电影网络的实证统计研究[J]. 复杂系统与复杂性科学，2007，4(3)：10-16.

[7]傅林华，郭建峰，朱建阳. 图书馆图书借阅系统与单标度二元网络模型[J]. 情报学报，2004，23(9)：571-575.

[8]王进良，张鹏，狄增如，等. 北京师范大学图书借阅系统的网络分析[J]. 情报学报，2009，28(1)：137-141.

[9]LATAPY M，MAGNIEN C，VECCHIO N D. Basic notions for the analysis of large two-mode networks [J]. Social Networks，2008，30：31-48.

[10] LI M H，FAN Y，CHEN J W，et al. Weighted networks of scientific

communication: the measurement and topological role of weight[J]. Physica A: Statistical Mechanics and its Applications, 2005, 350: 643-656.

[11]ZHOU T, REN J, MEDO M, et al. Bipartite network projection and personal recommendation [J]. Physical Review E, 2007, 76: 046115.

[12]LIND P G, GONZÁLEZ M C, HERRMANN H J. Cycles and clustering in bipartite networks [J]. Physical Review E, 2005, 72: 056127.

[13]ZHANG P, WANG J L, LI X J, et al. Clustering coefficient and community structure of bipartite networks [J]. Physica A: Statistical Mechanics and its Applications, 2008, 387: 6869-6875.

[14]GIRVAN M, NEWMAN M E J. Community structure in social and biological networks[J]. Proceedings of the National Academy of Sciences, 2002, 99: 7821-7826.

[15]PALLA G, DERÉNYI I, FARKAS I, et al. Uncovering the overlapping community structure of complex networks in nature and society[J]. Nature, 2005, 435: 814-818.

[16]LEHMANN S, SCHWARTZ M, HANSEN L K. Biclique communities[J]. Physical Review E, 2008, 78: 016108.

[17]NEWMAN M E J, GIRVAN M. Finding and evaluating community structure in networks[J]. Physical Review E, 2004, 69(2): 026113.

[18]GUIMERÀ R, SALES-PARDO M, AMARAL L A. Module identification in bipartite and directed networks[J], Physical Review E, 2007, 76: 036102.

[19]BARBER M J. Modularity and community detection in bipartite networks[J]. Physical Review E, 2007, 76: 066102.

[20]NEWMAN M E J. Finding community structure in networks using the eigenvectors of matrices[J]. Physical Review E, 2006, 74: 036104.

[21]NEWMAN M E J, STROGATZ S H, WATTS D J. Random graph models of social networks [J]. Proceedings of the National Academy of Sciences, 2002, 99: 2566-2572.

[22]OHKUBO J, TANAKA K, HORIGUCHI T. Generation of complex bipartite graphs by using a preferential rewiring process[J]. Physical Review E, 2005, 72: 036120.

[23]RAMASCO J J, DOROGOVTSEV S N, PASTOR-SATORRAS R. Self-organization of collaboration networks[J]. Physical Review E, 2004, 70: 036106.

[24]GUILLAUME J L, LATAPY M. Bipartite graphs as models of complex networks [J]. Physica A: Statistical Mechanics and its Applications, 2006, 371: 795-813.

[25]GOLDSTEIN M L, MORRIS S A, YEN G G. Group-based Yule model for bipartite author-paper networks[J]. Physical Review E, 2005, 71: 026108.

[26]EVANS T S, PLATO A D K. Exact solution for the time evolution of network rewiring models[J]. Physical Review E, 2007, 75: 056101.

[27]OHKUBO J, YASUDA M, TANAKA K. Preferential urn model and nongrowing

complex networks[J]. Physical Review E, 2005, 72: 065104.

[28] FAN H, WANG Z, OHNISHI T, et al. Multicommunity weight-driven bipartite network model[J]. Physical Review E, 2008, 78: 026103.

[29] KIVELÄ M, ARENAS A, BARTHELEMY M, et al. Multilayer networks [J]. Journal of Complex Networks, 2014, 2(3): 203-271.

[30] BATTISTON F, NICOSIA V, LATORA V. Structural measures for multiplex networks[J]. Physical Review E, 2014, 89(3): 032804.

[31] BATTISTON F, NICOSIA V, LATORA V. The new challenges of multiplex networks: Measures and models [J]. The European Physical Journal Special Topics, 2017, 226: 401-416.

[32] BOCCALETTI S, BIANCONI G, CRIADO R, et al. The structure and dynamics of multilayer networks [J]. Physics Reports, 2014, 544(1): 1-122.

[33] DE DOMENICO M, SOLÉ-RIBALTA A, COZZO E, et al. Mathematical formulation of multilayer networks[J]. Physical Review X, 2013, 3(4): 041022.

[34] COZZO E, DE ARRUDA G F, RODRIGUES F A, et al. Multiplex networks: basic formalism and structural properties[M]. Springer International Publishing, 2018: 87-112.

[35] DE DOMENICO M, NICOSIA V, ARENAS A, et al. Structural reducibility of multilayer networks[J]. Nature Communications, 2015, 6(1): 6864.

[36] SIMPSON E H. Measurement of diversity [J]. Nature, 1949, 163 (4148): 688-688.

[37] SHANNON C E. A mathematical theory of communication[J]. The Bell System Technical Journal, 1948, 27(3): 379-423.

[38] COZZO E, KIVELÄ M, DE DOMENICO M, et al. Structure of triadic relations in multiplex networks[J]. New Journal of Physics, 2015, 17(7): 073029.

[39] HALU A, MONDRAGÓN R J, PANZARASA P, et al. Multiplex pagerank [J]. PLoS ONE, 2013, 8(10): e78293.

[40] PEDROCHE F, ROMANCE M, CRIADO R. A biplex approach to PageRank centrality: From classic to multiplex networks[J]. Chaos: An Interdisciplinary Journal of Nonlinear Science, 2016, 26(6): 065301.

[41] IACOVACCI J, RAHMEDE C, ARENAS A, et al. Functional multiplex pagerank[J]. Europhysics Letters, 2016, 116(2): 28004.

[42] PEDROCHE F, GARCÍA E, ROMANCE M, et al. Sharp estimates for the personalized multiplex PageRank [J]. Journal of Computational and Applied Mathematics, 2018, 330: 1030-1040.

[43] WU M, HE S, ZHANG Y, et al. A tensor-based framework for studying eigenvector multicentrality in multilayer networks [J]. Proceedings of the National Academy of Sciences, 2019, 116(31): 15407-15413.

[44] WANG D, WANG H, ZOU X. Identifying key nodes in multilayer networks

based on tensor decomposition[J]. Chaos: An Interdisciplinary Journal of Nonlinear Science, 2017, 27(6): 063108.

[45]TUDISCO F, ARRIGO F, GAUTIER A. Node and layer eigenvector centralities for multiplex networks[J]. SIAM Journal on Applied Mathematics, 2018, 78(2): 853-876.

[46]CHEN X, LU Z M. Measure of layer centrality in multilayer network[J]. International Journal of Modern Physics C, 2018, 29(6): 1850051.

[47]LV L S, ZHANG K, ZHANG T, et al. Nodes and layers PageRank centrality for multilayer networks[J]. Chinese Physics B, 2019, 28(2): 020501.

[48]RAHMEDE C, IACOVACCI J, ARENAS A, et al. Centralities of nodes and influences of layers in large multiplex networks[J]. Journal of Complex Networks, 2018, 6(5): 733-752.

[49]MUCHA P J, RICHARDSON T, MACON K, et al. Community structure in time-dependent, multiscale, and multiplex networks[J]. Science, 2010, 328(5980): 876-878.

[50]ZHANG H, WANG C D, LAI J H, et al. Community detection using multilayer edge mixture model[J]. Knowledge and Information Systems, 2019, 60: 757-779.

[51]JEUB L G S, MAHONEY M W, MUCHA P J, et al. A local perspective on community structure in multilayer networks[J]. Network Science, 2017, 5(2): 144-163.

[52]TANG L, WANG X, LIU H. Community detection via heterogeneous interaction analysis[J]. Data Mining and Knowledge Discovery, 2012, 25: 1-33.

[53]GHASEMIAN A, ZHANG P, CLAUSET A, et al. Detectability thresholds and optimal algorithms for community structure in dynamic networks[J]. Physical Review X, 2016, 6(3): 031005.

[54]LANCICHINETTI A, FORTUNATO S. Consensus clustering in complex networks[J]. Scientific Reports, 2012, 2(1): 336.

[55]PAUL S, CHEN Y. Spectral and matrix factorization methods for consistent community detection in multi-layer networks[J]. The Annals of Statistics, 2020, 48(1): 230-250.

[56]LÁSZLÓ LOVÁSZ, LOV L, ERDOS O P. Random walks on graphs: A survey [J]. Combinatorics, 1993, 2(1): 1-46.

[57]KUNCHEVA Z, MONTANA G. Community detection in multiplex networks using locally adaptive random walks[C]//Proceedings of the 2015 IEEE/ACM International Conference on Advances in Social Networks Analysis and Mining 2015, 2015: 1308-1315.

[58]DE DOMENICO M, LANCICHINETTI A, ARENAS A, et al. Identifying modular flows on multilayer networks reveals highly overlapping organization in interconnected systems[J]. Physical Review X, 2015, 5(1): 011027.

[59]AFSARMANESH N, MAGNANI M. Finding overlapping communities in

multiplex networks[J]. arXiv preprint arXiv：2016，1602：03746.

[60]MONDRAGON R J，IACOVACCI J，BIANCONI G. Multilink communities of multiplex networks[J]. PLoS ONE，2018，13(3)：e0193821.

[61]LIU W，SUZUMURA T，JI H，et al. Finding overlapping communities in multilayer networks[J]. PLoS ONE，2018，13(4)：e0188747.

[62]PARSHANI R，BULDYREV S V，HAVLIN S. Interdependent networks：Reducing the coupling strength leads to a change from a first to second order percolation transition[J]. Physical Review Letters，2010，105(4)：048701.

[63]RADICCHI F，BIANCONI G. Redundant interdependencies boost the robustness of multiplex networks[J]. Physical Review X，2017，7(1)：011013.

[64]SHEKHTMAN L M，HAVLIN S. Percolation of hierarchical networks and networks of networks[J]. Physical Review E，2018，98(5)：052305.

[65]TURALSKA M，BURGHARDT K，ROHDEN M，et al. Cascading failures in scale-free interdependent networks[J]. Physical Review E，2019，99(3)：032308.

[66]MIN B，DO YI S，LEE K M，et al. Network robustness of multiplex networks with interlayer degree correlations[J]. Physical Review E，2014，89(4)：042811.

[67]LIU X，STANLEY H E，GAO J. Breakdown of interdependent directed networks[J]. Proceedings of the National Academy of Sciences，2016，113(5)：1138-1143.

[68]KLEINEBERG K K，BUZNA L，PAPADOPOULOS F，et al. Geometric correlations mitigate the extreme vulnerability of multiplex networks against targeted attacks[J]. Physical Review Letters，2017，118(21)：218301.

[69]ROTH K，MORONE F，MIN B，et al. Emergence of robustness in networks of networks[J]. Physical Review E，2017，95(6)：062308.

[70]SUN J，ZHANG R，FENG L，et al. Extreme risk induced by communities in interdependent networks[J]. Communications Physics，2019，2(1)：45.

[71]SHEKHTMAN L M，SHAI S，HAVLIN S. Resilience of networks formed of interdependent modular networks[J]. New Journal of Physics，2015，17(12)：123007.

[72]AZIMI-TAFRESHI N，DOROGOVTSEV S N，MENDES J F F. Giant components in directed multiplex networks[J]. Physical Review E，2014，90(5)：052809.

[73]NIU D，YUAN X，DU M，et al. Percolation of networks with directed dependency links[J]. Physical Review E，2016，93(4)：042312.

[74]LIU X，PAN L，STANLEY H E，et al. Multiple phase transitions in networks of directed networks[J]. Physical Review E，2019，99(1)：012312.

[75]BULDYREV S V，PARSHANI R，PAUL G，et al. Catastrophic cascade of failures in interdependent networks[J]. Nature，2010，464(7291)：1025-1028.

[76]GAO J，BULDYREV S V，STANLEY H E，et al. Percolation of a general network of networks[J]. Physical Review E，2013，88(6)：062816.

[77]WANG W，YANG S，STANLEY H E，et al. Local floods induce large-scale

abrupt failures of road networks[J]. Nature Communications，2019，10(1)：2114.

[78]LI M，LÜ L，DENG Y，et al. History-dependent percolation on multiplex networks[J]. National Science Review，2020，7(8)：1296-1305.

[79] OSAT S，FAQEEH A，RADICCHI F. Optimal percolation on multiplex networks[J]. Nature Communications，2017，8(1)：1540.

[80] SINGH R K，SINHA S. Optimal interdependence enhances the dynamical robustness of complex systems[J]. Physical Review E，2017，96(2)：020301.

[81]WANG Z，ZHOU D，HU Y. Group percolation in interdependent networks[J]. Physical Review E，2018，97(3)：032306.

[82]KRYVEN I. Bond percolation in coloured and multiplex networks[J]. Nature Communications，2019，10(1)：404.

[83]KRYVEN I，BIANCONI G. Enhancing the robustness of a multiplex network leads to multiple discontinuous percolation transitions[J]. Physical Review E，2019，100(2)：020301.

[84]YUAN X，HU Y，STANLEY H E，et al. Eradicating catastrophic collapse in interdependent networks via reinforced nodes[J]. Proceedings of the National Academy of Sciences，2017，114(13)：3311-3315.

[85]DUAN D，LV C，SI S，et al. Universal behavior of cascading failures in interdependent networks[J]. Proceedings of the National Academy of Sciences，2019，116(45)：22452-22457.

[86] DEARRUDA G F，RODRIGUES F A，MORENO Y. Fundamentals of spreading processes in single and multilayer complex networks[J]. Physics Reports，2018，756：1-59.

[87]DE DOMENICO M，GRANELL C，PORTER M A，et al. The physics of spreading processes in multilayer networks[J]. Nature Physics，2016，12(10)：901-906.

[88]GOMEZ S，DIAZ-GUILERA A，GOMEZ-GARDENES J，et al. Diffusion dynamics on multiplex networks[J]. Physical Review Letters，2013，110(2)：028701.

[89]DE DOMENICO M，SOLÉ-RIBALTA A，GÓMEZ S，et al. Navigability of interconnected networks under random failures[J]. Proceedings of the National Academy of Sciences，2014，111(23)：8351-8356.

[90]RADICCHI F. Driving interconnected networks to supercriticality[J]. Physical Review X，2014，4(2)：021014.

[91] AN N，CHEN H，MA C，et al. Spontaneous symmetry breaking and discontinuous phase transition for spreading dynamics in multiplex networks[J]. New Journal of Physics，2018，20(12)：125006.

[92]刘权辉，王伟，唐明. 多层耦合网络传播综述[J]. 复杂系统与复杂性科学，2016，13(1)：48-57.

[93]SANZ J，XIA C Y，MELONI S，et al. Dynamics of interacting diseases[J].

Physical Review X, 2014, 4(4): 041005.

[94]GRANELL C, GÓMEZ S, ARENAS A. Dynamical interplay between awareness and epidemic spreading in multiplex networks [J]. Physical Review Letters, 2013, 111 (12): 128701.

[95]WEI X, CHEN S, WU X, et al. A unified framework of interplay between two spreading processes in multiplex networks[J]. Europhysics Letters, 2016, 114 (2): 26006.

[96] SERRANO A B, GÓMEZ-GARDEÑES J, ANDRADE R F S. Optimizing diffusion in multiplexes by maximizing layer dissimilarity[J]. Physical Review E, 2017, 95(5): 052312.

[97]LIU Q H, XIONG X, ZHANG Q, et al. Epidemic spreading on time-varying multiplex networks[J]. Physical Review E, 2018, 98(6): 062303.

[98]CENCETTI G, BATTISTON F. Diffusive behavior of multiplex networks[J]. New Journal of Physics, 2019, 21(3): 035006.

[99]TEJEDOR A, LONGJAS A, FOUFOULA-GEORGIOU E, et al. Diffusion dynamics and optimal coupling in multiplex networks with directed layers[J]. Physical Review X, 2018, 8(3): 031071.

[100]SOLE-RIBALTA A, DE DOMENICO M, KOUVARIS N E, et al. Spectral properties of the Laplacian of multiplex networks[J]. Physical Review E, 2013, 88 (3): 032807.

[101]YANG Y, TU L, GUO T, et al. Spectral properties of Supra-Laplacian for partially interdependent networks[J]. Applied Mathematics and Computation, 2020, 365: 124740.

[102]靳帧，孙桂全，刘茂省. 网络传染病动力学建模与分析[M]. 北京：科学出版社，2014.

[103]KARRER B, NEWMAN M E J. Competing epidemics on complex networks [J]. Physical Review E, 2011, 84(3): 036106.

[104]FUNK S, JANSEN V A A. Interacting epidemics on overlay networks[J]. Physical Review E, 2010, 81(3): 036118.

[105]SAHNEH F D, SCOGLIO C. Competitive epidemic spreading over arbitrary multilayer networks[J]. Physical Review E, 2014, 89(6): 062817.

[106]ZHOU S, XU S, WANG L, et al. Propagation of interacting diseases on multilayer networks[J]. Physical Review E, 2018, 98(1): 012303.

[107]GU C G, ZOU S R, XU X L, et al. Onset of cooperation between layered networks[J]. Physical Review E, 2011, 84(2): 026101.

[108]MORRIS R G, BARTHELEMY M. Transport on coupled spatial networks[J]. Physical Review Letters, 2012, 109(12): 128703.

[109]TAN F, WU J, XIA Y, et al. Traffic congestion in interconnected complex networks[J]. Physical Review E, 2014, 89(6): 062813.

[110]DING R, YIN J, DAI P, et al. Optimal topology of multilayer urban traffic networks[J]. Complexity, 2019: 1-19.

[111] SOLÉ-RIBALTA A, GÓMEZ S, ARENAS A. Congestion induced by the structure of multiplex networks[J]. Physical Review Letters, 2016, 116(10): 108701.

[112]GAO L, SHU P, TANG M, et al. Effective traffic-flow assignment strategy on multilayer networks[J]. Physical Review E, 2019, 100(1): 012310.

[113] ZHANG Y, LI Y, LI M, et al. Method to enhance traffic capacity for multilayer networks [J]. International Journal of Modern Physics B, 2020, 34 (13): 2050140.

[114]WANG Z, WANG L, SZOLNOKI A, et al. Evolutionary games on multilayer networks: a colloquium[J]. The European Physical Journal B, 2015, 88: 1-15.

[115]WANG Z, SZOLNOKI A, PERC M. Evolution of public cooperation on interdependent networks: The impact of biased utility functions [J]. Europhysics Letters, 2012, 97(4): 48001.

[116]WANG Z, SZOLNOKI A, PERC M. Optimal interdependence between networks for the evolution of cooperation[J]. Scientific Reports, 2013, 3(1): 2470.

[117]WANG Z, SZOLNOKI A, PERC M. Rewarding evolutionary fitness with links between populations promotes cooperation [J]. Journal of Theoretical Biology, 2014, 349: 50-56.

[118]SZOLNOKI A, PERC M. Information sharing promotes prosocial behaviour [J]. New Journal of Physics, 2013, 15(5): 053010.

[119]BATTISTON F, PERC M, LATORA V. Determinants of public cooperation in multiplex networks[J]. New Journal of Physics, 2017, 19(7): 073017.

[120]KLEINEBERG K K, HELBING D. Topological enslavement in evolutionary games on correlated multiplex networks [J]. New Journal of Physics, 2018, 20 (5): 053030.

[121]LIU S, ZHANG L, WANG B. Evolution of cooperation with individual diversity on interdependent weighted networks[J]. New Journal of Physics, 2020, 22(1): 013034.

[122] IRANZO J, BULDÚ J M, AGUIRRE J. Competition among networks highlights the power of the weak[J]. Nature Communications, 2016, 7(1): 13273.

[123]DUH M, GOSAK M, SLAVINEC M, et al. Assortativity provides a narrow margin for enhanced cooperation on multilayer networks[J]. New Journal of Physics, 2019, 21(12): 123016.

[124]GUAN S G. Explosive synchronization in complex networks[J]. Scientia Sinica Physica, Mechanica & Astronomica, 2020, 50(1): 010504.

[125] HUANG L, PARK K, LAI Y C, et al. Abnormal synchronization in complex clustered networks[J]. Physical Review Letters, 2006, 97(16): 164101.

[126]徐明明，陆君安，周进. 两层星形网络的特征值谱及同步能力[J]. 物理学报，2016，65(2)：28902.

[127]AGUIRRE J, SEVILLA-ESCOBOZA R, GUTIERREZ R, et al. Synchronization of interconnected networks: the role of connector nodes[J]. Physical Review Letters, 2014, 112(24): 248701.

[128]NICOSIA V, SKARDAL P S, ARENAS A, et al. Collective phenomena emerging from the interactions between dynamical processes in multiplex networks[J]. Physical Review Letters, 2017, 118(13): 138302.

[129]DANZIGER M M, BONAMASSA I, BOCCALETTI S, et al. Dynamic interdependence and competition in multilayer networks[J]. Nature Physics, 2019, 15(2): 178-185.

[130]DEL GENIO C I, GÓMEZ-GARDEÑES J, BONAMASSA I, et al. Synchronization in networks with multiple interaction layers[J]. Science Advances, 2016, 2(11): e1601679.

[131]SU G, RUAN Z, GUAN S, et al. Explosive synchronization on co-evolving networks[J]. Europhysics Letters, 2013, 103(4): 48004.

[132]ZHANG X, BOCCALETTI S, GUAN S, et al. Explosive synchronization in adaptive and multilayer networks[J]. Physical Review Letters, 2015, 114(3): 038701.

[133]DANZIGER M M, MOSKALENKO O I, KURKIN S A, et al. Explosive synchronization coexists with classical synchronization in the Kuramoto model[J]. Chaos: An Interdisciplinary Journal of Nonlinear Science, 2016, 26(6): 065307.

[134]SZNAJD-WERON K, SZNAJD J. Opinion evolution in closed community[J]. International Journal of Modern Physics C, 2000, 11(6): 1157-1165.

[135]KRAWIECKI A, GRADOWSKI T, SIUDEM G. Majority vote model on multiplex networks[J]. Acta Physica Polonica A, 2018, 133(6): 1433-1440.

[136]LIU J, FAN Y, ZHANG J, et al. Coevolution of agent's behavior and noise parameters in majority vote game on multilayer networks[J]. New Journal of Physics, 2019, 21(1): 015007.

[137]CHOI J, GOH K I. Majority-vote dynamics on multiplex networks with two layers[J]. New Journal of Physics, 2019, 21(3): 035005.

[138]CHMIEL A, SZNAJD-WERON K. Phase transitions in the q-voter model with noise on a duplex clique[J]. Physical Review E, 2015, 92(5): 052812.

[139]AMATO R, KOUVARIS N E, SAN MIGUEL M, et al. Opinion competition dynamics on multiplex networks[J]. New Journal of Physics, 2017, 19(12): 123019.

[140]DIAKONOVA M, SAN MIGUEL M, EGUÍLUZ V M. Absorbing and shattered fragmentation transitions in multilayer coevolution[J]. Physical Review E, 2014, 89(6): 062818.

第 10 章　案例分析

案例分析是将理论知识应用于实际问题的重要环节，它能够帮助我们更好地理解复杂网络理论的实用性和有效性。在这里，我们将国际贸易系统和科学文献系统作为两个具体的实践案例，通过这两个案例展示如何利用复杂网络的工具和方法进行网络建模与分析。在国际贸易部分，深入探讨了国际贸易网络的构建、网络拓扑性质以及网络的动力学行为等。在科学文献部分，首先讨论了科学文献数据的复杂网络表现形式，包括科学家—论文二分网络、科学引文网络，以及科学家—论文耦合网络等。然后通过分析这些网络的拓扑性质及动力学行为，深入了解科学文献系统的性质。

总之，本章提供了一套利用复杂网络理论来分析具体问题的解决范式。通过对国际贸易和科学文献复杂系统进行系统性的分析，可以使研究者深入理解复杂网络方法的工作原理和动态特性，从而将它作为一种研究工具使用到其他领域的复杂系统中，提出针对具体问题的解决方案。

10.1　复杂网络视角下国际贸易研究

国际贸易研究可以分为理论和实证两大类，其核心命题是在机制和数量上阐释国家之间为什么会发生贸易。国际贸易理论基础主要由传统国际贸易理论、新国际贸易理论和新新国际贸易理论组成，致力于从比较优势与资源禀赋差异、市场规模、经济规模、产品差异和企业异质性等角度解释国际贸易形成的原因。不过这些理论虽然解释了国际贸易产生的原因，但是忽略了对双边贸易量的解释，进而有学者基于引力模型[1]探究贸易量的决定因素。

国际贸易理论是在经济学理论的基础之上建立起来的，它主要关注国家(地区)以及局部区域中国家(地区)间的贸易问题。随着经济全球化的发展，各个国家(地区)贸易联系不断加强，使得贸易系统成为一个有机的整体，这让经济学理论框架难以解释贸易系统的全局特征。主流经济学所面临的挑战有：一是经济系统具有非均衡和演化等特点，而经济分析常用的线性模型难以描述与预测复杂的经济过程[2]。二是经济危机中失效的计量模型，使得经济系统复杂性需要被强调，进而对已有经济学理论的研究范式进行修改与扩展[3]。三是与传统的经济学相比，经济物理立足于现实数据，而非从先验的模型出发[4]。

经济系统是由个体和个体间的相互作用组成的复杂系统，贸易系统是经济系统的重要组成部分。贸易系统复杂性研究需要新的工具来理解贸易系统和贸易网络，复杂网络理论和复杂性理论为其提供了研究范式，应用复杂网络这套工具和方法研究国际贸易，可以从全局的视角出发，揭示国际贸易形成机制和演化规律，进而解释国家(地区)间贸易的相互作用模式及其对系统结构和功能的影响。随着信息技术的革新，让研究者获取大规模数据变得便捷，为数据驱动的贸易系统复杂性研究提供了基础。大数据在揭示宏观社会经济结构、微观社会经济状况以及经济发展等方面的规律上发挥着越来越重要的作用[5]。事实上，实证经济研究过程中挖掘出有价值和有潜力的贸易规律已成为制定相关决策的关键。

10.1.1 国际贸易网络构建

研究国际贸易网络面临的首要问题是网络的构建，即定义国际贸易网络中节点和连边。近年来，学者从不同角度建立网络模型，为国际贸易的研究提供了帮助。本节主要从国际贸易经典网络模型、国际贸易适应度模型、国际贸易双曲模型、国际贸易流网络模型、国际贸易耦合网络模型和国际贸易二分网络模型 6 个模型出发，介绍国际贸易不同的建网方式。

1. 国际贸易经典网络模型

国际贸易网络是由国家(地区)构成的节点集和贸易关系构成的边集组成的复杂系统。根据网络连边性质的不同，可以将国际贸易网络划分为无权网络、加权网络、有向网络和无向网络等不同的表达形式。

最开始的网络研究主要关注的是国家(地区)间有无贸易关系而确定的无权网络[6,7]，即当国家(地区)i，j 之间有连边，则表示国家(地区)i，j 间存在贸易关系，即国际贸易网络邻接矩阵 $A_{ij}=A_{ji}=1$，否则 $A_{ij}=A_{ji}=0$。进一步，相关研究根据连边的方向性构建了国际贸易有向网络。在有向网络中，边的方向表示国际贸易进出口关系，即邻接矩阵 A_{ij} 表示若 i 国家(地区)与 j 国家(地区)有贸易关系则 $A_{ij}=1$，否则 $A_{ij}=0$。有向网络丰富了贸易网络的拓扑信息。为了简化分析，有学者对国际贸易网络进行了对称化处理[6]，即忽略国际贸易网络中的进出口关系，将加权网络转化成无权网络。

随着国际贸易网络研究深入，学者通过耦合贸易网络拓扑结构和双边贸易流量，构建了国际贸易加权网络模型[8-15]，即量化不同国家(地区)间的贸易强度。因此，国际贸易加权网络是以国家(地区)为节点、贸易关系为连边以及贸易关系强度为权重的网络模型。学者在研究加权网络时，采用不同的方式定义贸易网络的权重。国际贸易网络边权 w_{ij} 定义主要有：两国之间的贸易值[11]、进出口贸易值与贸易总量的比值[12]、进出口贸易额和出口国 GDP 的比值[13,14]，即 $w_{ij}=\text{value}_{ij}/g_i$。其中 value_{ij} 表示的是国家 i 到国家 j 的贸易额，g_i 表示的是国家 i 的 GDP。相关研究类比无权网络的对称化处理方式，得到无向加权网络的权重[8,14,15]：

$$\widetilde{w}_{ij}=\frac{1}{2}(w_{ij}+w_{ji})。\tag{10-1}$$

2. 国际贸易适应度模型

经典国际贸易网络是由国家(地区)及其贸易关系组成的，它能够揭示贸易系统的特征与规律，但无法解释两个国家(地区)建立贸易关系的机制。而国际贸易适应度模型是一种揭示国家(地区)内在属性与贸易关系建立之间的机制模型。本小节从贸易关系形成机制出发，对国际贸易适应度模型及其拓展模型做简要梳理。

经典贸易适应度模型表明：国际贸易网络是由国家(地区)间进出口关系确定的，相关的研究发现 GDP 不仅和国际贸易网络有紧密的联系[16]，还和网络节点度有很强的相关关系[7]。因此，学者基于适应度模型，挖掘 GDP 和国家(地区)间贸易网络结构之间的潜在关系重构贸易网络，以此解释贸易关系形成机制。参考文献[17，18]将归一化的 GDP 作为国际贸易网络节点的适应度值，进而通过适应度确定国家(地区)间贸易连接概率。因此，经典贸易适应度模型的节点适应度及其连接概率 p_{ij} 定义为：

$$x_i = w_i / \sum_{j=1}^{N} w_j, \tag{10-2}$$

$$p_{ij} = \delta x_i x_j / (1 + \delta x_i x_j), \tag{10-3}$$

其中，N 表示国际贸易中国家(地区)的数量；w_i 表示国家 i(地区)的 GDP 总值；$\delta > 0$ 是模型的参数。

国际贸易经典适应度模型构建的关键在于定义每个国家(地区)的内在属性，即适应度值 x_i。适应度值不同的定义方式会影响贸易网络预测精度，参考文献[19]提出了一种基于 GDP 标准化排名的适应度模型。该方法不仅消除了一个自由度，降低了统计过程的噪声，还发现了国际贸易行为的波动主要发生在适应度和连接方式差异较大的国家之间[19]。该方法的节点适应度值定义为：

$$x_i = \frac{1}{N} \sum_{j=1}^{N} H(w_i - w_j), \tag{10-4}$$

其中，$H(x)$是赫维赛阶跃函数；w_i 是 i 国家(地区)的收入。

贸易适应度扩展模型：经典贸易适应度模型给出了一种无权贸易网络的构建方法，尽管很好地再现了国际贸易网络的拓扑结构，但无法预测双边贸易国的贸易量[20]。因此，相关研究在 ECM[21]的基础之上，将适应度模型拓展至加权网络[20]。下面将对国际贸易加权网络的重构过程做详细的介绍。

为了更好地介绍国际贸易加权网络的重构过程，本文首先对 ECM 做简要的介绍。在 ECM 中，系统的哈密顿量可以由网络中节点度和强度的序列给出：

$$H(W) = \sum_{i=1}^{N} [\alpha_i k_i(W) + \beta_i s_i(W)], \tag{10-5}$$

其中，节点度和强度序列分别定义为 $k_i(W) = \sum_{j \neq i}^{N} a_{ij} = \sum_{j \neq i}^{N} \Theta(w_{ij})$；$s_i(W) = \sum_{j \neq i}^{N} w_{ij}$；$\alpha_i$，$\beta_i$ 是自由参数；a_{ij} 表示无权贸易网络的邻接矩阵。而在最大熵约束下的网络连接概率 p_{ij} 定义为：

$$p_{ij} = \prod_{i<j} \frac{(x_i x_j)^{a_{ij}} (y_i y_j)^{w_{ij}} (1 - y_i y_j)}{1 - y_i y_j + x_i x_j y_i y_j}, \tag{10-6}$$

其中，$x_i \equiv e^{-\alpha_i}$；$y_i \equiv e^{-\beta_i}$。因此，给定一个网络的隐藏变量 x_i 和 y_i，就能够定义网络节点的连接概率和边权的期望值，进而建立了加权网络模型：

$$\langle a_{ij} \rangle = x_i x_j / (1 + x_i x_j) \equiv p_{ij}, \tag{10-7}$$

$$\langle w_{ij} \rangle = p_{ij} / (1 - y_i y_j)。 \tag{10-8}$$

上述加权网络重构模型是在最大熵的约束下建立起来的，它对于现实网络重构的研究有着重要意义。在国际贸易的相关研究中，学者发现国家(地区)GDP 不仅和国家贸易网络结构有关，还和节点强度有着密切关系[7,16]。因此，适应度扩展模型构建的关键是确定网络节点内在属性和隐藏变量之间的关系。参考文献[20]发现贸易网络节点隐藏变量 x_i、y_i 和国家(地区)经济规模存在如下关系：

$$x_i=\sqrt{a}\cdot g_i, \tag{10-9}$$

$$y_i=b\cdot g_i^c/(1+b\cdot g_i^c), \tag{10-10}$$

其中，a、b、c 分别是每年贸易网络的调节参数，$g_i=\mathrm{GDP}_i/\sum\limits_i \mathrm{GDP}_i$。

基于此，将隐藏变量值 x_i、y_i 代入 ECM 中，可以得到基于 GDP 的国际贸易加权网络模型：

$$a_{ij}(a)\equiv p_{ij}(a)=a\cdot g_i g_j/(1+a\cdot g_i g_j), \tag{10-11}$$

$$w_{ij}(a,\ b,\ c)=p_{ij}\cdot\frac{(1+b\cdot g_i^c)(1+b\cdot g_j^c)}{1+b\cdot g_i^c+b\cdot g_j^c}。 \tag{10-12}$$

该模型用宏观经济变量 GDP 从机制和数量上重构了国际贸易网络，更重要的是该模型和 ECM 相比，统计量维度减少了一维，并较好地预测了国际贸易网络拓扑结构和国家间贸易流量，确立了 GDP 在国际贸易网络中的双重地位[20]。这为贸易系统机制研究提供了新的思路。

3. 国际贸易双曲模型

复杂网络嵌入指的是在网络拓扑结构的基础上，将网络嵌入不同维度的空间中，进而探讨复杂网络背后蕴藏的特性。常用的嵌入方法有：DMS[22]、双曲映射[23-28]等。近年来，学者用复杂网络双曲模型研究国际贸易网络的几何特性，它通过贸易网络节点内在的隐藏属性和节点几何空间坐标之间的关系，揭示了贸易关系背后蕴藏的几何意义，也为国际贸易的研究提供了新的视角。本节从国际贸易网络嵌入双曲空间过程做简要梳理与评述。

建立国际贸易双曲网络模型的关键在于确定节点内在的隐藏属性和双曲空间坐标。参考文献[29]基于贸易网络拓扑结构信息，定义了贸易网络在隐藏度量模型[25]下的隐藏变量、极坐标和节点连接概率。

首先，每个节点以坐标$(r,\ \theta)$嵌入半径为 R 的庞加莱圆盘上，且由幂律分布获得期望度值 κ：

$$\rho(\kappa)=\kappa_0^{\gamma-1}(\gamma-1)\kappa^{-\gamma},\ \kappa\in[\kappa_0,\ \infty), \tag{10-13}$$

$$\kappa_0=k\,\frac{\gamma-2}{\gamma-1}, \tag{10-14}$$

$$R=2\ln\left[\frac{2}{\mu\kappa_0^2}\right], \tag{10-15}$$

$$r=R-2\ln\left[\frac{\kappa}{\kappa_0}\right], \tag{10-16}$$

其中，γ 是幂律指数，k 是原始贸易网络的平均度，坐标中的角坐标 θ 在$[0,\ 2\pi]$上随机分配。可以看出 κ 是网络节点度的隐藏变量，即 $k(\kappa)=\kappa$。而国际贸易网络研究中发现贸易网络节点度和国家(地区)GDP 存在很强的相关关系[7,16]。因此，参考文献[29]将隐藏变量 κ 用于衡量国家(地区)经济规模。

其次，定义两个节点的角距离 $d_{a,ij}$ 和双曲距离 χ_{ij}：

$$d_{a,ij}=\min(|\Delta\theta|,\ 2\pi-|\Delta\theta|),\tag{10-17}$$

$$\chi_{ij}=r_i+r_j+2\ln(d_{a,ij}/2)。\tag{10-18}$$

最后，定义了国际贸易双曲网络贸易关系构建机制，即基于双曲距离，定义一对节点 i 和 j 的连接概率 p_{ij}：

$$p_{ij}=\frac{1}{1+e^{\beta(x_{ij}-R)/2}},\tag{10-19}$$

其中，β 是模型的参数。

该模型认为网络中节点的连接是由两种力量竞争的结果，即节点的流行性和节点间的相似性。双曲圆盘中节点半径代表的是节点的流行性，半径越小，说明节点越处于圆盘的中心位置，贸易关系的建立就越容易。两个节点间的角距离代表的是节点的相似性，角距离越小说明国家(地区)相似，越容易建立贸易关系。而双曲模型中国家(地区)经济规模 κ 越大，也越容易建立贸易关系。

国际贸易双曲模型不仅保留了原始贸易网络的拓扑结构，还挖掘出拓扑结构中隐藏的贸易信息。该模型的最大优势在于仅仅用网络拓扑信息就可以衡量国家(地区)经济规模及其距离。

4. 国际贸易流网络模型

投入产出模型是经济学中广泛应用的模型之一，以往的研究主要利用该模型分析行业的影响力、生产效率和产出量等问题[30,31]，很少将其作为一个有机的整体分析投入产出网络结构。将投入产出模型抽象成开放平衡流网络，可以揭示经济系统中的耗散律、异速生长和异速标度等规律。这种研究思想最早由经济学家列昂惕夫(Leontief)提出[32]，并将其用于分析食物网。相关研究也发现许多实际网络都可以抽象成开放式流网络进行建模与分析[33,34]。因此，本小节在开放式流网络视角下，介绍贸易流网络模型构建方法。

国际贸易流网络模型实质是一种特殊的有向加权网络，是以国家(地区)作为节点，将国家(地区)间的贸易流动关系作为连边，双边贸易流量额作为权重组成的，记作 $F_{ij}(i,\ j\in 0,\ 1,\ \cdots,\ N+1)$。与经典网络模型相比，该模型存在两个特殊节点，即“源”和“汇”，需要特殊说明的是流网络中源节点用0表示，汇节点用 $N+1$ 表示。其中源点只有能量流出，汇点只有能量流入。这两个特殊的节点具有重要的经济意义，即源点代表的是各国的生产，汇点代表的是各国的消费。

在投入产出模型中，任何一个产业资金的流入之和等于该产业资金的流出之和，但国家(地区)间的贸易流量并不是在所有年份都严格相等的，即不满足以下条件：

$$\sum_{j=0}^{N}f_{ji}=\sum_{j=1}^{N+1}f_{ij},\ 0\leqslant i\leqslant N。\tag{10-20}$$

因此，还需要对贸易网络进行平衡化处理，如图10-1所示。平衡化处理常用的方法是加边法，即贸易流网络模型中，当国家(地区)间贸易流量进口大于出口时，则将多余的贸易流量作为该国家(地区)到汇的贸易流量，否则将多余贸易流量作为源到该国家(地区)的贸易流量。由此构成的投入产出网络，即国际贸易流网络模型可以更好地解释社会经济系统的变化。

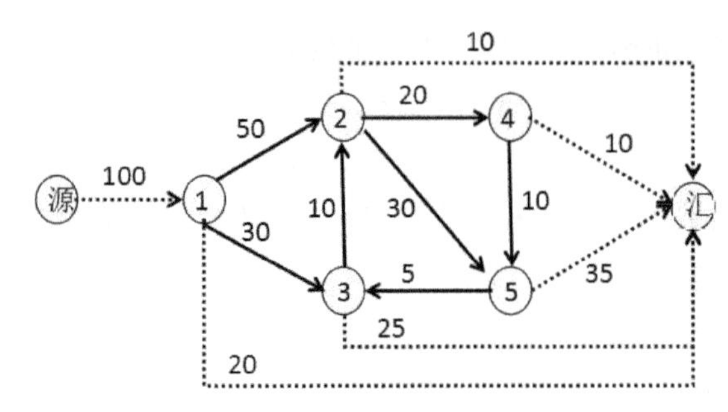

图 10-1　国际贸易流网络示意图

5. 国际贸易耦合网络模型

近年来，随着网络科学理论研究的深入，学者开始以边为突破点，研究系统间的联系。如最近比较热门的多层网络。多层网络是一个由多个单顶点网络组成的网络集，每个单顶点网络对应一个网络层，网络连边不仅包含网络层内连边还包含不同层间连边[35,36]。近年来，学者开始构建国际贸易多层网络模型[37,38]，进而研究不同系统间的耦合作用对国际贸易系统的影响。目前的研究主要集中在相互依存型耦合网络[39]，即各层网络以国家(地区)为节点且双层网络中节点数是一定的，其中单顶点网络以贸易关系作为连边，各个网络是以节点是否对应于同一个国家(地区)确定层间连边。下面将对国际贸易耦合网络模型进一步介绍。

国际贸易耦合网络模型结构示意图，如图 10-2 所示。示意图中实线连接代表国际贸易网络层内部的贸易关系连接，虚线代表网络间的相互依存关系。值得关注的是该模型中的每一层可以代表一种或者一类产品，层内实线连接还可以考虑贸易的方向与权重，即方向为贸易进出口方向，权重可以由贸易额、贸易量等数据量化。国际贸易耦合网络的研究取得了一系列重要的成果，揭示了多个耦合系统中经济规律。参考文献[37]基于渗流理论分析了国际贸易多层网络的鲁棒性；参考文献[38]将采用不同产业的贸易数据构建双层耦合网络分析相互依存网络的级联失效问题。

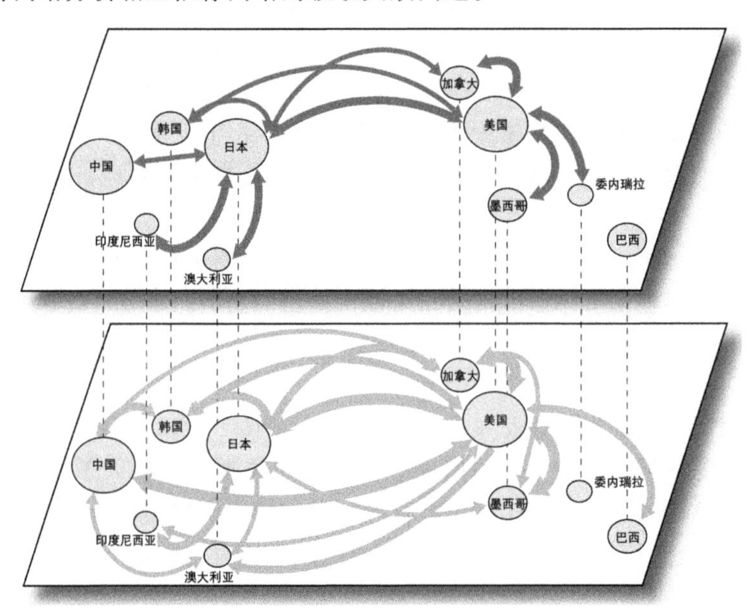

图 10-2　国际贸易耦合网络模型示意图，本图来源于参考文献[38]

6. 国际贸易二分网络模型

二分网络模型是由两类节点及其两类节点之间的连边，同类节点之间不存在连边构成的网络。国际贸易二分网络模型[40-42]是以国家(地区)和进出口产品作为网络节点，以国家(地区)与产品的进出口关系作为连边组成的网络模型。本部分主要针对国际贸易二分网络中国家(地区)与产品连边的确定、产品空间等问题做简要梳理。

国际贸易二分网络中国家(地区)和产品连边的确定，对网络拓扑结构和功能有很大影响，同时也是二分网络构建的关键。比较经典的方法就是采用 RCA 指标识别二分网络中具有显著性的连边[40,42]，即设置 RCA 指数阈值，当 RCA 指数大于 1 时，国家(地区)与该产品才产生连边。相比于单顶点网络，国际贸易二分网络包含了更加丰富的贸易信息，可以更好地描述贸易系统演化规律。

国际贸易二分网络模型除了研究国家(地区)与产品的关系，还有可以通过二分网络投影成单顶点网络，进而分析产品与产品之间的关系。此外，参考文献[40]认为一个国家(地区)生产产品的能力取决于生产其他产品的能力，即当 A、B 两种产品的生产要素都相似时，一个国家(地区)能生产 A 产品就说明同样有能力生产 B 产品。在相似性的基础上，探究国际贸易产品之间的关系，提出了产品空间的概念。研究发现不同类型的产品在空间中的位置不同。其中相似性指标 φ_{ij} 为：

$$\varphi_{ij}=\min\{p(\mathrm{RCA}_i \mid \mathrm{RCA}_j),\ p(\mathrm{RCA}_j \mid \mathrm{RCA}_i)\}, \tag{10-21}$$

$$\mathrm{RCA}(c,\ i)=\frac{x(c,\ i)}{\sum_i x(c,\ i)}\Bigg/\frac{\sum_c x(c,\ i)}{\sum_{i,\ c} x(c,\ i)}, \tag{10-22}$$

其中，$p(\mathrm{RCA}_i \mid \mathrm{RCA}_j)$表示该国家出口 j 产品的前提下出口 i 产品的条件概率；$x(c,\ i)$表示 i 国家出口 c 产品的贸易额。

国际贸易骨架网络模型：国际贸易网络为我们提供了一个新的视角研究贸易系统，许多学者开始注意到国际贸易网络中存在网络边权差异的现象[43]。如何利用边权的差异性提取有效信息，降低国际贸易网络的边和节点比例，进而简化国际贸易网络以及贸易系统复杂性是值得思考的一个问题。国际贸易骨架网络[29,43-45]就是在这个背景下被提出的。

参考文献[43]对国际贸易骨架网络研究做了详细的分析，还将图论中生成的树理论应用于国际贸易骨架网络构建，分析了骨架网络的结构特征和演化规律。此外，还有学者以贸易网络权重的差异性为出发点提取骨架网络。参考文献[29, 45]利用边和节点比例的相变现象作为网络提取的依据，即研究骨架网络节点和边在原网络中所占的比例变化，最大程度地让边数量减少以及保持节点的比例。这样一来保持了经济贸易系统中国家的数量，让网络提取更加合理和科学。

10.1.2 国际贸易网络拓扑性质

国际贸易网络是研究贸易系统复杂的工具，国际贸易网络的拓扑性质主要包括基本统计测度、网络节点重要性和社团结构三大部分。贸易网络统计测度能够定量化地描述贸易系统的特征。节点重要性和社团结构是复杂网络的重要特性，它对网络传播机制的形成、演化规律和贸易集团化的研究有着重要的意义。目前国际贸易网络拓扑结构统计性质的研究取得了一系列重要成果[8,43,45-48]，基于网络节点和社团结构的特点探测贸易情报，也为贸易决策和挖掘贸易大数据背后潜在价值提供了新思路[49]。本小节将从度和度分布、聚类系数、网络路径、网络度相关性、富人俱乐部现象、国际贸易节点重要性和社团结构等方面入手，探讨在给定国际贸易网络的基础上如何分析其拓扑性质。

1. 国际贸易网络的度与度分布

节点度是复杂网络的一阶属性，在国际贸易网络中节点度 k_i 表示某个国家(地区)贸易伙伴的数量，即：

$$k_i=\sum_{j=1}^{N}a_{ij}\text{。} \tag{10-23}$$

根据国际贸易网络的进出口方向还可以将网络节点度分成进口贸易关系数量和出口贸易关系数量。近年来，从网络的节点度演化规律可以看出贸易参与国不断增加，国家(地区)间的联系也越来越紧密[43]。

度分布反映了网络中节点度的概率分布，度分布与复杂网络的拓扑结构性质和功能有着密切的联系。实证数据分析表明国际贸易网络节点累积度服从幂律分布，国际贸易网络属于无标度网络[6,7,29]。因此，国际贸易网络具有异质性。

2. 国际贸易网络的集聚系数

集聚系数是网络的高阶属性，刻画了网络节点的紧密程度，也是影响网络结构与功能的重要指标。在国际贸易网络中集聚系数 c_i 表示国家(地区)贸易联系的紧密程度，即定义为：

$$c_i=2E_i/k_i(k_i-1), \tag{10-24}$$

其中，E_i 表示的是节点 i 的 k_i 个邻节点之间实际存在的边数。参考文献[7]发现国际贸易网络小世界特性和无标度特性等网络现象。参考文献[43]对国际贸易集聚系数演化规律进行了全面的研究，发现贸易网络集聚程度越来越高，即各国(地区)在贸易格局中的分工越来越明确。

3. 国家贸易网络的路径与距离

贸易距离不仅是国际贸易领域研究的热点问题，也是复杂网络结构特征重要的测度，它对网络连通性等属性有着重要的影响。在复杂网络路径的研究中比较常用的指标是平均路径长度，定义为：

$$L=\frac{2\sum\limits_{i\geqslant j}d_{ij}}{N(N-1)}, \tag{10-25}$$

其中，d_{ij} 表示节点 i 和节点 j 的距离。平均路径长度表示网络中任意两个节点的平均距离，在国际贸易网络中还可以表示商品贸易传递效率。此外，在国际贸易适应度网络模型中，该指标经常被用来校正适应度模型中的参数[20,21]。

近年来，学者基于不同类型的国际贸易网络模型，定义了国家(地区)间的贸易“距离”，如双曲距离[29]、流距离[50]等。这为国际贸易关系、贸易网络影响因素和产品供应链等问题的研究提供了新的思路，下面将介绍双曲距离和流距离。

双曲距离是在双曲网络中相似性和流行性等参数的约束下，衡量贸易系统中双边贸易的几何距离。双曲距离经过严格的数学推导可得到如下形式[25,26]：

$$d_{h,ij} \approx r_i + r_j + 2\ln\left(\frac{d_{a,ij}}{2}\right), \tag{10-26}$$

其中，$d_{a,ij}$ 表示双曲贸易模型中国家(地区)间的角距离，r_i 表示国家(地区)的径向距离。实证研究发现双曲距离和地理距离的相关性较弱，说明实际的贸易距离除了纯粹的地理信息外，还受到别的因素干扰[29]，这也使我们对国际贸易距离有了新的认识。

国际贸易流距离是在假设有大量粒子在沿边流动的情况下，衡量国家(地区)之间贸易流量相对大小的统计量。因此，流距离表示的是两个节点之间的相对流量 l_{ij}。设粒子从节点 i 到节点 j 的总流量为 d_{ij}，通过严格的数学推导可以得到流网络中两个节点的相对流量是 $l_{ij}=d_{ij}-d_{jj}$。

4. 国际贸易网络度相关性与富人俱乐部现象

网络度相关性关注的是网络中节点的连接趋势，如果总体上度大的节点倾向于连接度大的节点，那么称网络是同配的，否则是异配的。实证研究表明国际贸易网络具有异配性[7]，即大度贸易国家更倾向于与小度国家建立贸易关系。而加权贸易网络则共存着较多弱的贸易关系和少数强的贸易关系[8,13]，即加权贸易网络呈现出较弱的异配性。

国际贸易网络也存在“富人俱乐部”现象，即强度高的节点之间存在更加密切的贸易联系[14,43]。富人俱乐部现象的存在极大地提高了国际贸易交易的效率[43]。而参考文献[15-18]基于适应度模型检验了国际贸易网络的“富人俱乐部”现象。

5. 国际贸易网络的节点重要性

国际贸易网络节点重要性是网络微观层面研究的重要指标，它衡量了一个国家(地区)在贸易网络中的影响力及其贸易地位。国际贸易网络节点重要性最初的研究主要集中在节点中心性指标的分析，即网络节点度[10,47,48]、介数[51]、特征向量中心性[52]等，这些统计指标对实际问题的理解和决策有着重要的意义。但是参考文献[53]认为这类排序只是一个初步的结果，不能很好地反映真实情况，进而采用 k-means 聚类法，综合各类中心性指标对贸易网络节点进行分类，更加深入地了解国家(地区)贸易水平。

除了上述对网络节点中心性指标的研究外，也有学者从渗流的思想出发，建立数学、物理模型分析国家(地区)在贸易网络中的重要性。参考文献[8，13，14，54]用随机游走的方法分析国际贸易网络中节点重要性。参考文献[55]引入修正的靴襻渗流模型，用节点影响力衡量国际贸易加权和无权网络中国家(地区)的重要性。复杂网络中靴襻渗流模型可参见参考文献[56]，下面将简要概述修正的靴襻渗流模型的基本规则：在初始化状态下，网络的所有节点(国家)都是正常状态，首先，将某个节点 i 变为不正常状态，即确定危机传播的源头；其次，节点 j 从正常状态变为不正常状态的条件是该节点受影响程度 W_j 与抵御危机能力 C_j 满足如下条件：$W_j \geqslant \Omega C_j$；最后，重复上一步，直到整个网络中不再有不正常状态的节点出现为止。其中将最终时刻网络中活跃状态节点的比例记为 Sa。该模型主要着眼于参数 Ω 变化过程中的相变现象。

此外，学者还从国际贸易二分网络的视角，定量刻画国家的经济复杂性与竞争力。参考文献[41]从国际贸易二分网络模型出发，耦合产品质量和国家(地区)出口能力，进而定量化描述国家(地区)竞争力。参考文献[57]也做了类似的工作，它在商品质量的量化上做了改动，文献认为商品质量取决于出口该商品的国家(地区)中，竞争力最弱的国家(地区)的好坏，即采用“木桶效应”的思想来衡量商品质量。此方法可以有效衡量国家(地区)竞争力,从而克服了耦合算法的收敛性问题。

6. 国际贸易网络的社团结构与世界贸易格局

国际贸易活动长期受经济、政策和文化等因素影响,使得贸易系统中存在着贸易关系紧密的区域和相对稀疏的区域。在网络科学中我们将这种网络节点可以分成组,组内节点连接稠密,组间节点连接稀疏的现象称为复杂网络的社团结构。国际贸易网络社团结构反映了国家(地区)间贸易关系以及国际贸易格局,通过对国际贸易网络社团结构演变过程的梳理,可以清晰地剖析全球化发展足迹[14,58]。本小节将对国际贸易网络社团结构探测常用的方法做进一步梳理。

国际贸易网络社团结构探测研究中比较流行的方法就是采用Q函数优化的方法,它能定量刻画网络中社团结构强弱的指标:

$$Q=\frac{1}{2m}\sum_{i,\ j}\left[w_{ij}-\frac{T_iT_j}{2m}\right]\delta(c_i,\ c_j),\tag{10-27}$$

其中,m 表示网络边的总数;T_i 和 T_j 表示节点的度值;c_i 表示节点所属的社团,当 $c_i=c_j$ 时,$\delta(c_i,\ c_j)=1$,否则为0。

模块度是衡量网络社团结构划分质量的指标,Q函数值越大,说明网络的社团结构越明显。相关研究发现,一方面,在国际贸易早期形成的4个社团结构,其中小团体只有4个国家,而大社团涵盖了欧洲、亚洲、非洲、美洲和大洋洲等的大多数国家,到了2008年亚洲在国际贸易中占据比较重要的地位[58]。另一方面,通过对比加权网络和无权网络的社团结构,发现社团划分结构具有相似性,贸易方向不影响社团结构探测。

但是模块度方法也同时存在精度和算法复杂性等局限性。参考文献[58]从聚类分析、稳定性分析以及社团结构持续性等角度量化社团探测指标,发现不存在一个关键社区影响着国际经济,这说明社区间的联系在不断加强,进而支持了全球化贸易体系的观点。而参考文献[54]用粗粒化处理的加权极值优化(WEO)算法对加权网络进行社团划分。该算法不仅消除了WEO算法的随机性,还发现国际贸易拓扑信息能够反映国际贸易的地理聚集和分工等特点。

此外,学者还从商品层面分析国际贸易网络的社团结构。参考文献[59]发现特定商品网络的社团结构和国际贸易网络社团结构越来越类似,而网络社团结构和贸易优惠协定区域并非完美重合[29],地理分区比特定贸易分区对贸易社团结构有更大的影响。

7. 国际贸易网络的层级结构及其特征

贸易网络随着经济全球化的发展涌现出不同的网络特性,最为明显的特征就是网络层级的出现和演变。现在将从几种不同类型网络模型的层级结构角度总结国际贸易网络的结构特征。

一方面,结合相关系数和聚类分析等方法,识别国际贸易网络层次结构。参考文献[60]利用同表象相关系数(CCC)分析了贸易网络的层次结构形成的动因,从系统发展的角度解释了"适者生存"的现象,即国际贸易网络在国际经济状况冲击下不断演化。参考文献[53]对加权贸易网络中心性结构进行聚类分析,进而得到了不同层级的国家(地区)分布。

另一方面,利用标度律刻画贸易网络层次结构。参考文献[61]发现国际贸易流网络的异速标度现象,即流经节点的总流量 A_i 和节点的影响力 C_i 存在幂律关系:$A_i\sim C_i^{\eta}$。

其中η衡量的是国际贸易网络结构的集中程度。当异速标度指数η大于1时，网络呈现中心化特征，即由少数几个国家(地区)控制着整个国际贸易网络，如工业品等。反之网络呈现去中心化，即国家(地区)之间能够平等地进行贸易往来。

8. 国际贸易网络的“核心—边缘”结构及其特征

“核心—边缘”结构是国际贸易系统的一种重要特征，最初斯奈德(Snyder)等利用贸易数据将国家(地区)分成了核心、半核心与边缘[62]。相关研究也发现许多实际网络中也存在着“边缘—核心”结构，如国际航班网络[63]、国际贸易网络[8,46]等。参考文献[8]通过实证数据研究发现网络不仅存在“边缘—核心”结构，还发现该结构一直保持稳定，但是随着经济一体化的发展，该结构中国家(地区)的位置在不断变更[46]。国内学者结合时政，从不同的视角分析了贸易结构演变规律及其决定因素。参考文献[46]实证了经济危机背景下，“核心—边缘”结构的动态变化。参考文献[64，65]着眼于产品贸易网络，从天然气等能源产业和高端制造业等方面分析了贸易格局及其演变规律。

贸易数据不仅可以分析贸易的结构特征，还可以用来预测国家(地区)或者产业发展轨迹。参考文献[40]从产品的视角解释了国际贸易的核心—边缘结构，即位于产品空间中心的是具有高附加值的产品(即工业类产品)，而像农副产品这样低产品附加值的产品就处于产品空间的边缘。并进一步讨论了国家(地区)发展问题，这为预测国家(地区)未来发展方向提供了一个新的视角。

10.1.3 国际贸易网络演化模型

国际贸易作为经济系统的重要组成部分，国际贸易网络演化模型能反映出国际贸易关系特点以及贸易网络结构规律，为相关政策的制定提供科学依据。本小节主要从国际贸易网络统计指标、贸易网络结构与GDP耦合等演变规律做总结与分析。

参考文献[43]在经典国际贸易无权网络和加权网络的统计性指标演化规律探索方面做了大量基础性工作。在无权网络中，贸易网络的异质性在不断下降，越来越多的国家(地区)能够开展的贸易关系，削弱了大国的统治地位；网络拓扑结构特征的演化反映了国际分工有序化、国家间经济互补和区域合作不断加强等特征。相比于无权网络，加权网络的拓扑结构异质性在不断下降而权重结构的异质性在增加；网络强度相关性表明大国倾向于与小国建立贸易关系，同时倾向于与大国产生更多的流量。

参考文献[8]对国际贸易网络的连通性、集聚性和中心性等重要统计指标的演化规律做了进一步研究。研究发现贸易网络统计指标分布和网络结构比较稳定，但是加权网络边权分布从最早的对数正态分布逐渐向幂律分布转变。参考文献[66]还分别讨论了网络在无权与加权的情况下，国际贸易网络和贸易一体化测度的演化规律，揭示了贸易系统一体化的演化趋势。

目前还有学者关注网络结构演化中的平稳问题。参考文献[67]发现国际贸易网络随时间演化是一个准静态过程，并检验了线性理论在贸易网络预测中的应用。参考文献[43]还从信息论的角度发现了网络平稳的演化特征。文章分别讨论了国际贸易网络在冗余度、条件熵和平均互信息的条件下的演化过程，发现网络不仅呈现平稳增长趋势，而且演化稳定性介于生态网络和随机网络之间。

近年来，在网络演化模型的研究中，一些基于GDP的贸易网络演化模型相继被提出[16,43,45]。参考文献[16]在探究国际贸易网络演化动因方面做了许多工作，发现GDP对网络拓扑结构有着重要的作用，进而提出了国际贸易适应度模型[19,20]。而基于财富交换及其相关理论，参考文献[16]提出了研究国际贸易网络财富动力学演化模型的基本框架。此外，参考文献[43]建立了GDP增长和国际贸易网络耦合的动力学演化模型，结果表明GDP和经济行为波动相互影响。

10.1.4 国际贸易网络功能与动力学行为

经济金融一体化和全球化的发展程度越来越高，贸易作为经济活动的重要载体在危机传播过程中起着举足轻重的作用。它不仅仅缩短了贸易“距离”，还更容易将局部危机扩散至更大的范围[12]。本小节从国际贸易网络的鲁棒性、国际贸易网络的危机传播及其动力学行为等方面进行归纳分析。

1. 国际贸易的鲁棒性

鲁棒性是评价网络结构的重要性质，它通过移除节点或者边来探究网络结构的变化与否来衡量网络的稳定性。国际贸易网络的鲁棒性研究意义在于：当贸易系统受到经济危机、贸易保护政策等因素影响时，国际贸易系统中个体和个体间的相互作用模式是否能保持稳定。

参考文献[68]将生物系统的分析方法引入贸易系统，并基于“灭绝分析”的基本模型分别分析了3种网络攻击情况下贸易网络的鲁棒性和脆弱性，即分别讨论移除网络中节点、删除连边和对节点随机扰动下，贸易网络的鲁棒性问题。研究发现贸易网络具有“健壮而又脆弱”的特性，即当网络受到随机扰动时表现出强大的鲁棒性，但对特定节点和边的冲击又是脆弱的。

除了参考文献[68]对贸易网络鲁棒性的基础性研究外，参考文献[37]基于生产函数和渗流理论，提出了网络鲁棒性的研究框架，深入剖析了国际贸易相互依存网络的鲁棒性问题。研究发现每个网络层的入度和出度相关性增加，会让国际贸易系统的鲁棒性也增强，从而降低了具有强耦合关系的双层网络。参考文献[61]从贸易流网络的异速标度指数η角度研究了国际贸易网络的鲁棒性，发现了幂指数η和鲁棒性存在相关关系，即中心性越高的网络越脆弱。

2. 国际贸易网络动力学传播

经济系统的复杂性和相互依存的关系，让我们能够从网络的角度分析国际贸易行为，以减少全球化所带来的经济风险[3]。网络动力学过程也是衡量节点重要性的评价工具之一，它对实际系统级联失效、病毒传播等问题的研究具有重要的意义。本小节从复杂性科学的角度总结了经济危机传播对国际贸易网络结构功能的影响及其危机传播背后的机制。

参考文献[55]将物理学中的靴襻渗流模型引入国际贸易，以此模拟网络危机传播过程。其主要方法是通过调节参数值Ω观察被感染国家比例的相变现象，进而揭示国家(地区)的辐射范围及其对网络结构的影响程度。结果显示欧盟、美国和中国等世界重要经济体，其贸易关系的变化会造成全局影响。

目前还有学者建立了贸易网络危机传播的级联失效模型，对危机传播的动力学机制做初步探索。参考文献[12]探究了经济网络结构对经济发展的影响和金融危机蔓延的级联“涟漪”效应。参考文献[69]基于危机级联“雪崩”效应，建立 Toy 传播模型。Toy 模型的主要思想是分析网络关键点的雪崩动力学过程，进而揭示了国际贸易关系网络结构和危机蔓延之间的动力学关系。参考文献[38]将国际贸易危机级联效应拓展到相互依存的耦合网络中。该模型对失效节点输出流量进行控制，以到达影响全局的目的，即当节点 i 失效时，分别减小节点 i 在耦合网络的输出流量从而引起相邻节点失效。研究发现不同网络层的依存和耦合作用会放大风险强度，不是单层网络的简单叠加。

10.2 复杂网络视角下科学文献数据分析

科学文献数据是指由论文信息(DOI、标题、分类号、学术期刊、项目资助号、参考文献等)及其作者信息(通信、工作单位等)构成的数据集。早期研究者对于科学文献数据的分析方法主要是针对论文、作者做一些描述性统计分析。除此之外，科学文献数据还可以被抽象为一个科学文献系统，其中系统中的个体由论文、作者、期刊、研究领域、科研机构等元素组成，个体间通过相互作用关系(如论文间的引用关系、作者间的合作关系等)联系在一起，进而通过分析该系统挖掘出隐藏在数据背后的更多信息。而科学文献系统可以用不同形式的网络结构进行描述，研究者可以通过网络分析方法研究网络的结构、功能和演变，从而可以更加深入地了解科学文献系统的性质。复杂网络研究的迅速发展为科学文献系统分析提供了有效的方法和工具，并开发了相关分析软件，如 CiteSpace、SCI2 等。目前，基于复杂网络视角的科学文献数据分析已经取得了较为丰富的研究成果。本节着重从 3 个方面对已有研究工作进行梳理和综述：①科学文献数据的网络表现形式；②科学文献网络的拓扑性质及演化；③科学文献网络中的评价。

10.2.1 科学文献数据的复杂网络表现形式

科学文献数据提供了论文的参考文献以及作者信息，基于此可以建立由科学家、论文构成的二分网，将该二分网投影到单顶点网络可以得到科学家合作网络；基于论文之间的相互引用关系，可以建立科学引文网络。由于科学文献数据中还包含了论文的其他属性信息，如期刊、作者的工作单位、分类号等。这些属性信息通过论文之间的引用关系耦合在一起，可以建立不同类型的耦合网络，如期刊—论文耦合网络、科研单位—论文耦合网络等。下面介绍几种典型的网络表现形式。

1. 科学家—论文二分网络和科学家合作网络

科学家—论文二分网络是指含有科学家、论文两类节点并且两类节点之间带有连边，连边表示写作关系的一种二分无向网络，并且该网络在同类节点之间不存在连边，如图 10-3(a)所示。科学家合作网络是以科学家为节点，以科学家之间的合作关系为连边的无向网络，如图 10-3(b)所示。通常，可以把这种合作关系看作两个科学家合作发表过一篇论文或共同参与过某个科研项目。当仅考虑科学家之间有无合作关系时，科学家合作网络是一种无权网络，而考虑科学家之间的合作强度时，它则是一种加权网络并且科学家合作网络也可以通过科学家—论文二分网络投影生成。此外，科学家合作网络还可以用超图表示，如图 10-3(c)所示，超图的节点代表科学家，而超图的边为每一条闭合的曲线，表示科学家合著的论文。

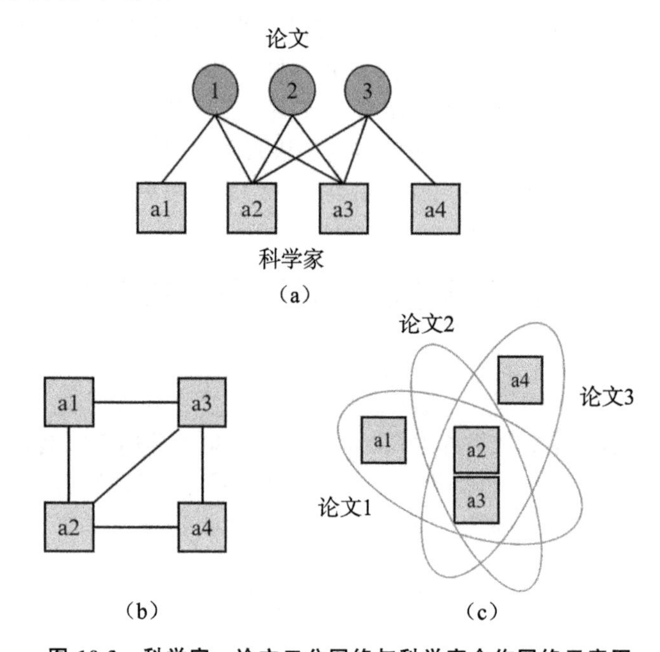

图 10-3　科学家—论文二分网络与科学家合作网络示意图

(a)科学家—论文二分网络，(b)科学家合作网络，(c)科学家合作超网络

2. 科学引文网络

科学引文网络是基于科学论文之间的引用关系而构建的有向无环网络，如图 10-4(a)所示。科学引文网络中的节点代表论文，而连边代表论文之间的引用关系，即若论文 i 引用论文 j，则在它们之间存在一条由论文 i 指向论文 j 的连边。

在科学引文网络中，若两篇论文同时被一篇或多篇论文引用，则这两篇论文之间存有共引关系。若两篇论文同时引用一篇或多篇论文，则称这两篇论文之间存有文献耦合关系。共引和文献耦合都在一定程度上反映了两篇论文之间研究的相关性。基于科学引文网络，可以得到共引网络与文献耦合网络，并且这两种网络均为无向网络。在共引网络中，节点表示论文，边表示论文间的共引关系，边权大小表示两篇论文被其他论文共引的次数，如图 10-4(b)所示。在文献耦合网络中，节点表示论文，边代表文献耦合关系，边权大小表示两篇论文引用相同文献的数目，如图 10-4(c)所示。

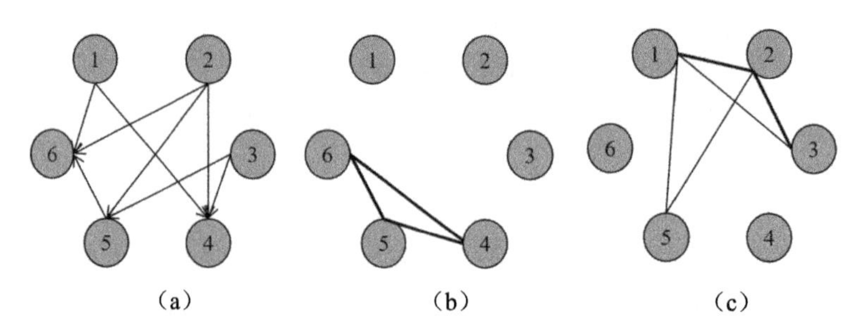

图 10-4　科学引文网络、共引网络、文献耦合网络示意图

(a)科学引文网络，(b)共引网络，(c)文献耦合网络

3. 科学家—论文耦合网络

在信息计量学中，耦合主要是指(2)中提到的文献耦合，这一概念最早由美国学者凯斯勒(Kessler)在对 *Physical Review* 期刊进行引文分析研究时提出[70]。而本小节中的耦合网络是指具有相互作用或相互依赖的网络。科学家—论文耦合网络由科学家和论文这两类节点组成，这两类节点之间的连边表示该名科学家是这篇论文的作者，若两名科学家共同连向同一篇论文，则表明这两名科学家之间存在合作关系，并且在论文类节点之间存在有向边，表示论文之间的引用关系，如图 10-5 所示。科学家—论文耦合网络可以被看作由一个科学家—论文二分网络和一个科学引文网络组成。

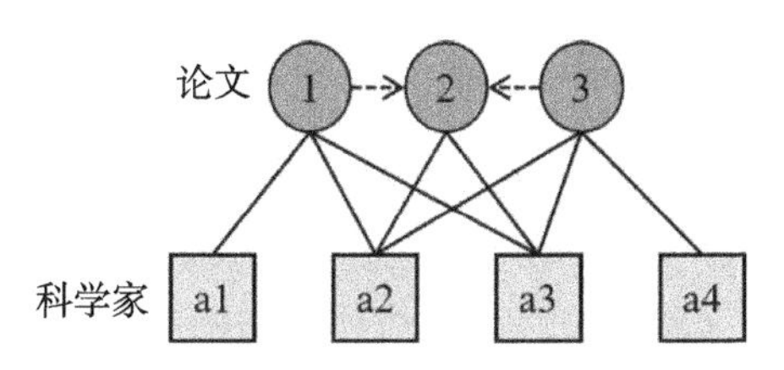

图 10-5　科学家—论文耦合网络示意图

10.2.2　科学文献网络的拓扑性质

科学文献网络表现出很多统计特性，通过研究这些统计特性有利于更好的认识科学文献系统。由于科学家合作网络以及科学引文网络作为最重要的科学文献网络形式，因此以这两种网络为例，研究其拓扑性质。各种科学文献网络形式均可以通过邻接矩阵表示。若科学家合作网络的邻接矩阵 $A=(a_{ij})_{(N\times N)}$，则：

$$a_{ij}=a_{ji}=\begin{cases}1 & \text{如果科学家 } i \text{ 与科学家 } j \text{ 之间有合作，}\\ 0 & \text{如果科学家 } i \text{ 与科学家 } j \text{ 之间无合作。}\end{cases} \tag{10-28}$$

其中，N 为科学家合作网络中总科学家数。

若科学引文网络的邻接矩阵 $B=(b_{ij})_{(M\times M)}$，则：

$$b_{ij}=\begin{cases}1 & \text{如果论文 } i \text{ 引用论文 } j\text{，}\\ 0 & \text{如果论文 } i \text{ 与论文 } j \text{ 之间没有引用关系。}\end{cases} \tag{10-29}$$

其中，M 为科学引文网络中总论文数。

基于网络的邻接矩阵，可以定量化网络的拓扑结构特性。

1. 度与度分布

科学家合作网络是一种无向网络，其节点 i 的度表示科学家 i 拥有的合作者数目，定义为：

$$k_i=\sum_j a_{ij}\text{。} \tag{10-30}$$

科学引文网络是一种有向网络，其节点 i 的入度表示论文 i 被其他论文引用的次数，节点 i 的出度则表示论文 i 引用其他论文的数目。

很多实证研究发现，合作网络的度分布服从幂律分布，例如，纽曼(Newman)研究了物理、生物医学、高能物理学及计算机科学领域的合作网络，发现这几个领域合作网络的度分布近似为幂律分布[71-73]。巴拉巴西(Barabási)等研究了数学和神经科学领域的合作网络，发现它们的度分布也表现出幂律尾分布特征[74]。樊瑛等在经济物理学家合作网络中也发现其度分布近似为幂律分布[75]。研究者们发现科学引文网络的入度分布也同样表现出幂律特性[76-79]。例如，雷德纳(Redner)通过研究被美国科学信息研究所收集的783 339篇论文以及在1975—1994年期刊*Physical Review D*出版的24 296篇论文的引文分布，发现其入度分布近似为幂律分布[76]。莱曼(Lehmann)等分析了高能物理数据集的引文分布，发现论文的引用近似服从幂律分布，且小于50次引用的论文幂指数约为1.2，至少引用50次的论文幂指数约为2.3[77]。

2. 集聚系数与平均路径长度

节点i的集聚系数衡量了节点i的邻居节点相互连接的程度，定义为：

$$C_i=\frac{2E_i}{k_i(k_i-1)}。\qquad (10\text{-}31)$$

其中，E_i为节点i的k_i个邻居节点之间实际存在的连边数。

节点的集聚系数越大，节点与邻居节点之间连接越紧密。将所有节点的集聚系数平均可以得到整个网络的集聚系数C。科学家合作网络的集聚系数反映了科学家合作者之间合作的紧密程度。李梦辉等还介绍了加权合作网的集聚系数计算[80]。而对于有向的科学引文网络来说，集聚系数反映了论文的间接引用情况，其集聚系数的计算可以将引文网络转换为无向网络进行计算。

在科学家合作网络中，定义两名科学家i和j之间的距离d_{ij}为连接这两个节点的最短路径上的边数，它表示一个合作者关联另一个合作者需要经过的最少步数，则任意两个节点间距离的最大值为网络的直径，而网络的平均路径长度定义为任意两个节点间距离的平均值，即：

$$L=\frac{1}{C_N^2}\sum_{i\geqslant j}d_{ij}。\qquad (10\text{-}32)$$

在科学引文网络中，定义两篇文章的距离为由一篇文章沿着同一方向到达另一篇文章所要经过边的最少数目，它表示了一篇文章要引用另一篇文章所需要看的最少文章数目。科学引文网络的平均路径长度定义与科学家合作网络的定义相同。

实证研究[71-73,81,82]表明，不同领域的科学家合作网络均表现出集聚性，在某些领域如数学、物理领域表现出较高的集聚特性，在某些领域，如生物领域则表现出较低的集聚特性，而且这些合作网络都具有较小的平均路径长度。同样，在一些科学引文网络中也发现它们表现出较高的集聚特性以及相对较低的路径长度[83]。

3. 社团结构

网络中的社团结构是指网络中的节点可以分成组，组内节点的连接比较紧密而组间节点的连接比较稀疏[84]。纽曼(Newman)和格万(Girvan)提出了模块度并用来定量衡量社团划分的质量，一般来讲，网络的模块度越大，说明其社团结构越明显[85]。常用的模块度定义为：

$$Q=\frac{1}{2M}\sum_{ij}\left(a_{ij}-\frac{k_ik_j}{2M}\right)\delta(C_i,\ C_j)。\qquad (10\text{-}33)$$

其中，M为网络中总边数，C_i和C_j分别表示节点i与节点j所属的社团。

一系列的研究都表明在科学家合作网络中存在社团结构[84-89]，例如，格万(Girvan)等发现在圣塔菲研究所科学家合作网络中存在明显社团结构[图10-6(a)][84]。张鹏等发现在经济物理学家合作网络中也存在明显的社团结构[图 10-6(b)][89]。徐玲等研究了由过去20年间发表在《科学通报》上论文的作者所构建的科学家合作网络，发现该合作网的最大连通集团呈现出社团结构[90]。同样在科学引文网络中也存在社团结构，参考文献[91]基于模块化函数最大化的方法对在1893—2007年8月出版的所有物理评论论文组成的科学引文网络进行社团探测，发现该科学引文网络存在对应于明显的物理学研究子领域的潜在社团结构。高普兰(*Gopalan*)等运用一种基于贝叶斯网络模型的社团探测算法分析了含有575 000篇物理学论文的arXiv(收录科学文献预印本的在线数据库)引文网络，探测到该网络可划分为200个社团[92]。

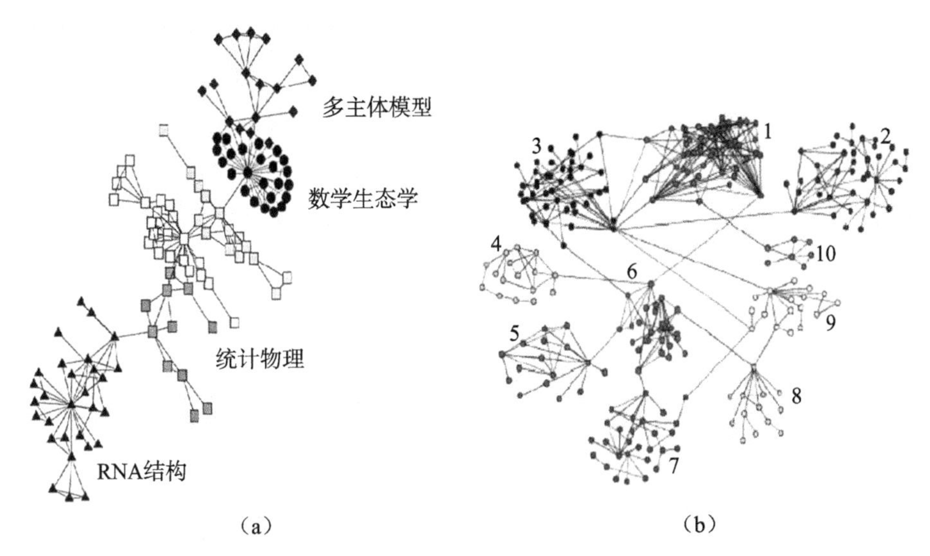

图 10-6 科学家合作网络中的社团结构

(a)带有社团结构的圣塔菲研究所科学家合作网络，(b)带有社团结构的经济物理学家合作网络。图片分别来源于参考文献[84]和参考文献[89]

4. 度度相关性

在网络中，如果大度的节点倾向于连接其他大度的节点，则称网络是正相关的或同配的；如果大度的节点倾向于连接小度的节点，则称网络是负相关的或异配的。对于科学家合作网络，可以通过计算同配系数r[93]定量判断网络的度度相关性。对于观测网络，其同配系数r计算为：

$$r=\frac{M^{-1}\sum_{i}j_{i}k_{i}-\left[M^{-1}\sum_{i}\frac{1}{2}(j_{i}+k_{i})\right]^{2}}{M^{-1}\sum_{i}\frac{1}{2}(j_{i}^{2}+k_{i}^{2})-\left[M^{-1}\sum_{i}\frac{1}{2}(j_{i}+k_{i})\right]^{2}},\tag{10-34}$$

其中，M是网络中的总边数，j_i和k_i分别为第i条边两端节点的度值，$r\in[-1, 1]$。若$r>0$，则网络是正相关或同配的，反之，网络是负相关或异配的。

而对于有向的科学引文网络，由于网络中的节点同时有入度和出度，因此该网络有4种度度相关性，并且它们可以通过福斯特(Foster)等提出的有向同配系数[94]来测量。实证研究表明，大多数科学家合作网络是正相关的，即合作者较多的科学家倾向与同样拥有较多合作者的科学家合作[81,93,95,96]；而在很多科学引文网络却表现出负相关[83]。

10.2.3 科学文献网络的演化

科学文献网络作为增长型的网络，随着时间的推移，其网络拓扑结构会发生变化，相应的网络统计性质也会发生变化，表现出不同的网络演化模式。为了刻画网络不同的演化模式，研究者试图从机制分析来阐述网络的演化过程。

1. 科学文献网络的演化模式

研究者已经对多个领域的科学家合作网络做了动态演化分析[74,82,87,97-100]，例如，巴拉巴西(Barabási)等研究了数学和神经科学领域的科学家合作网络在 8 年内的动态演化过程，发现网络的平均路径长度以及平均集聚系数随时间逐年减小，而最大连通集团的相对规模以及网络的平均度随时间不断增加[74]。马丁(Martin)等利用 1893—2009 年的物理评论数据集构建的科学家合作网络研究物理学领域内的合作模式，发现论文的发表数量以及作者数量随时间变化呈近似指数增长，并且论文的平均作者数量以及科学家平均合作者数量随时间变化均表现出明显的增长趋势[97]。参考文献[100]分析了合作演化研究领域的科学家合作网络的动态演化，发现最大连通集团随着时间的变化存在由一小集群演化至社团结构再达到小世界结构的过程。

随着新的文章被添加到科学引文网络中，科学引文网络的拓扑结构同样会发生变化。马丁(Martin)等研究了物理评论杂志中的文章引用规律，发现文章的引用随时间呈近似指数递减[97]。同时在科学引文网络的演化过程中也会出现首发优势及睡美人等现象，纽曼(Newman)通过理论分析得出在科学引文网络中存在首发优势现象[101]，即最先在一个领域内发表的文章要比后面发表在该领域的文章得到的引用更高，并在网络理论研究领域进行了实证研究。范瑞安(Van Raan)在研究中提出了睡美人的概念，即长期得不到关注的文章突然吸引了人们的注意力，得到大量的引用，并指出衡量睡美人现象的 3 个因素：睡眠时长、睡眠深度、觉醒强度[102]。

2. 科学文献网络演化的机制模型

自从 2001 年纽曼(Newman)研究了大型科学家合作网络的宏观和微观特征后，人们对于科学家合作网络的研究表现出浓厚的兴趣。对于科学家合作网络的演化，研究者提出了一系列机制模型[74,96,103-106]。巴拉巴西(Barabási)等提出了基于优先连接机制的动态网络演化模型研究科学家合作网络的演化[74]。拉马斯科(Ramasco)等为了解释在科学家合作网络中展现的高集聚以及同配特性，考虑社会网络的二分结构特性以及科研工作者的科研年限提出了科学家合作网络的自组织模型[96]；博尔纳(Börner)等考虑到科学家合作网络以及科学引文网络的相互作用，分析了作者和引文这两个网络的同步演化[105]。李梦辉等提出了关于加权合作网的演化模型，在该模型中老节点之间允许建立新连边以及已存在的连边可以重复产生[106]。

对于科学引文网络的幂律度分布，普赖斯(Price)最早提出了用累积优势的思想来解释该特性，他认为一篇文献得到新引用的概率应该与它之前得到的引用次数成比例[107]。在此基础上，一些新机制又被陆续提出，一些研究者提出了受引文年龄影响的优先连接模型，例如，考虑到节点的吸引力随其年龄增长逐渐衰退以及科学引文网络中三角形的数量，吴枝喜等提出了一种随机演化网络模型[108]。梅多(Medo)等综合考虑论文影响力的异质性及其随时间衰减的特性来研究科学引文网络的演化，提出了更适合模拟度演化的模型[109]。另外还有一些研究者从其他角度考虑了科学引文网络的生成机制，例如，参考文献[110]发现文章的引用增长服从超线性偏好依附，并且其引用过程不能被描述成无记忆的马尔可夫链，他们提出了一种将节点度的演化看作非齐次的自激点过程的随机增长模型。参考文献[111，112]提出了生成科学引文网络的复制模型，他们认为一篇文献在引用一篇目标文献时，也会以一定的概率引用该目标文献的参考文献。彼得森(Peterson)等考虑了一篇新论文的作者在引用一篇老论文时存在直接和间接两种机制，分别为直接找到目标文献 A 并引用它和先找到一篇论文 B，然后在论文 B 的参考文献中找到目标文献 A，他们将这两种机制进行结合来研究科学引文的分布[79]。

10.2.4 科学文献网络中的评价

基于科学文献数据的评价工作一直是研究的重点和热点，如评价论文或科学家的影响力，评价科研工作者的科研绩效或者国家科研的表现。而如何基于科研文献网络的局域信息或全局信息来对论文或科学家进行公平评价是最重要的研究问题之一。具体相关研究方法可参见曾安等在 2017 年发表在 *Physics Reports* 上的关于科学研究的综述文章[113]。下面对科学家影响力评价以及论文影响力评价的相关工作进行简要介绍。

1. 科学家影响力的评价

传统的评价科学家影响力的指标主要有总论文数、总引文数、篇均引文数、重要论文数量以及重要论文的引文数量。以上评价指标优缺点并存[114]，例如，总论文数能够反映科学家的生产力但忽略了论文自身的质量；总引文数能够反映科学家发表论文的总体影响力，但有些论文很可能是由多名科学家合作完成，不能反映个人的真实影响力。2005 年，赫希(Hirsch)提出了兼顾科学家科研产出的数量以及质量的评价指标——h 指数[114]，该指标不仅克服了上述传统的评价指标的种种缺点，而且还具有很强的鲁棒性，不易受恶意自引等行为的影响。但 h 指数也存在很多不足，例如，不利于对发表论文数量少但被引次数高的科学家进行评价；对具有相同 h 指数的科学家不能很好区分；由于存在累积优势，h 指数不利于对年轻学者的评价。研究者们针对这些不足，提出了很多变型指标[115]。

不同于以上指标，基于复杂网络的评价指标提供了新的视角及方法。基于科学文献网络(如科学引文网络，作者引文网络，科学家合作网络)评价科学家影响力，一方面可以基于科学家合作者的学术影响力间接评价科学家的影响力；另一方面可以从知识传播扩散的角度评价科学家影响力。运用网络分析方法评价科学家影响力主要有度、接近度、介数、PageRank 及其变型[116]等中心性指标。研究者们已经利用这些指标在不同领域的科学文献网络中评价科学家的影响力。严尔嘉等将接近中心性、介数中心性、度中心性及 PageRank 算法应用在图书情报学合作网络中来对作者进行排名，发现这 4 种度量指标均与引文计数之间呈明显正相关关系，认为中心性指标可以用来评价科学家的影响力[117]。他们还为了衡量合著网络中的作者影响力，提出了考虑作者的被引次数以及合著网络拓扑结构的加权 PageRank 算法，认为有影响力的作者被随机浏览的概率更大，并测试了带有不同阻尼因子下的 PageRank 算法的评价效果[118]。相类似的加权 PageRank 算法还应用在作者引文网络以及作者共引网络中[119,120]。除了上述常见指标外，还有研究者基于科学文献网络提出了一些新评价指标，例如，拉迪基(Radicchi)等基于加权的作者引文网络提出了一个评价科学家影响力的 SARA 指标，该指标根据与边权成比例的扩散概率在全局网络中模拟了科学家的声誉扩散过程[121]。

2. 论文影响力的评价

依据被引次数评价一篇论文的影响力是一种典型的基于引文网络局域信息的排序算法。加菲尔德(Garfield)在 1955 年首次提出利用一篇学术论文的被引次数评价一篇论文的科学影响力[122]。在引文网络中，节点的入度即论文的被引次数，通过对所有节点的入度排序实现对论文影响力的评价。通常，一篇论文的被引次数在一定程度上能够反映一篇论文的质量，被引次数越高，则论文的质量越高。这种评价方式的最大优点在于它计算简单方便，但是也存在很多不足。基于被引次数的论文评价仅考虑引文的数量而忽视了引文的质量，而通常引文的质量越高，被引论文的科学影响力也越大。而且这种基于被引次数的评价方式还可能引发人为操纵及恶意自引现象。此外，不同学科的引用次数存在差异，被引次数不适宜直接用于比较学科间论文的学术影响力。拉迪基(Radicchi)等在 2008 年提出了评价论文影响力的重新标度的被引次数，不仅可以用来比较不同领域论文的科学影响力，也可以用来比较不同领域科学家的科研绩效[123]。

PageRank 算法是一种经典的基于引文网络全局信息的论文排序算法。该算法最早应用于网页的排序[124]，后来被研究者引入科学计量领域[125-128]。PageRank 算法在对论文排序时不仅考虑了论文的被引次数，还考虑了引文的质量，为论文排序提供了新的视角。同时，PageRank 算法也存在不足，它自身带有参数，参数的取值不同会影响论文的排序结果。而且论文的引用存在累积优势，PageRank 算法中未考虑时间因素的影响更有利于发表时间久的论文评价。研究者们陆续提出了很多修正算法[129-134]。沃克(Walker)等提出了 CiteRank 算法，该算法模拟了大量的研究者如何沿着引用链寻找新信息的过程并以通过论文的交通流来衡量一篇论文的重要性[132]。该模型中考虑了引文网络的老化特性，使得近期发表的文章得到更多的关注，使得评价更加公正。姚丽阳等将非线性思想引入 PageRank 算法中，改变了原有的 PageRank 算法在对论文重要性进行评价时的线性叠加方式，提高了重要文章的排序[133]。周建林等在 PageRank 算法的基础上引入相似优先的扩散机制对论文进行排序，算法的有效性在美国物理学会引文网络中得以验证并且对于人为操作等行为具有很强的鲁棒性[134]。

参考文献

[1] ANDERSON J E. A theoretical foundation for the gravity equation[J]. The American Economic Review，1979，69(1)：106-116.

[2] ARTHUR W B. Competing technologies，increasing returns，and lock-in by historical events[J]. The Economic Journal，1989，99(394)：116-131.

[3]SCHWEITZER F，FAGIOLO G，SORNETTE D，et al. Economic networks：The new challenges[J]. Science，2009，325(5939)：422-425.

[4]KEEN S. Standing on the toes of pygmies：Why econophysics must be careful of the economic foundations on which it builds[J]. Physica A：Statistical Mechanics and its

Applications，2003，324(1-2)：108-116.

[5]高见，周涛. 大数据揭示经济发展状况[J]. 电子科技大学学报，2016，45(4)：625-633.

[6]LI X，JIN Y Y，CHEN G. Complexity and synchronization of the world trade web[J]. Physica A：Statistical Mechanics and its Applications，2003，328(1-2)：287-296.

[7]SERRANO M A，BOGUNÁ M. Topology of the world trade web[J]. Physical Review E，2003，68(1)：015101.

[8]FAGIOLO G，REYES J，SCHIAVO S. World-trade web：Topological properties，dynamics，and evolution[J]. Physical Review E，2009，79(3)：036115.

[9]CHAKRABORTY A，MANNA S S. Weighted trade network in a model of preferential bipartite transactions[J]. Physical Review E，2010，81(1)：016111.

[10]SCHIAVO S，REYES J，FAGIOLO G. International trade and financial integration：a weighted network analysis[J]. Quantitative Finance，2010，10(4)：389-399.

[11]FAN Y，REN S，CAI H，et al. The state's role and position in international trade：A Complex Network Perspective[J]. Economic Modelling，2014，39：71-81.

[12]KALI R，REYES J. The architecture of globalization：a network approach to international economic integration[J]. Journal of International Business Studies，2007，38：595-620.

[13]FAGIOLO G，REYES J，SCHIAVO S. On the topological properties of the world trade web：A weighted network analysis[J]. Physica A：Statistical Mechanics and its Applications，2008，387(15)：3868-3873.

[14]FAGIOLO G，REYES J，SCHIAVO S. The evolution of the world trade web：a weighted-network analysis[J]. Journal of Evolutionary Economics，2010，20：479-514.

[15]BHATTACHARYA K，MUKHERJEE G，SARAMÄKI J，et al. The international trade network：weighted network analysis and modelling[J]. Journal of Statistical Mechanics：Theory and Experiment，2008(2)：P02002.

[16]GARLASCHELLI D，DI MATTEO T，ASTE T，et al. Interplay between topology and dynamics in the World Trade Web[J]. The European Physical Journal B，2007，57：159-164.

[17]GARLASCHELLI D，LOFFREDO M I. Fitness-dependent topological properties of the world trade web[J]. Physical Review Letters，2004，93(18)：188701.

[18]GARLASCHELLI D，LOFFREDO M I. Structure and evolution of the world trade network[J]. Physica A：Statistical Mechanics and its Applications，2005，355(1)：138-144.

[19]HOPPE K，RODGERS G J. A microscopic study of the fitness-dependent topology of the world trade network[J]. Physica A：Statistical Mechanics and its Applications，2015，419：64-74.

[20]ALMOG A，SQUARTINI T，GARLASCHELLI D. A GDP-driven model for the binary and weighted structure of the International Trade Network[J]. New Journal of Physics，2015，17(1)：013009.

[21]MASTRANDREA R，SQUARTINI T，FAGIOLO G，et al. Enhanced reconstruction of weighted networks from strengths and degrees[J]. New Journal of Physics，2014，16(4)：043022.

[22]GAN G，MA C，WU J. Data clustering：theory，algorithms，and applications[M]. Society for Industrial and Applied Mathematics，2020.

[23]SERRANO M Á，KRIOUKOV D，BOGUNÁ M. Self-similarity of complex networks and hidden metric spaces[J]. Physical Review Letters，2008，100(7)：078701.

[24]BOGUNÁ M，PAPADOPOULOS F，KRIOUKOV D. Sustaining the internet with hyperbolic mapping[J]. Nature Communications，2010，1(1)：62.

[25]KRIOUKOV D，PAPADOPOULOS F，KITSAK M，et al. Hyperbolic geometry of complex networks[J]. Physical Review E，2010，82(3)：036106.

[26]PAPADOPOULOS F，KITSAK M，SERRANO M Á，et al. Popularity versus similarity in growing networks[J]. Nature，2012，489(7417)：537-540.

[27]ALLARD A，SERRANO M Á，GARCÍA-PÉREZ G，et al. The geometric nature of weights in real complex networks[J]. Nature Communications，2017，8(1)：14103.

[28]KITSAK M，PAPADOPOULOS F，KRIOUKOV D. Latent geometry of bipartite networks[J]. Physical Review E，2017，95(3)：032309.

[29]GARCÍA-PÉREZ G，BOGUÑÁ M，ALLARD A，et al. The hidden hyperbolic geometry of international trade：World Trade Atlas 1870-2013[J]. Scientific Reports，2016，6(1)：1-10.

[30]邵金菊，王培. 中国软件服务业投入产出效率及影响因素实证分析[J]. 管理世界，2013(7)：176-177.

[31]袁志刚，饶璨. 全球化与中国生产服务业发展——基于全球投入产出模型的研究[J]. 管理世界，2014(3)：10-30.

[32]LEONTIEF W W. The structure of American economy，1919-1939：An empirical application of equilibrium analysis[M]. Oxford University Press，1951.

[33]SHI P，ZHANG J，YANG B，et al. Hierarchicality of trade flow networks reveals complexity of products[J]. PLoS ONE，2014，9(6)：e98247.

[34]WU L，ZHANG J，ZHAO M. The metabolism and growth of web forums[J]. PLoS ONE，2014，9(8)：e102646.

[35]KIVELÄ M，ARENAS A，BARTHELEMY M，et al. Multilayer networks[J]. Journal of Complex Networks，2014，2(3)：203-271.

[36]BOCCALETTI S，BIANCONI G，CRIADO R，et al. The structure and dynamics of multilayer networks[J]. Physics Reports，2014，544(1)：1-122.

[37]LIU X，STANLEY H E，GAO J. Breakdown of interdependent directed networks[J]. Proceedings of the National Academy of Sciences，2016，113(5)：1138-1143.

[38]LEE K M，GOH K I. Strength of weak layers in cascading failures on multiplex networks：case of the international trade network[J]. Scientific Reports，2016，6(1)：26346.

[39]BULDYREV S V，PARSHANI R，PAUL G，et al. Catastrophic cascade of failures in interdependent networks[J]. Nature，2010，464(7291)：1025-1028.

[40]HIDALGO C A，KLINGER B，BARABÁSI A L，et al. The product space conditions the development of nations[J]. Science，2007，317(5837)：482-487.

[41]HIDALGO C A，HAUSMANN R. The building blocks of economic complexity [J]. Proceedings of the National Academy of Sciences，2009，106(26)：10570-10575.

[42]VIDMER A，ZENG A，MEDO M，et al. Prediction in complex systems：The case of the international trade network[J]. Physica A：Statistical Mechanics and its Applications，2015，436：188-199.

[43]段文奇. 国际贸易网络的测度和演化模型研究[M]. 北京：光明日报出版社，2011.

[44]ZHOU M，WU G，XU H. Structure and formation of top networks in international trade，2001-2010[J]. Social Networks，2016，44：9-21.

[45]SERRANO M Á，BOGUÑÁ M，VESPIGNANI A. Patterns of dominant flows in the world trade web[J]. Journal of Economic Interaction and Coordination，2007，2(2)：111-124.

[46]陈银飞. 2000—2009 年世界贸易格局的社会网络分析[J]. 国际贸易问题，2011(11)：31-42.

[47]SQUARTINI T，FAGIOLO G，GARLASCHELLI D. Randomizing world trade. I. A binary network analysis[J]. Physical Review E，2011，84(4)：046117.

[48]SQUARTINI T，FAGIOLO G，GARLASCHELLI D. Randomizing world trade. II. A weighted network analysis[J]. Physical Review E，2011，84(4)：046118.

[49]樊瑛，任素婷. 基于复杂网络的世界贸易格局探测[J]. 北京师范大学学报(自然科学版)，2015，51(2)：140-143.

[50]GUO L，LOU X，SHI P，et al. Flow distances on open flow networks[J]. Physica A：Statistical Mechanics and its Applications，2015，437：235-248.

[51]DE BENEDICTIS L，TAJOLI L. The world trade network[J]. The World Economy，2011，34(8)：1417-1454.

[52]任素婷，崔雪峰，樊瑛. 复杂网络视角下中国国际贸易地位的探究[J]. 北京师范大学学报(自然科学版)，2013，49(1)：90-94.

[53]任素婷，梁栋，樊瑛. 国际贸易网络中国家地位演化的聚类分析[J]. 北京师范大学学报(自然科学版)，2014，50(3)：323-325.

[54]BLÖCHL F，THEIS F J，VEGA-REDONDO F，et al. Vertex centralities in input-output networks reveal the structure of modern economies[J]. Physical Review E，2011，83(4)：046127.

[55]任素婷，崔雪锋，樊瑛. 国际贸易网络中的靴襻渗流模型[J]. 电子科技大学学

报，2015，44(2)：178-182.

[56]BAXTER G J，DOROGOVTSEV S N，GOLTSEV A V，et al. Bootstrap percolation on complex networks[J]. Physical Review E，2010，82(1)：011103.

[57]TACCHELLA A，CRISTELLI M，CALDARELLI G，et al. A new metrics for countries' fitness and products' complexity[J]. Scientific Reports，2012，2(1)：723.

[58]PICCARDI C，TAJOLI L. Existence and significance of communities in the world trade web[J]. Physical Review E，2012，85(6)：066119.

[59]BARIGOZZI M，FAGIOLO G，MANGIONI G. Identifying the community structure of the international-trade multi-network[J]. Physica A：Statistical Mechanics and its Applications，2011，390(11)：2051-2066.

[60]HE J，DEEM M W. Structure and response in the world trade network[J]. Physical Review Letters，2010，105(19)：198701.

[61]SHI P，LUO J，WANG P，et al. Centralized flow structure of international trade networks for different products[C]. 2013 International Conference on Management Science and Engineering 20th Annual Conference Proceedings，Harbin，China，2013：91-99.

[62]SNYDER D，KICK E L. Structural position in the world system and economic growth，1955-1970：A multiple-network analysis of transnational interactions[J]. American Journal of Sociology，1979，84(5)：1096-1126.

[63]VERMA T，RUSSMANN F，ARAÚJO N A M，et al. Emergence of core-peripheries in networks[J]. Nature Communications，2016，7(1)：10441.

[64]许和连，孙天阳. TPP背景下世界高端制造业贸易格局演化研究——基于复杂网络的社团分析[J]. 国际贸易问题，2015(8)：3-13.

[65]肖建忠，彭莹，王小林. 天然气国际贸易网络演化及区域特征研究——基于社会网络分析方法[J]. 中国石油大学学报(社会科学版)，2013，29(3)：1-8.

[66]ARRIBAS I，PÉREZ F，TORTOSA-AUSINA E. The dynamics of international trade integration：1967—2004[J]. Empirical Economics，2014，46：19-41.

[67]FRONCZAK A，FRONCZAK P. Statistical mechanics of the international trade network[J]. Physical Review E，2012，85(5)：056113.

[68]FOTI N J，PAULS S，ROCKMORE D N. Stability of the world trade web over time-an extinction analysis[J]. Journal of Economic Dynamics and Control，2013，37(9)：1889-1910.

[69]LEE K M，YANG J S，KIM G，et al. Impact of the topology of global macroeconomic network on the spreading of economic crises[J]. PLoS ONE，2011，6(3)：e18443.

[70]KESSLER M M. Bibliographic coupling between scientific papers[J]. American Documentation，1963，14(1)：10-25.

[71]NEWMAN M E J. The structure of scientific collaboration networks[J]. Proceedings of the National Academy of Sciences，2001，98(2)：404-409.

[72]NEWMAN M E J. Scientific collaboration networks. I. Network Construction and Fundamental Results[J]. Physical Review E, 2001, 64(1): 016131.

[73] NEWMAN M E J. Scientific collaboration networks. II. Shortest paths, weighted networks, and centrality[J]. Physical Review E, 2001, 64(1): 016132.

[74]BARABÂSI A L, JEONG H, NÉDA Z, et al. Evolution of the social network of scientific collaborations[J]. Physica A: Statistical Mechanics and its Applications, 2002, 311(3-4): 590-614.

[75]FAN Y, LI M, CHEN J, et al. Network of econophysicists: a weighted network to investigate the development of econophysics[J]. International Journal of Modern Physics B, 2004, 18(17n19): 2505-2511.

[76]REDNER S. How popular is your paper? An empirical study of the citation distribution[J]. The European Physical Journal B-Condensed Matter and Complex Systems, 1998, 4(2): 131-134.

[77]LEHMANN S, LAUTRUP B, JACKSON A D. Citation networks in high energy physics[J]. Physical Review E, 2003, 68(2): 026113.

[78]GOLOSOVSKY M, SOLOMON S. Runaway events dominate the heavy tail of citation distributions[J]. The European Physical Journal Special Topics, 2012, 205(1): 303-311.

[79]PETERSON G J, PRESSÉ S, DILL K A. Nonuniversal power law scaling in the probability distribution of scientific citations[J]. Proceedings of the National Academy of Sciences, 2010, 107(37): 16023-16027.

[80]LI M, FAN Y, CHEN J, et al. Weighted networks of scientific communication: the measurement and topological role of weight[J]. Physica A: Statistical Mechanics and its Applications, 2005, 350(2-4): 643-656.

[81]NEWMAN M E J. Coauthorship networks and patterns of scientific collaboration[J]. Proceedings of the National Academy of Sciences, 2004, 101(suppl _ 1): 5200-5205.

[82]TOMASSINI M, LUTHI L. Empirical analysis of the evolution of a scientific collaboration network[J]. Physica A: Statistical Mechanics and its Applications, 2007, 385(2): 750-764.

[83]ŠUBELJ L, FIALA D, BAJEC M. Network-based statistical comparison of citation topology of bibliographic databases[J]. Scientific Reports, 2014, 4(1): 6496.

[84]GIRVAN M, NEWMAN M E J. Community structure in social and biological networks[J]. Proceedings of the National Academy of Sciences, 2002, 99(12): 7821-7826.

[85]NEWMAN M E J, GIRVAN M. Finding and evaluating community structure in networks[J]. Physical Review E, 2004, 69(2): 026113.

[86]LUŽAR B, LEVNAJIĆZ, POVH J, et al. Community structure and the evolution of interdisciplinarity in Slovenia's scientific collaboration network[J]. PLoS ONE, 2014, 9(4): e94429.

[87]EVANS T S, LAMBIOTTE R, PANZARASA P. Community structure and patterns of scientific collaboration in business and management[J]. Scientometrics, 2011, 89(1): 381-396.

[88]VELDEN T, LAGOZE C. The extraction of community structures from publication networks to support ethnographic observations of field differences in scientific communication[J]. Journal of the American Society for Information Science and Technology, 2013, 64(12): 2405-2427.

[89]ZHANG P, LI M, WU J, et al. The analysis and dissimilarity comparison of community structure[J]. Physica A: Statistical Mechanics and its Applications, 2006, 367: 577-585.

[90]徐玲，胡海波，汪小帆. 一个中国科学家合作网的实证分析[J]. 复杂系统与复杂性科学，2009，6(1)：20-28.

[91]CHEN P, REDNER S. Community structure of the physical review citation network[J]. Journal of Informetrics, 2010, 4(3): 278-290.

[92]GOPALAN P K, BLEI D M. Efficient discovery of overlapping communities in massive networks[J]. Proceedings of the National Academy of Sciences, 2013, 110(36): 14534-14539.

[93]NEWMAN M E J. Assortative mixing in networks[J]. Physical Review Letters, 2002, 89(20): 208701.

[94]FOSTER J G, FOSTER D V, GRASSBERGER P, et al. Edge direction and the structure of networks[J]. Proceedings of the National Academy of Sciences, 2010, 107(24): 10815-10820.

[95]NEWMAN M E J. Mixing patterns in networks[J]. Physical Review E, 2003, 67(2): 026126.

[96]RAMASCO J J, DOROGOVTSEV S N, PASTOR-SATORRAS R. Self-organization of collaboration networks[J]. Physical Review E, 2004, 70(3): 036106.

[97]MARTIN T, BALL B, KARRER B, et al. Coauthorship and citation patterns in the Physical Review[J]. Physical Review E, 2013, 88(1): 012814.

[98]ZHAI L, LI X, YAN X, et al. Evolutionary analysis of collaboration networks in the field of information systems[J]. Scientometrics, 2014, 101: 1657-1677.

[99]LI J, LI Y. Patterns and evolution of coauthorship in China's humanities and social sciences[J]. Scientometrics, 2015, 102: 1997-2010.

[100] LIU P, XIA H. Structure and evolution of co-authorship network in an interdisciplinary research field[J]. Scientometrics, 2015, 103: 101-134.

[101]NEWMAN M E J. The first-mover advantage in scientific publication[J]. Europhysics Letters, 2009, 86(6): 68001.

[102]VAN RAAN A F J. Sleeping beauties in science[J]. Scientometrics, 2004, 59(3): 467-472.

[103]NEWMAN M E J. Clustering and preferential attachment in growing networks[J]. Physical Review E, 2001, 64(2): 025102.

[104]JEONG H, NÉDA Z, BARABÁSI A L. Measuring preferential attachment in evolving networks[J]. Europhysics Letters, 2003, 61(4): 567-572.

[105]BÖRNER K, MARU J T, GOLDSTONE R L. The simultaneous evolution of author and paper networks[J]. Proceedings of the National Academy of Sciences, 2004, 101(suppl _ 1): 5266-5273.

[106]LI M, WU J, WANG D, et al. Evolving model of weighted networks inspired by scientific collaboration networks[J]. Physica A: Statistical Mechanics and its Applications, 2007, 375(1): 355-364.

[107]PRICE D S. A general theory of bibliometric and other cumulative advantage processes[J]. Journal of the American Society for Information Science, 1976, 27(5): 292-306.

[108]WU Z X, HOLME P. Modeling scientific-citation patterns and other triangle-rich acyclic networks[J]. Physical Review E, 2009, 80(3): 037101.

[109] MEDO M, CIMINI G, GUALDI S. Temporal effects in the growth of networks[J]. Physical Review Letters, 2011, 107(23): 238701.

[110]GOLOSOVSKY M, SOLOMON S. Stochastic dynamical model of a growing citation network based on a self-exciting point process[J]. Physical Review Letters, 2012, 109(9): 098701.

[111]KRAPIVSKY P L, REDNER S. Organization of growing random networks[J]. Physical Review E, 2001, 63(6): 066123.

[112] KRAPIVSKY P L, REDNER S. Network growth by copying[J]. Physical Review E, 2005, 71(3): 036118.

[113] ZENG A, SHEN Z, ZHOU J, et al. The science of science: From the perspective of complex systems[J]. Physics Reports, 2017, 714: 1-73.

[114]HIRSCH J E. An index to quantify an individual's scientific research output[J]. Proceedings of the National Academy of Sciences, 2005, 102(46): 16569-16572.

[115]ALONSO S, CABRERIZO F J, HERRERA-VIEDMA E, et al. h-Index: A review focused in its variants, computation and standardization for different scientific fields[J]. Journal of Informetrics, 2009, 3(4): 273-289.

[116] NYKL M, CAMPR M, JEŽEK K. Author ranking based on personalized PageRank[J]. Journal of Informetrics, 2015, 9(4): 777-799.

[117]YAN E, DING Y. Applying centrality measures to impact analysis: A coauthorship network analysis [J]. Journal of the American Society for Information Science and Technology, 2009, 60(10): 2107-2118.

[118] YAN E, DING Y. Discovering author impact: A PageRank perspective[J]. Information Processing & Management, 2011, 47(1): 125-134.

[119]DING Y, YAN E, FRAZHO A, et al. PageRank for ranking authors in co-citation networks [J]. Journal of the American Society for Information Science and Technology, 2009, 60(11): 2229-2243.

[120]DING Y. Applying weighted PageRank to author citation networks[J]. Journal of the American Society for Information Science and Technology, 2011, 62(2): 236-245.

[121]RADICCHI F, FORTUNATO S, MARKINES B, et al. Diffusion of scientific credits and the ranking of scientists[J]. Physical Review E, 2009, 80(5): 056103.

[122]GARFIELD E. Citation indexes for science: A new dimension in documentation through association of ideas[J]. Science, 1955, 122(3159): 108-111.

[123]RADICCHI F, FORTUNATO S, CASTELLANO C. Universality of citation distributions: Toward an objective measure of scientific impact[J]. Proceedings of the National Academy of Sciences, 2008, 105(45): 17268-17272.

[124]BRIN S, PAGE L. The anatomy of a large-scale hypertextual web search engine [J]. Computer Networks and ISDN Systems, 1998, 30(1-7): 107-117.

[125]BOLLEN J, RODRIQUEZ M A, VAN DE SOMPEL H. Journal status[J]. Scientometrics, 2006, 69: 669-687.

[126]CHEN P, XIE H, MASLOV S, et al. Finding scientific gems with Google's PageRank algorithm[J]. Journal of Informetrics, 2007, 1(1): 8-15.

[127]FIALA D, ROUSSELOT F, JEŽEK K. PageRank for bibliographic networks [J]. Scientometrics, 2008, 76(1): 135-158.

[128]MA N, GUAN J, ZHAO Y. Bringing PageRank to the citation analysis[J]. Information Processing & Management, 2008, 44(2): 800-810.

[129]SU C, PAN Y T, ZHEN Y N, et al. PrestigeRank: A new evaluation method for papers and journals[J]. Journal of Informetrics, 2011, 5(1): 1-13.

[130]FIALA D. Time-aware PageRank for bibliographic networks[J]. Journal of Informetrics, 2012, 6(3): 370-388.

[131]NYKL M, JEŽEK K, FIALA D, et al. PageRank variants in the evaluation of citation networks[J]. Journal of Informetrics, 2014, 8(3): 683-692.

[132]WALKER D, XIE H, YAN K K, et al. Ranking scientific publications using a model of network traffic[J]. Journal of Statistical Mechanics: Theory and Experiment, 2007(6): P06010.

[133]YAO L, WEI T, ZENG A, et al. Ranking scientific publications: the effect of nonlinearity[J]. Scientific Reports, 2014, 4(1): 6663.

[134]ZHOU J, ZENG A, FAN Y, et al. Ranking scientific publications with similarity-preferential mechanism[J]. Scientometrics, 2016, 106(2): 805-816.

第 11 章　复杂网络分析实战

现如今复杂网络已成为一种强大的工具，用于揭示各类系统的内在联系与动态行为。这一理论框架贯穿社会科学、物理学、生物学等多个学科的核心。在掌握了复杂网络分析的相关理论与方法之后，深入理解这些理论在众多领域的有效应用，并将其方法具体化、通过编程实现及直观展示变得尤为关键。这不仅是理论研究向现实世界应用的关键步骤，也是解决实际问题的重要手段。

本章旨在桥接理论与实践之间的鸿沟，通过具体案例和实战经验，提供一个操作复杂网络分析的实践指南。我们旨在深化对复杂网络理论现实应用的理解，选择 Python 作为基础编程语言，展示相关网络分析方法的编程实现，以帮助读者更有效地进行复杂网络分析方法的编程实践。此外，为了让读者能够更直观地理解复杂网络，本章还将介绍基于 Gephi 的复杂网络可视化技术。我们期望通过这一努力，帮助读者将复杂网络的理论知识转化为解决具体问题的实际技能，深化他们在实践中对复杂网络的认识，掌握理论应用于实践的能力。

11.1　基于 Python 的复杂网络分析

11.1.1　Python 简介及开发环境搭建

Python 是由吉多·范罗苏姆(Guido van Rossum)在 20 世纪 80 年代末和 90 年代初，在荷兰国家数学与计算机科学研究中心设计出来的。Python 源代码同样遵循 GPL(GNU General Public License)协议。作为一门编程语言，Python 具有易于学习(相对较少的关键字，结构简单，明确定义的语法)，易于阅读，易于维护的优势，拥有一个广泛的可跨平台的标准库，支持互动模式，可移植、可扩展性强。同时作为一门"胶水语言"，它可以很好地与其他编程语言进行协作。

此外，Python 的强大之处在于它的应用领域广，遍及人工智能、科学计算、Web 开发、系统运维、大数据及云计算、金融、游戏开发等。实现其强大功能的前提，就是 Python 具有数量庞大且功能相对完善的标准库和第三方库。通过对库的引用，能够实现对不同领域业务的开发。因此，Python 在全世界范围内变得越来越流行。

为了便于初学者掌握和学习 Python，这里推荐相对简单的桌面应用 Anaconda。Anaconda 是一个基于 Python 的环境管理工具，可以便捷获取和管理模块，同时对环境可以统一管理。Anaconda 包含了 conda、Python 在内的众多科学包及其依赖项。我们根据自己计算机的操作系统版本下载安装所对应的 Anaconda 版本即可，Anaconda 的下载地址为：https://www.anaconda.com/download/。安装之后我们运行 Anaconda 软件，并打开 Jupyter Notebook 应用程序。它会启动浏览器并显示 Jupyter Notebook 主界面，在主界面右上侧"New"菜单中，选择"Notebook"选项，然后就进入了 Jupyter Notebook 编辑器界面，如图 11-1 所示。我们可以在编辑器的单元格中输入代码，并单击"运行▶"按钮执行代码。

图 11-1 Jupyter Notebook 编辑器界面

11.1.2 复杂网络分析相关模块介绍

1. 复杂网络分析模块 NetworkX

NetworkX 是 Python 的一个模块，用于创建、编辑复杂网络，以及研究复杂网络的结构、动力学及其功能。它可以用来构建复杂网络、并计算各种常见的网络拓扑结构特征指标(如集聚系数、平均路径长度、网络直径、网络密度等)，计算节点的中心性指标(如度中心性、PageRank、介数中心性等)，利用经典的社团划分算法来探测网络的社团结构，实现网络可视化。我们可以使用 NetworkX 的教程(https://networkx.org/documentation/stable/tutorial.html)和参考资料(https://networkx.org/documentation/stable/reference/index.html)进一步了解该模块的功能和使用方法。由于 Anaconda 中已经内嵌了 NetworkX 模块，我们可以使用"import networkx"命令来导入 NetworkX 模块，实现网络的构建与分析。

2. 科学计算模块 NumPy、SciPy

NumPy 是 Python 中用于科学计算和数据分析的一个开源扩展库和模块，支持大量的高维度数组与矩阵运算。NumPy 提供了与 MATLAB 相似的功能与操作方式，为用户在数组或矩阵运算时提供更快的性能。我们可以参考 NumPy 的教程(https://numpy.org/doc/stable/user/index.html)来更好地掌握该模块的使用。

SciPy 也是 Python 中的一个模块，是一个开源的高级科学计算库。它的库函数依赖于 NumPy，并提供快捷的 N 维向量数组操作。SciPy 包含了最优化、线性代数、积分、插值、特殊函数、快速傅里叶变换、信号处理和图像处理、常微分方程求解和其他科学与工程中常用的计算方法。我们可以通过 SciPy 的用户手册(https://docs.scipy.org/doc/scipy/tutorial/index.html#user-guide)来深入地了解该模块的相关功能。

3. 绘图模块 Matplotlib

Matplotlib 是一个全面的 Python 可视化库，用于在 Python 中创建静态、动画和交互式可视化图形。它不仅易于学习和使用，同时支持多种图表类型，可扩展性强。我们可以通过 Matplotlib 的入门教程(https://matplotlib.org/stable/users/getting_started/)和使用手册(https://matplotlib.org/stable/tutorials/index.html)能够帮助我们来深入学习这一实用且重要的 Python 库。此外 Matplotlib 还提供了丰富的绘图案例(https://matplotlib.org/stable/gallery/index.html)供大家参考学习。

11.1.3 使用 Python 进行复杂网络分析

在本节中，我们将使用 Python 来对教材中提及的部分网络进行相关分析。

1. 空手道俱乐部网络的可视化

20 世纪 70 年代初，扎卡里(Wayne Zachary)观察了美国某大学空手道俱乐部成员间的人际关系，并依据俱乐部成员间平时的交际情况建立了空手道俱乐部网络。该网络包含 34 个成员节点和 78 条连边，连边表示成员间的互动。NetworkX 内置了该网络数据集，我们将以该数据集为例，展示如何使用 NetworkX 来读取和绘制复杂网络，具体的编程代码如程序 11-1 所示。需要注意的是内置数据集中的成员编号是从 0 开始的，其中俱乐部管理员的编号为 33。我们将代码复制粘贴到 Jupyter Notebook 编辑器界面的单元格中，然后运行该程序，就得到了如图 11-2 所示的空手道俱乐部网络可视化图形。

程序 11-1:

```
import networkx as nx
import matplotlib.pyplot as plt
import numpy as np

g = nx.karate_club_graph()  # 导入网络
fig,ax = plt.subplots(figsize = (8,6),dpi = 100)  # 初始化画布大小及分辨率

pos = nx.layout.fruchterman_reingold_layout(g)  # 根据布局方式生成每个节点
的位置坐标

NodeId = list(g.nodes())  # 得到节点列表

node_size = [g.degree(i) * * 1.2 * 90 for i in NodeId]  # 将节点 id 转换成节点大小
options = {
    'node_size =':node_size,
    # 'line_color':'grey',
    'linewidths':1,
    'width':1,
    'style':'solid',
    'nodelist':NodeId,
    'node_color':node_size,
    'font_color':'w',
} # option 是一个控制绘图各种参数的字典变量

nx.draw(g,pos = pos,ax = ax,with_labels = True, * * options) # 绘制网络图

plt.show()
```

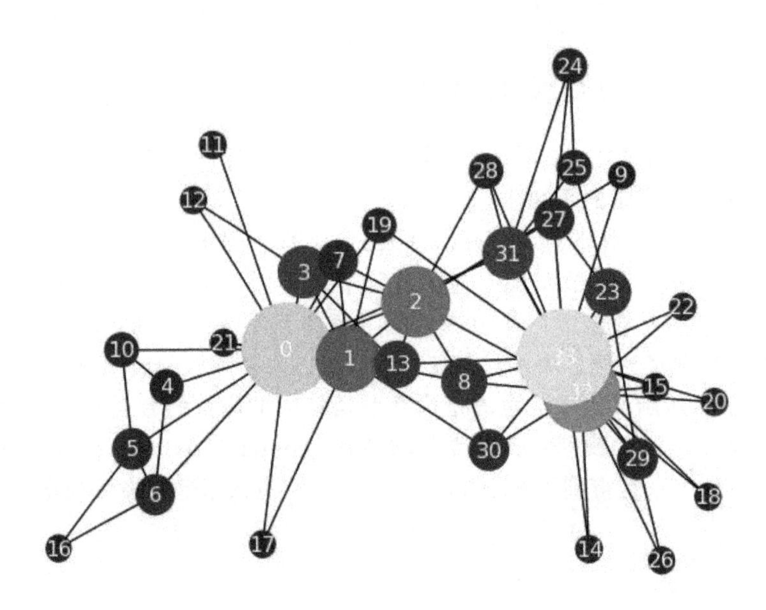

图 11-2　空手道俱乐部网络可视化

这样一个网络的简单可视化就完成了，使用好的网络可视化算法可以帮助我们直观分析节点在网络中的重要性以及社团结构。

2. 生成 WS 小世界网络

WS 小世界网络作为经典的复杂网络模型之一，NetworkX 提供了专门生成 WS 小世界网络的函数 nx. watts_strogatz_graph(N,m,p)，其中 N 为节点数，m 是邻居数，p 是断边重连的概率。我们知道 WS 小世界网络可以由最近邻耦合网络通过断边重连得到。下面我们将首先构造一个包含 20 个节点，每个节点的度值为 4 的最近邻耦合网络，然后通过改变断边重连概率($p=0$，$p=0.3$，$p=0.7$，$p=1$)来生成不同结构的网络，展示了一个网络由规则网络过渡到随机网络的过程，具体的编程代码如程序 11-2 所示，网络的变化过程如图 11-3 所示。

程序 11-2：

```
import networkx as nx
import matplotlib.pyplot as plt
#定义参数

N = 20  #节点数量

m = 4  #每个节点的邻居数

p_values =[0,0.3,0.7,1]  #重连概率取值

#创建 2x2 的子图布局
fig,axes = plt.subplots(2,2,figsize = (10,8),dpi = 100)
for i,ax in enumerate(axes.flatten()):
```

```
        p = p_values[i]
        #生成规则网络和 ER 随机网络
        G = nx.watts_strogatz_graph(N,m,p)
        #绘制网络图

        pos = nx.circular_layout(G)   #使用圆形布局

        nx.draw(G,pos,with_labels = True,ax = ax,node_size = 300,node_color =
'darkblue',edge_color = 'gray',font_size = 12,font_color = 'w')
        ax.set_title(f'p = {p}',loc = 'center',x = 0.1,y = 0.95)

    #调整子图布局

    plt.tight_layout()
    plt.show()
```

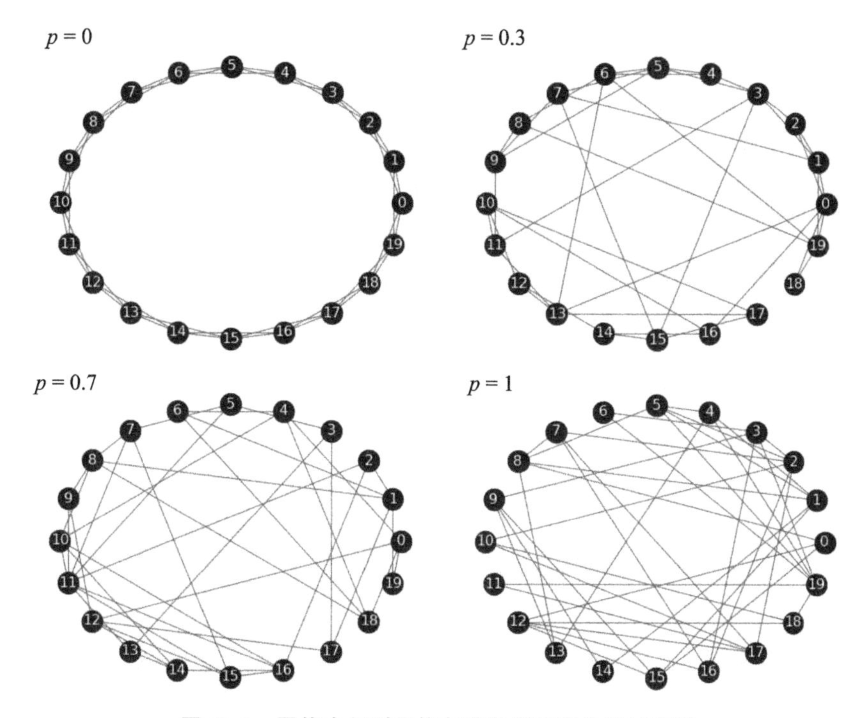

图 11-3 网络由规则网络向随机网络变化的过程图

3. 计算网络的平均路径长度与集聚系数

平均路径长度与集聚系数是复杂网络重要的结构特征指标，NetwrokX 提供了直接计算网络的平均路径长度与集聚系数的函数：average_shortest_path_length 与 average_clustering，具体的编程代码如程序 11-3 所示。

程序 11-3：

```
import networkx as nx
N,m = 1000,4
G = nx.watts_strogatz_graph(N,m,0.1)
d = nx.average_shortest_path_length(G)      # 计算网络的平均路径长度
c = nx.average_clustering(G) # 计算网络的集聚系数
print('平均最短路径：%.3f'%d)                 # 显示网络的平均路径长度
print('平均集聚系数：%.3f'%c)                 # 显示网络的集聚系数
```

当我们学会使用 NetwrokX 来计算网络的平均路径长度与集聚系数后，我们来探究 WS 小世界网络模型的集聚系数与平均路径长度随重连概率的变化关系，具体的编程代码如程序 11-4 所示，程序的输出结果如图 11-4 所示。

程序 11-4：

```
import networkx as nx
import matplotlib.pyplot as plt
import numpy as np

# 定义参数

N = 200     # 节点数量

k = 4       # 每个节点的邻居数
p_values = list(set([i * * ( - j) for i in range(1,10,1) for j in range(1,5,1)]))
# 规则网络指标
G = nx.watts_strogatz_graph(N,k,0)
d0 = nx.average_shortest_path_length(G)
c0 = nx.average_clustering(G)

# 记录 WS 小世界网络演化过程中的指标值
cls,spl = [],[]
for p in p_values:
    G = nx.watts_strogatz_graph(N,k,p)
    cls.append(nx.average_clustering(G)/c0)
    spl.append(nx.average_shortest_path_length(G)/d0)

# 创建一行两列的图布局
fig,axes = plt.subplots(1,2,figsize = (12,6),dpi = 100)

# 绘制平均集聚系数和节点平均距离的相对变化趋势
```

```
axes[0].scatter(p_values,cls,marker='o',label='C(p)/C(o)')
axes[0].scatter(p_values,spl,marker='<',label='L(p)/L(o)')
axes[0].set_xscale('log')
axes[0].set_xlabel('p')
axes[0].legend()

## 绘制平均集聚系数和节点平均距离的比值
small_worldness = np.array(cls) / np.array(spl)
axes[1].scatter(p_values, small_worldness, marker = 'o', label = '(C(p)/
C(o))/(L(p)/L(o))')
axes[1].set_xscale('log')
axes[1].set_xlabel('p')
# axes[1].set_ylabel('Small Worldness')
axes[1].legend()

# 调整布局
plt.tight_layout()
plt.show()
```

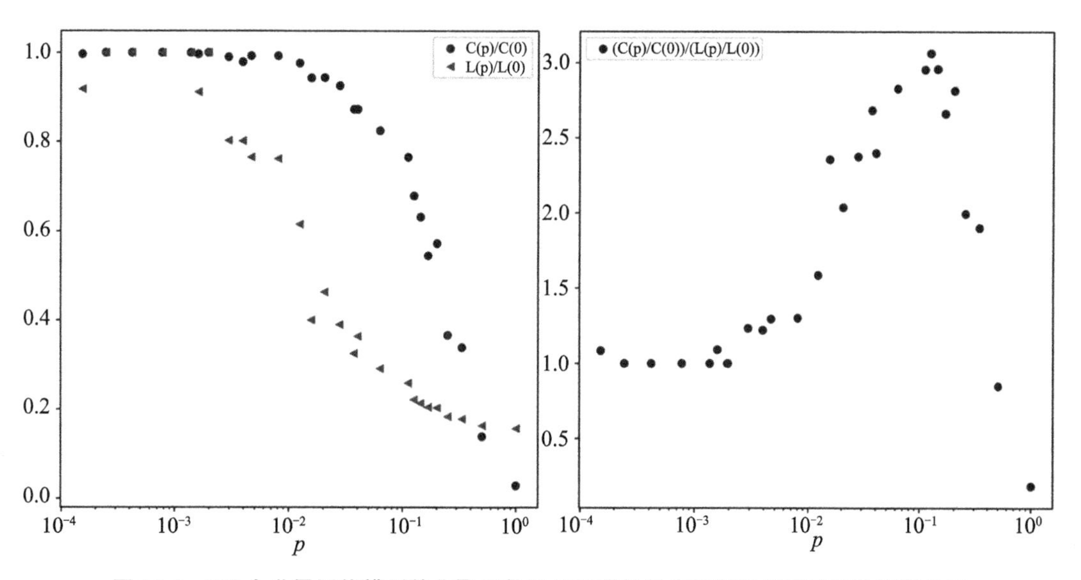

图 11-4 WS 小世界网络模型的集聚系数和平均路径长度随断边重连概率的变化关系

4. 生成 BA 网络并拟合网络的幂律指数

NetwrokX 提供了 barabasi_albert_graph 函数来直接生成一个 BA 无标度网络。在使用该函数生成一个 BA 无标度网络后，我们采用非等间距分箱的方式来估计网络度分布的幂律指数，并绘制幂律度分布图，如图 11-5 所示，具体的编程代码如程序 11-5 所示。

程序 11-5：

```
import networkx as nx
import numpy as np
import matplotlib.pyplot as plt

# 生成 BA 网络图
G = nx.barabasi_albert_graph(5000,2)
# 获取度分布和度字典
deg_dist = nx.degree_histogram(G)
degree = dict(nx.degree(G))
x,y = [],[]
max_k,k0,dk = len(deg_dist),1,1.6
#计算拟合幂律的参数
while k0 <= len(deg_dist):
    k1 = k0 * dk
    n = sum(deg_dist[k] for k in range(max_k) if k0 <= k < k1)
    m = sum(k * deg_dist[k] for k in range(max_k) if k0 <= k < k1)
    if n> 0:
        x.append(1.0 * m / n)
        y.append(n / max(1,(k1 - k0)))
    k0 = k1
# 对数变换
ln_x = np.log(x[:])
ln_y = np.log(y[:])
# 最小二乘法拟合
m,c = np.polyfit(ln_x,ln_y,1)

# 绘图
plt.figure(figsize = (6,4),dpi = 100)
plt.loglog(x,y,'o',label = 'Binned Dist')
plt.plot(np.exp(ln_x),np.exp(m * ln_x + c),'r-',
label = r'$\gamma = %s$' % (round(-m,2)))
plt.loglog(range(0,len(deg_dist)),deg_dist,'s',
markerfacecolor = 'gray',
        markeredgecolor = 'none',zorder = -10,label = 'Raw Dist')
plt.xlabel('degree')
plt.ylabel('frequency')
plt.legend()
plt.show()
```

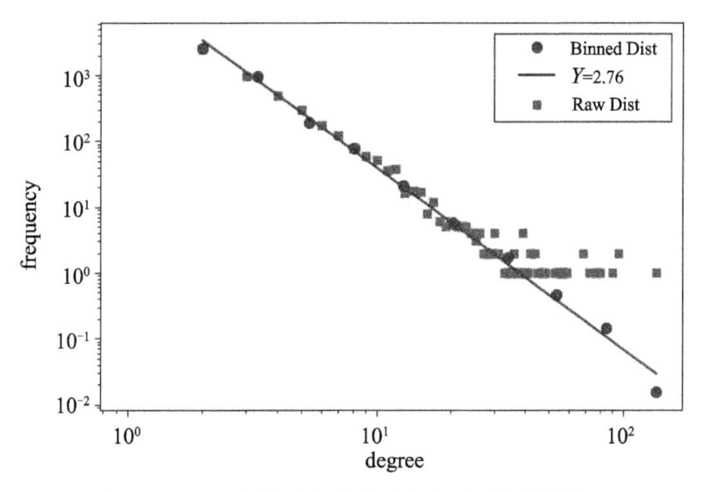

图 11-5 BA 网络的幂律度分布及其幂指数估计

另外，我们在估计网络幂律度分布的幂指数时，还可以采用极大似然估计的方法。此时，我们首先需要安装 Powerlaw 这个模块，即在 Jupyter Notebook 编辑器界面的单元格中输入“pip install powerlaw”，然后运行该程序就可以安装好 Powerlaw 模块。我们在 Jupyter Notebook 编辑器界面的单元格中复制粘贴程序 11-6 中的代码并运行，就得到了如图 11-6 所示的基于极大似然估计的网络幂律度分布的幂指数。我们还可以通过拟合网络累积度分布的幂指数(图 11-7)，然后在该数值基础上加 1，就得到了网络幂律度分布的幂指数，具体的编程代码如程序 11-7 所示。

程序 11-6：

```
pip install powerlaw
import powerlaw
import networkx as nx
import matplotlib.pyplot as plt
#生成 BA 网络图
G = nx.barabasi_albert_graph(5000,2)
degree = list(dict(nx.degree(G)).values())

fit = powerlaw.Fit(degree,xmin = 3,discrete = True)

print('alpha:',fit.power_law.alpha) # alpha:2.5680,gamma 值

print('x - min:',fit.power_law.xmin) # x - min:3.0 最优的幂律拟合最小值

print('D:',fit.power_law.D) # D:0.01885 数据和拟合之间的 Kolmogorov-Smirnov
距离

x, y = powerlaw.pdf(degree,linear_bins = True)
idx_flag = y>0
```

```
    y = y[idx_flag]
    x = x[:-1]
    x = x[idx_flag]

    plt.figure(figsize=(8,6),dpi=100)
    fit.power_law.plot_pdf(color='r',linestyle='-',label="$\gamma=%.3f
$"%fit.power_law.alpha)
    plt.scatter(x,y,color='b',s=35,label="Linear Binned")
    plt.legend()
    plt.show()
```

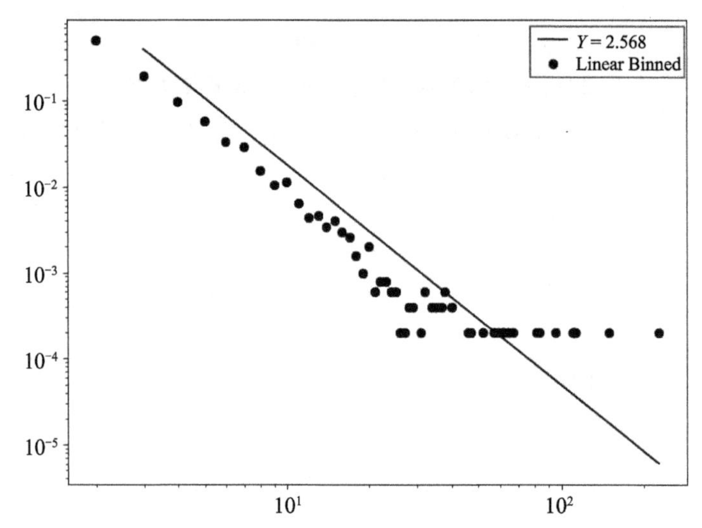

图 11-6　使用 Powerlaw 模块估计得到的 BA 网络幂律度分布的幂指数

程序 11-7：

```
import networkx as nx
import matplotlib.pyplot as plt
import numpy as np

#生成BA网络图
G = nx.barabasi_albert_graph(5000,2)
degree = list(dict(nx.degree(G)).values())

##累积分布
distKeys = set(degree)
pdf = dict([(k,0) for k in distKeys])
for k in degree:
    pdf[k] += 1
```

```
cdf = dict([(k,0) for k in set(degree)])
for k in set(degree):
    cdf[k] = sum(np.array(list(degree))>= k)

x = np.log([k for k in cdf])
y = np.log([cdf[k] for k in cdf])

A = np.vstack([x,np.ones(len(x))]).T

m,c = np.linalg.lstsq(A,y)[0] #最小二乘法估计

print(m,c)

plt.figure(figsize = (8,6),dpi = 100)
plt.loglog(cdf.keys(),cdf.values(),'o',color = 'gray')
plt.plot(np.e**x,np.e**(m*x+c),color =
'red',label = r'$\gamma = %s$'%(round(-m,2)))
plt.xlabel('k')
plt.ylabel('P(x>= k)')
plt.legend()
plt.show()
```

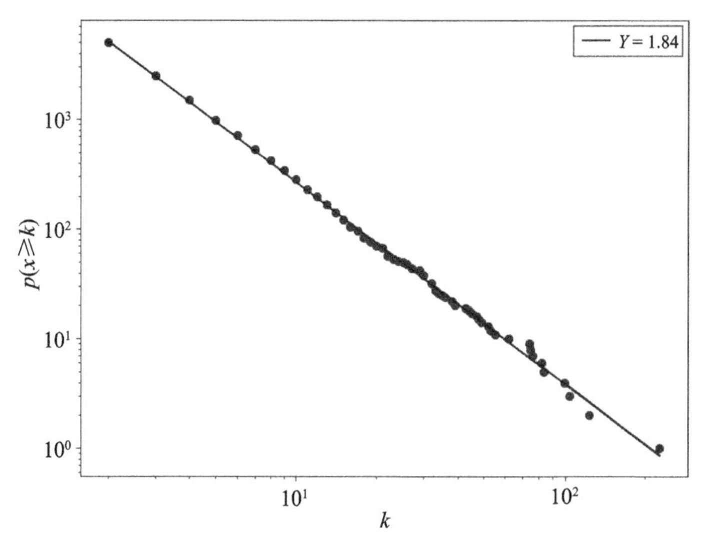

图 11-7 BA 网络累积度分布的幂指数估计

5. 以经济物理学家合作网络为例计算常见的网络统计特性指标

经济物理学家合作网络是基于科学家们合作发表经济物理学方面的论文而构建的。原始的经济物理学家合作网络数据包含了作者编号-论文编号信息，我们首先需要读入该数据并构建经济物理学家—论文二分网络，具体的编程代码如程序 11-8 所示。

程序 11-8：

```
import networkx as nx
import matplotlib.pyplot as plt
import numpy as np
### 读取网络连接数据

edgelist  = []
authors  = []
papers  = []
with open('./data/paperauthorID.txt','r') as file:
    lines = file.readlines()
    for line in lines:
        try:
            p,a = line.strip().split('\t')
        except ValueError:
            continue
        edgelist.append(('p'+p,'a'+a))
        authors.append('a'+a)
        papers.append('p'+p)

B = nx.Graph()
B.add_edges_from(edgelist)

authors = list(set(authors))

print('作者数:',len(authors)) # 1992

print('节点数:',B.number_of_nodes())   #4004

print('边数:',B.number_of_edges())   # 5240
```

在构建好经济物理学家—论文二分网络后，我们将该二分网络投影到单顶点网络，通过使用 bipartite.projected_graph 函数得到经济物理学家合作网络。我们对该合作网络进行简单的统计分析，并绘制合作网络的度分布图(图 11-8)，具体的编程代码如程序 11-9 所示。

程序 11-9：

```
import matplotlib.pyplot as plt
import numpy as np
#生产作者合作网络,并统计网络属性
g  =  nx.algorithms.bipartite.projected_graph(B,nodes = authors)
print('节点数:',g.number_of_nodes())   #节点数:1992
```

```
print('边数:',g.number_of_edges())  #边数:3485
print('平均度:', np. mean (list (dict (nx. degree (g)). values ( ))))  #平均度:3.498995983935743
# 绘制度分布图

deg_dist = nx.degree_histogram(g)
author_deg = dict(g.degree()).values()
plt.figure(figsize = (8,6),dpi = 100)
plt.loglog(range(0,len(deg_dist)),deg_dist,'o',ms = 8)
plt.xlabel('degree')
plt.ylabel('frequency')
plt.show()
```

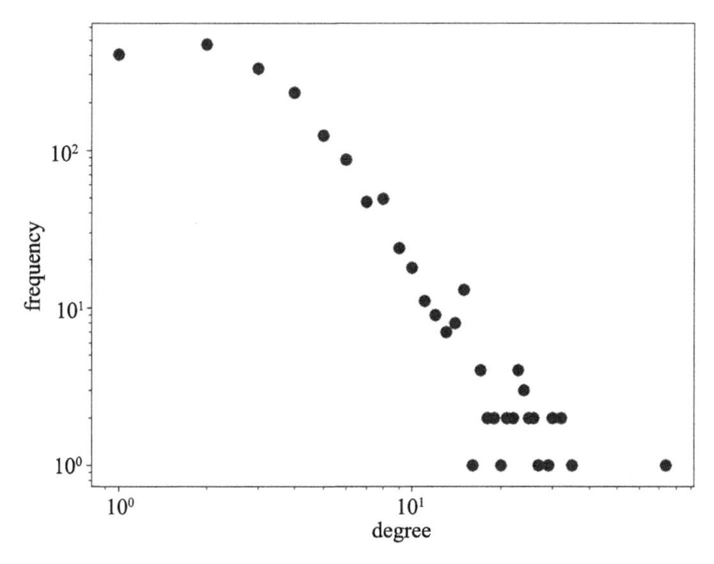

图 11-8　经济物理学家合作网络的度分布

通过观测经济物理学家合作网络的度分布可以发现该网络具有无标度的性质。我们采用非等间距分箱的方式来拟合该合作网络度分布的幂指数(图 11-9)，具体的编程代码如程序 11-10 所示。

程序 11-10：

```
import matplotlib.pyplot as plt
import numpy as up
#幂律指数拟合

deg_dist = nx.degree_histogram(g)
author_deg = dict(g.degree()).values()

x,y  = [],[]
max_k = len(deg_dist)
```

```
k0,dk = 1,1.6
while k0<= len(deg_dist):
    k1 = k0 * dk
    n = sum([deg_dist[k] for k in range(max_k) if k0<=k<k1])
    m = sum([k * deg_dist[k] for k in range(max_k) if k0<=k<k1])
    if n>0:
        x.append(1.0 * m/n)
        y.append(n/max(1,(k1 - k0)))
    k0 = k1

ln_x = np.log(x[2:])
ln_y = np.log(y[2:])
A = np.vstack([ln_x,np.ones(len(ln_x))]).T

m,c = np.linalg.lstsq(A,ln_y)[0]#最小二乘法拟合

plt.figure(figsize = (8,6),dpi = 100)
plt.loglog(x,y,'ro')
plt.plot(np.e ** ln_x,np.e ** (m * ln_x + c),
'k-',label = r'$ \gamma = %s $'% (round( - m,2)))
plt.loglog(range(0,len(deg_dist)),deg_dist,'s',
markerfacecolor = 'gray',markeredgecolor = 'none',zorder = - 10)
plt.xlabel('degree')
plt.ylabel('frequency')
plt.legend()
plt.show()
```

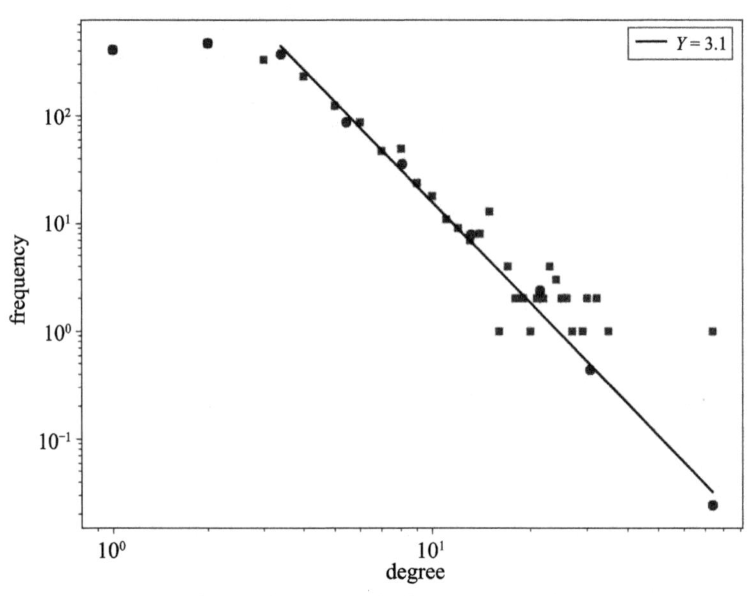

图 11-9 经济物理学家合作网络的幂律度分布的幂指数拟合

我们采用不同的计算方法来展示网络的度度相关性。我们首先通过可视化描述的方式来展现网络中节点度之间的关系，将合作网络的度度相关矩阵与其重标度化的矩阵进行可视化，如图 11-10 所示，具体的编程代码如程序 11-11 所示。我们还展示了度相关函数与节点度值的关系，如图 11-11 所示，发现度相关函数的数值随着度值的增加呈现出下降趋势，这表明经济物理学家合作网络呈现出异配特性，具体的编程代码如程序 11-12 所示。另外，除了定性化的描述网络的度度相关性，NetworkX 还提供了 assortativity. degree_assortativity_coefficient 函数直接给出网络的同配系数，定量地判断一个网络的度度相关性，具体的编程代码如程序 11-13 所示。

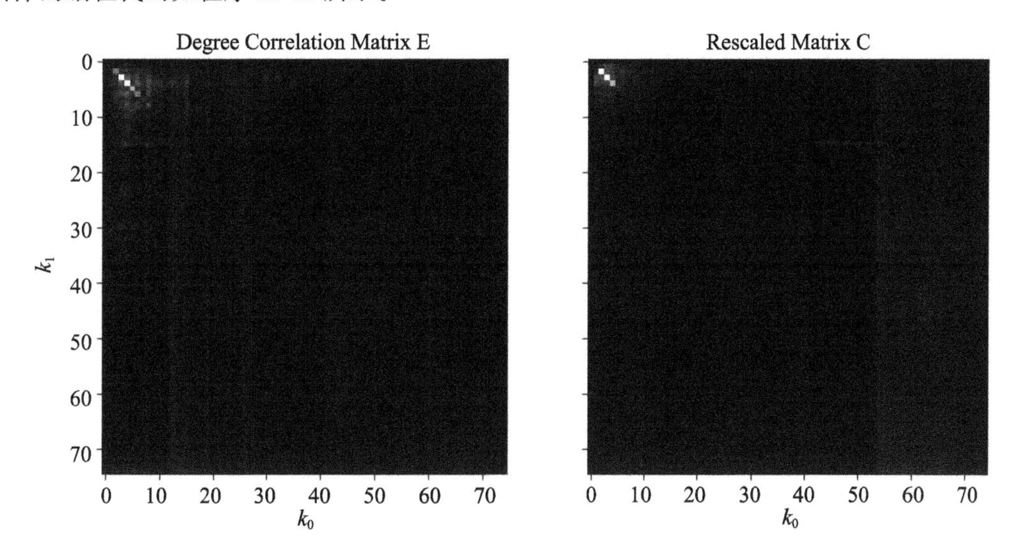

图 11-10 经济物理学家合作网络的度度相关矩阵及其重标度化的矩阵的可视化

程序 11-11：

```
import matplotlib.pyplot as plt
import numpy as up
components = nx.connected_components(g)  #获取连通团
largest_component = max(components,key = len)  #找到最大的连通团所含节点
max_subgraph = g.subgraph(largest_component)  #找到最大连通团所含节点构成的子图
def cal_correlation_matrix(g):
    degs = dict(g.degree())
    max_k = max(list(degs.values()))
    emat = np.zeros((max_k + 1,max_k + 1))
    cmat = np.zeros((max_k + 1,max_k + 1))
    L = g.number_of_edges()
    for i,j in g.edges():
        ki = degs[i]
        kj = degs[j]
        emat[ki,kj] + = 1.0/2/L
        emat[kj,ki] + = 1.0/2/L
```

```
            cmat[ki,kj] += 2.0 * L/ki/kj
            cmat[kj,ki] += 2.0 * L/ki/kj
        return emat,cmat

emat_coll,cmat_coll = cal_correlation_matrix(max_subgraph)

fig,(ax1,ax2) = plt.subplots(nrows = 1,ncols = 2,figsize = (10,5),dpi = 100,
sharey = True)
ax1.imshow(emat_coll,cmap = 'hot')
ax1.set_xlabel(r'$k_0$')
ax1.set_ylabel(r'$k_1$')
ax1.set_title('Degree Correlation Matrix E')
ax2.imshow(cmat_coll,cmap = 'hot')
ax2.set_xlabel(r'$k_0$')
ax2.set_label(r'$k_1$')
ax2.set_title('Rescaled Matrix C')
plt.show()
```

程序 11-12：

```
import matplotlib.pyplot as plt
import numpy as up
components = nx.connected_components(g)  #获取连通团
largest_component = max(components,key = len)  #找到最大的连通团所含节点
max_subgraph = g.subgraph(largest_component)  #找到最大连通团所含节点构成
的子图
annd = dict(nx.average_neighbor_degree(max_subgraph))
deg = dict(nx.degree(max_subgraph))

x = {}
for i in deg:
    if deg[i] in x:
        x[deg[i]].append(annd[i])
    else:
        x[deg[i]] = [annd[i]]
x = {i:np.mean(x[i]) for i in x}

xk = np.log(np.array(list(x.keys())))
yann = np.log(np.array(list(x.values())))
A = np.vstack([xk,np.ones(len(xk))]).T
m,c = np.linalg.lstsq(A,yann)[0]
```

```
plt.figure(figsize=(8,6))
# plt.subplot(1,2,1)
plt.loglog(list(deg.values()),list(annd.values()),
'o',c='gray',alpha=0.3)
plt.loglog(x.keys(),x.values(),'rs')
plt.plot(np.e**xk,np.e**(m*xk+c),
'k-',label=r'$\gamma=%s$'%(round(-m,2)))
plt.xlabel('k')
plt.ylabel(r'$k_{nn}$',fontsize=14)
plt.show()
```

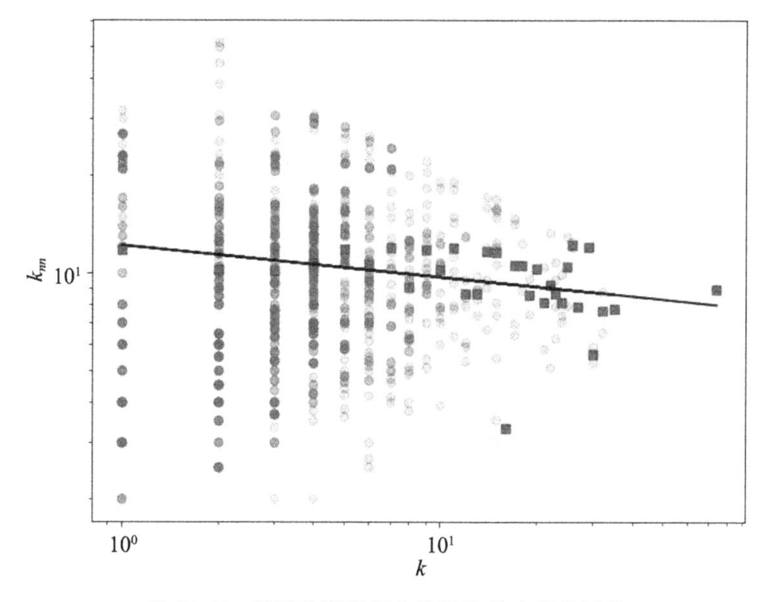

图 11-11　经济物理学家合作网络的度相关函数

程序 11-13：

```
print(
nx.assortativity.degree_assortativity_coefficient(max_subgraph)
)
```

6. 生成 GN Benchmark 并对其进行社团划分

GN Benchmark 网络是由 128 个节点构成的，这 128 个节点被平均分成 4 份，形成 4 个社团，每个社团包含 32 个节点。我们运行程序 11-14 生成了一个 GN Benchmark 网络，如图 11-12 所示，其中节点与社团内节点连边数目的期望值被设定为 14，节点与社团外节点连边数目的期望值被设定为 2，具体的编程代码如程序 11-14 所示。此外，NetworkX 还提供了基于模块度的社团划分方法和模块度的计算方法，具体的编程代码如程序 11-15 所示。

程序 11-14：

```
import random
```

```
import networkx as nx
import matplotlib.pyplot as plt

#网络生成

N = 128  #网络规模

C = 4    #社团数量

zin = 14   #社团内的连边数

zout = 2  #社团间的连边数

n = int(N/C)  #每个社团的节点数

nodes  = []
nall  = []
for a in['a','b','c','d']:
    xx  = []
    for i in range(n):
        xx.append(a + str(i))
    nodes + = xx
    nall.append(xx)

pin = 1.0 * zin/(n - 1)/2
pout  =  1.0 * zout/(3 * n - 1)/2

g  =  nx.Graph()

for nc in nall:
    for i in nc:
        for j in nc:#社团内连边
            if i = = j:
                continue
            p = random.random()
            if p<pin:
                g.add_edge(i,j)
        for j in set(nodes) - set(nc):#社团外连边
            p  =  random.random()
            if p<pout:
                g.add_edge(i,j)
```

```
#可视化网络
colors = ["r","b",'g','m']
pos = nx.layout.spring_layout(g)
plt.figure(figsize = (8,6),dpi = 100)
for i in range(len(nall)):
    nx.draw_networkx_nodes(g,pos,node_size = 200,nodelist = nall[i],node_
color = colors[i])
nx.draw_networkx_edges(g,pos,alpha = 0.3)
plt.show()
```

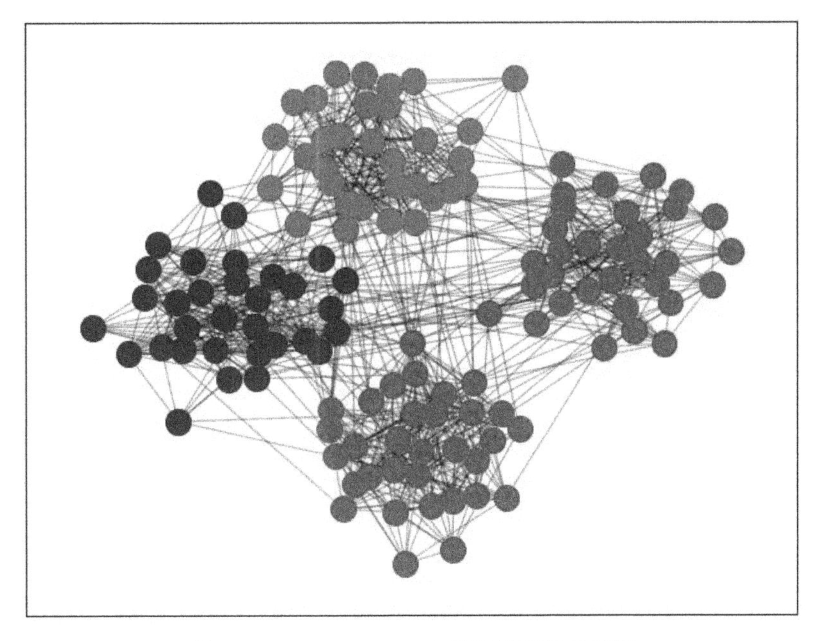

图 11-12 GN Benchmark 网络的可视化图形

程序 11-15：

```
import networkx as nx
#基于模块度的 Louvain 算法进行社团划分
comms = nx.community.louvain_communities(g,seed = 123)
print(comms) # 社团列表
modularity = nx.community.modularity(g,comms)
print(modularity) # 模块度
```

7. 网络上的传染病模型

SIR 传染病模型是复杂网络研究领域中经常使用的网络传播动力学模型。我们在网络中随机选择某个节点作为初始传播源来模拟 SIR 传播动力学，可以在网络中观测到处于不同状态的节点数目随时间的变化情况，如图 11-13 所示，具体的编程代码如程序 11-16 所示。

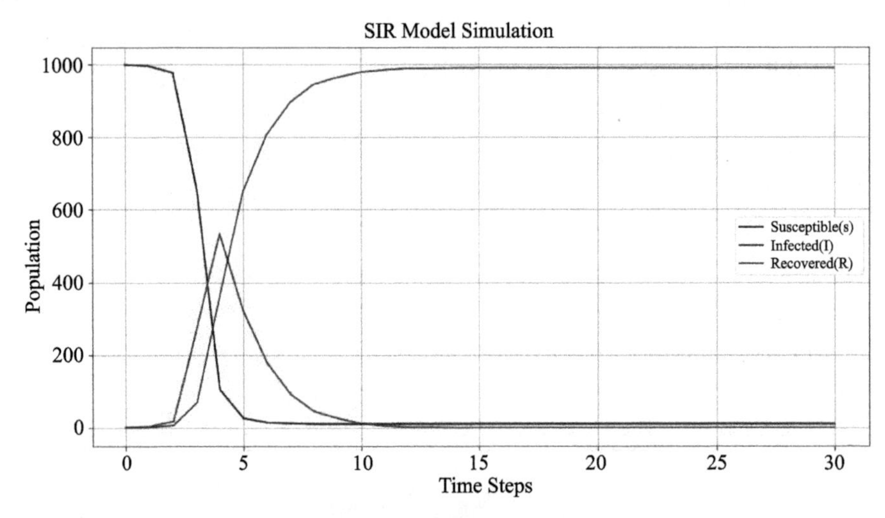

图 11-13　SIR 模型传染过程状态图

程序 11-16：

```
import networkx as nx
import numpy as np
import matplotlib.pyplot as plt
# 初始化网络和节点状态
G = nx.erdos_renyi_graph(n = 1000,p = 0.01)
# G = nx.karate_club_graph()
n = len(G.nodes())
for node in G.nodes():
    G.nodes[node]['status'] ='S'  # 所有节点初始为易感者

infected_node = np.random.choice(list(G.nodes())) # 初始化一个感染节点
G.nodes[infected_node]['status'] = 'I'  # 将选中的节点设置为感染者

beta = 0.3  # 传染率
gamma = 0.5  # 恢复率
SIR_counts = {'S':[n - 1],'I':[1],'R':[0]}  # 初始状态计数

# 模拟过程
steps = 30
for _ in range(steps):
    # 更新每个节点的状态
    for node in G.nodes():
        if G.nodes[node]['status'] = = 'I':
            # 感染者尝试传染给邻居
            neighbors = list(G.neighbors(node))
            for neighbor in neighbors:
```

```
                    if G.nodes[neighbor]['status'] == 'S' and np.random.rand() < beta:
                        G.nodes[neighbor]['status'] = 'I'
                # 感染者尝试恢复
                if np.random.rand() < gamma:
                    G.nodes[node]['status'] = 'R'

        # 计算每个状态的节点数
        SIR_counts['S'].append(sum(1 for node in G.nodes() if G.nodes[node]['status'] == 'S'))
        SIR_counts['I'].append(sum(1 for node in G.nodes() if G.nodes[node]['status'] == 'I'))
        SIR_counts['R'].append(sum(1 for node in G.nodes() if G.nodes[node]['status'] == 'R'))

    # 绘制SIR模型中3个状态随时间的变化曲线
    steps_range = range(len(SIR_counts['S']))
    plt.figure(figsize = (12,6),dpi = 100)
    plt.plot(steps_range,SIR_counts['S'],label = 'Susceptible (S)',color = 'blue')
    plt.plot(steps_range,SIR_counts['I'],label = 'Infected (I)',color = 'red')
    plt.plot(steps_range,SIR_counts['R'],label = 'Recovered (R)',color = 'green')
    plt.xlabel('Time Steps')
    plt.ylabel('Population')
    plt.title('SIR Model Simulation')
    plt.legend()
    plt.grid(True)
    plt.show()
```

8. 计算PageRank、HITS、K-shell等常见的节点重要性指标

NetwrokX为度量复杂网络中节点的重要性专门提供了一些函数，例如，可以基于nx.pagerank()函数来计算网络中节点的PageRank得分(示例代码如程序11-17所示)，基于nx.hits()函数计算网络中节点的HITS得分(示例代码如程序11-18所示)，基于nx.k_shell()函数计算网络中节点的k-shell值(示例代码如程序11-19所示)。

程序11-17：

```
import networkx as nx

G = nx.DiGraph(nx.path_graph(4))

pr = nx.pagerank(G,alpha = 0.9)

pr
```

程序11-18：

```
G = nx.path_graph(4)
```

```
h,a = nx.hits(G)
h,a
```

程序 11-19：

```
core_number = nx.core_number(G)    # 计算每个节点的 k-shell 值
# 获取网络的 k-core
k_core = nx.k_core(G,k = 2)   #所有 k-shell 不小于 2 的节点所构成的最大子图
# 获取网络的 k-shell 分解
k_shell = nx.k_shell(G,k = 2)   # k-shell 值为 2 的所有节点构成的子图
```

11.2 基于软件 Gephi 的网络可视化

Gephi 是一款基于 JVM 的开源免费跨平台的复杂网络分析软件。本节将以 Zachary 空手道俱乐部网络为例，简要介绍软件 Gephi 的使用。

11.2.1 Gephi 的安装

软件 Gephi 的下载网址为 https://gephi.org/users/download/，在该网页中能够看到不同操作系统下的 Gephi 版本，例如，Mac OS、Windows、Linux 等，供用户下载使用。在本节中，我们选择下载并安装 Windows 操作系统下的 Gephi 0.9.2 版本。在安装 Gephi 时，按照提示安装即可，如有需要还可以改变安装路径。

在软件 Gephi 安装完成后，打开软件时可能会提示“Cannot find Java 1.8 or higher”。这是由于电脑安装的 jdk 与 Gephi 版本不兼容造成的。我们可以通过在 Oracle 的官方网站 http://www.oracle.com/technetwork/java/javase/downloads/jdk8-downloads-2133151.html，下载并安装所需要的 jdk 版本来解决该问题。在完成 jdk 的安装之后，还需要更改软件 Gephi 的配置路径。在软件 Gephi 安装目录中找到 etc 文件夹下的 gephi.conf 配置文件，打开文件找到#jdkhome="/path/to/jdk"，去掉#后，将其路径改为 jdk 的安装路径，例如，jdkhome="C:\Program Files (x86)\Java\jre1.8.0_181"。在完成这一系列操作后，软件 Gephi 就可以正常使用。

11.2.2 Zachary 空手道俱乐部网络的可视化

软件 Gephi 的操作步骤大致分为以下 5 步：导入数据、计算网络的基本统计量、节点以及连边的外观改变、布局、预览并输出可视化图形。

1. 导入数据

软件 Gephi 主要导入 CSV 格式类型的表格数据，主要包括边表格数据和节点表格数据，其中边表格数据主要包含了网络中的边信息，如每条边的源节点(Source)、目标节点(Target)、边的类型(Type)、边的 Id、边的标签(Label)、边的权重(Weight)等。节点表格数据主要包含网络中节点的信息，如节点的 Id、节点的标签(Label)、节点的社团编号(Community Id)等。在边表格中，边的源节点、目标节点、边的类型这 3 列信息是必需的，其他信息可以根据需要添加使用，边的类型可以是有向的(Directed)，也可以是无

向的(Undirecled)。此外，边和节点的标签不仅可以是数字，还可以是字符串。

首先根据 Zachary 空手道俱乐部网络的节点以及连边信息生成所需要的边表格数据以及节点表格数据，然后将这两个表格数据导入软件 Gephi。选择 Gephi 菜单栏中的“文件”—“新建项目”选项，然后单击“数据资料”按钮会弹出“数据表格”对话框，再单击“数据表格”中的“输入电子表格”按钮，找到边表格数据，完成导入。我们可以根据需要选择不同类型的分隔符以及字符集，在此默认使用现在的分隔符以及字符集，然后单击“下一步”按钮，完成数据的导入。我们接着单击“输入电子表格”按钮，导入节点表格。

在向软件 Gephi 导入 Zachary 空手道俱乐部网络的数据之后，我们单击“概览”按钮，可以看到初始网络的效果，如图 11-14 所示。此时可以滚动鼠标滑轮，对图像进行放大或缩小，还可以通过直击将可视化图形进行拖动。

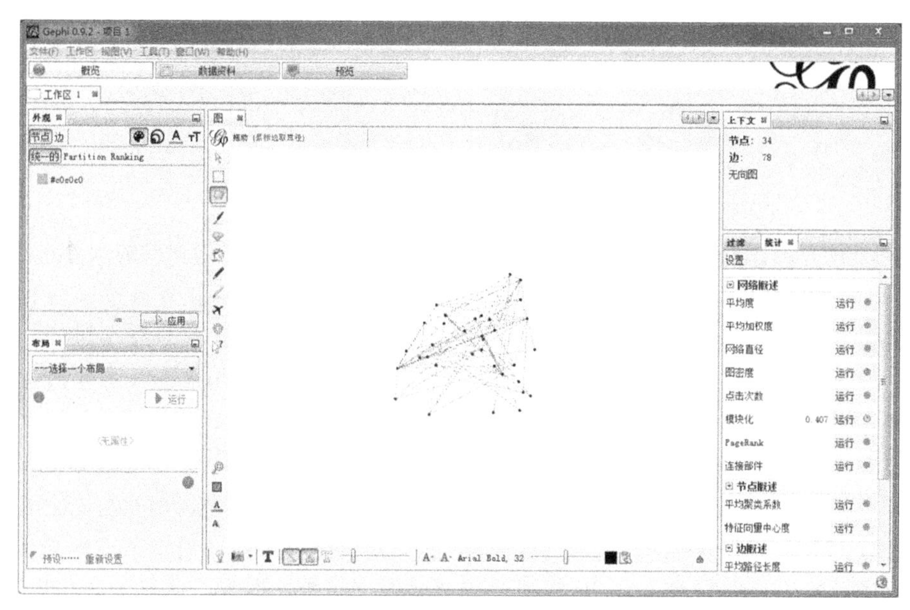

图 11-14 网络的初始可视化图形

2. 计算网络的基本统计量

我们通过计算一些网络的描述性统计量来认识一个网络的拓扑结构，例如，网络的平均度、平均集聚系数、平均路径长度等。在软件 Gephi 的“概览”界面中的“统计”板块可以看到这些统计量，并通过单击“运行”按钮来实现相应的计算。在“统计”板块主要包括网络概述、节点概述、边概述、动态 4 部分内容。其中对于静态网络，我们仅需要关注前 3 部分内容。“网络概述”主要是用来描述整体网络的基本统计特性。“节点概述”以及“边概述”包括节点的聚类系数、特征向量中心度以及基于距离的各种中心性指标。单击“运行”按钮后的问号图标，可以查看相应的报告。此外，我们根据这些统计量还能改变节点及连边的外观，在下面我们会做简要介绍。

3. 节点以及连边的外观改变

在软件 Gephi“概览”界面中的“外观”板块，我们可以改变节点的颜色、大小及其标签颜色以及标签尺寸，也可以改变连边的颜色及其标签颜色以及标签尺寸，如图 11-15 所示。首先对于设定节点的颜色有 3 种方式，分别是“统一的”“Partition”和“Ranking”。“统一的”是指所有节点的颜色会统一设定为某一种颜色。“Partition”可看作一种归类，它把统计量值相同的节点赋予相同的颜色。“Ranking”是根据计算的某一种统计量的值将节点进行排序，根据不同的排序位置赋予不同的颜色。同理对于设置节点的标签颜色、连边及其标签颜色也有3种操作方式。

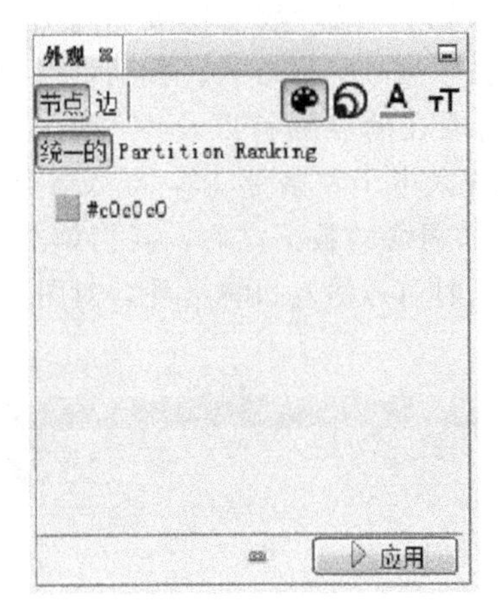

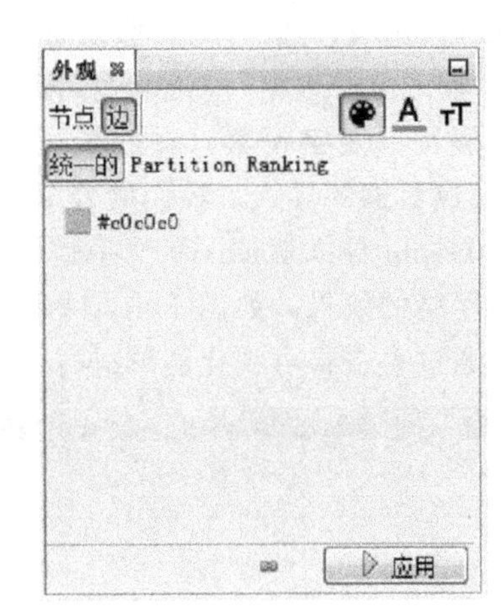

图 11-15　节点及连边的外观改变

其次，我们可以通过“统一的”和“Ranking”这两种方式来设定节点的大小。其中“统一的”是指为所有节点设置相同的尺寸，而“Ranking”是指先将所有节点按某一种统计量排序，先设定排名第一位的节点的最大尺寸以及排名最后一位节点的最小尺寸，其余节点的尺寸按排序分布于最小尺寸和最大尺寸之间。同理对于节点标签以及连边标签的尺寸也有类似的操作。

假设在软件Gephi的“统计”板块已完成网络平均度和模块度的计算。首先设定节点的颜色，按节点的“Modularity Class”属性以“Partition”的方式设定其颜色，单击“应用”按钮。其次设定节点的大小，按节点的度值以“Ranking”的方式设定其大小，设定节点的最大尺寸为50，最小尺寸为10。最后单击“应用”按钮，可得到新的可视化图形，如图11-16所示。

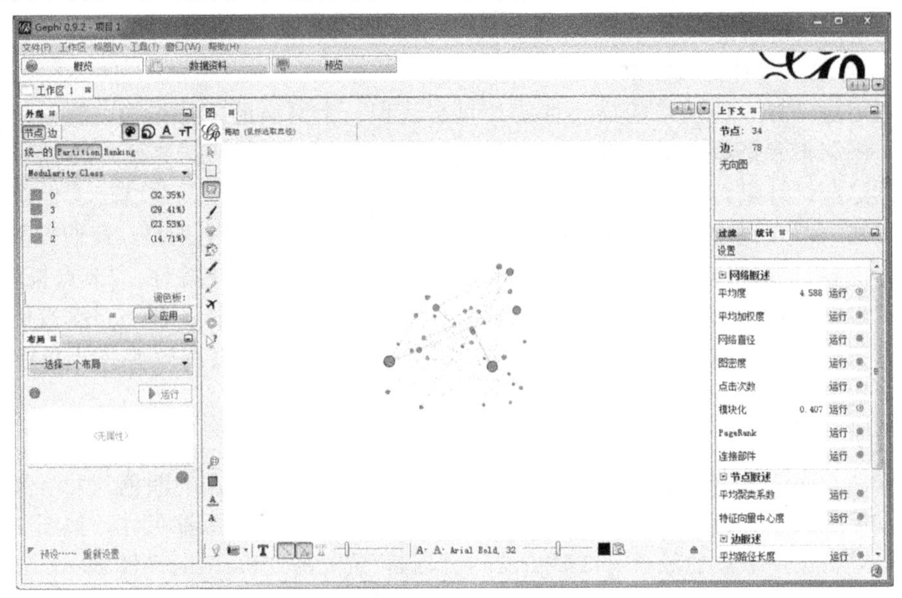

图 11-16　改变节点颜色及大小后的可视化图形

4. 布局

在图 11-16 中，可以看到可视化图形中的节点杂乱无章地排布，而软件 Gephi 中“概览”界面的布局板块可以用来美化可视化图形，对其进行排版。软件 Gephi 的布局板块提供了 12 种布局算法，如图 11-17 所示。每种布局算法都有自己的参数，通过调整这些参数将会产生不同的布局效果，其中“Yifan Hu”是我们经常使用的布局算法。根据需要选择合适的布局算法，然后默认使用算法当前的参数或调整参数，单击“运行”按钮即可看到布局效果。通过布局方式，使可视化图形变得美观。再对图 11-16 中的图形使用“Yifan Hu”布局方式，得到新的可视化图形，如图 11-18 所示。

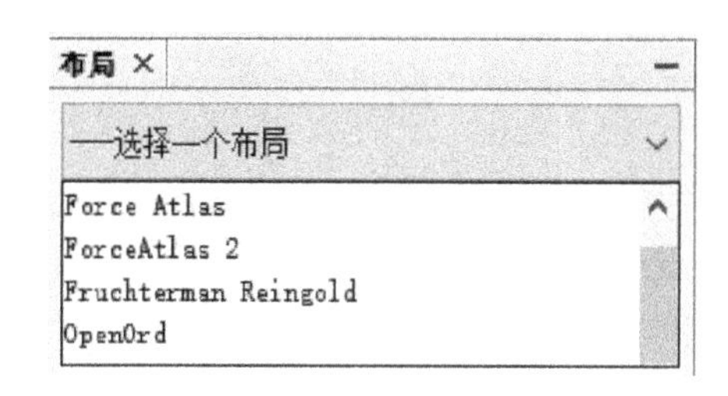

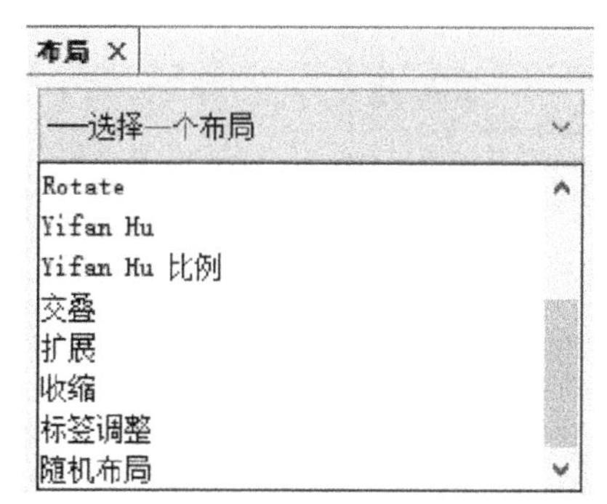

图 11-17 Gephi 的布局板块

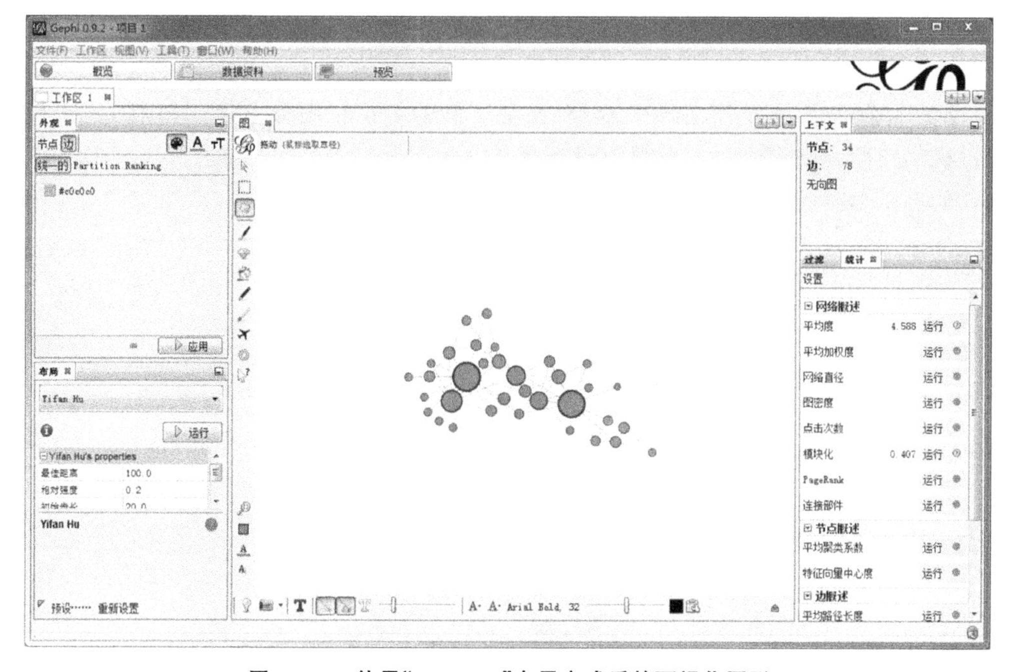

图 11-18 使用“Yifan Hu”布局方式后的可视化图形

此外，在软件 Gephi 中“概览”界面“图”板块的左方和下方有很多编辑工具，如图 11-19 所示，可以借助这些工具对图形进行进一步美化。每个编辑工具都自带特有功能，如节点的拖动、节点的放大缩小、节点的颜色调整、边粗细调整以及标签的编辑等。

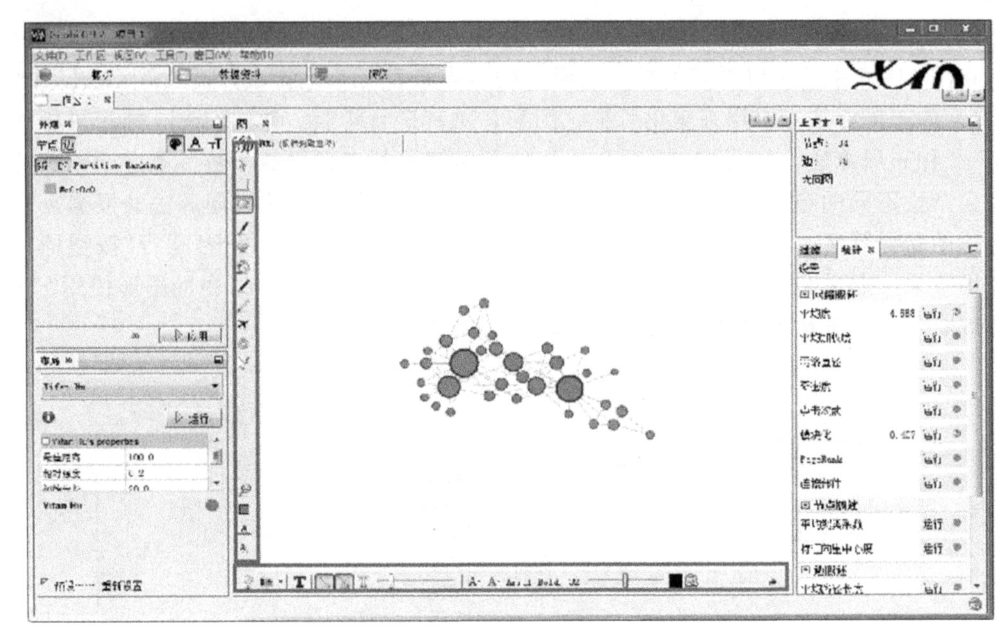

图 11-19　Gephi 中的编辑小工具

5. 预览并输出可视化图形

在“预览”界面，单击“刷新”按钮，就能够看到新的可视化图形，如图 11-20 所示。在该可视化图形中，节点和连边没有显示标签，并且连边是弯曲的。在“预览设置”中，可以对节点、节点标签、边、边箭头、边标签等内容进行调整，改善图形的效果。在完成“预览设置”中的相关设置后，单击“刷新”按钮，新的可视化图形出现，如图 11-21 所示。当对可视化图形调整完成后，就可以选择将图形输出，单击左下角的“SVG/PDF/PNG”按钮，就可以选择输出这 3 种类型的可视化图形。

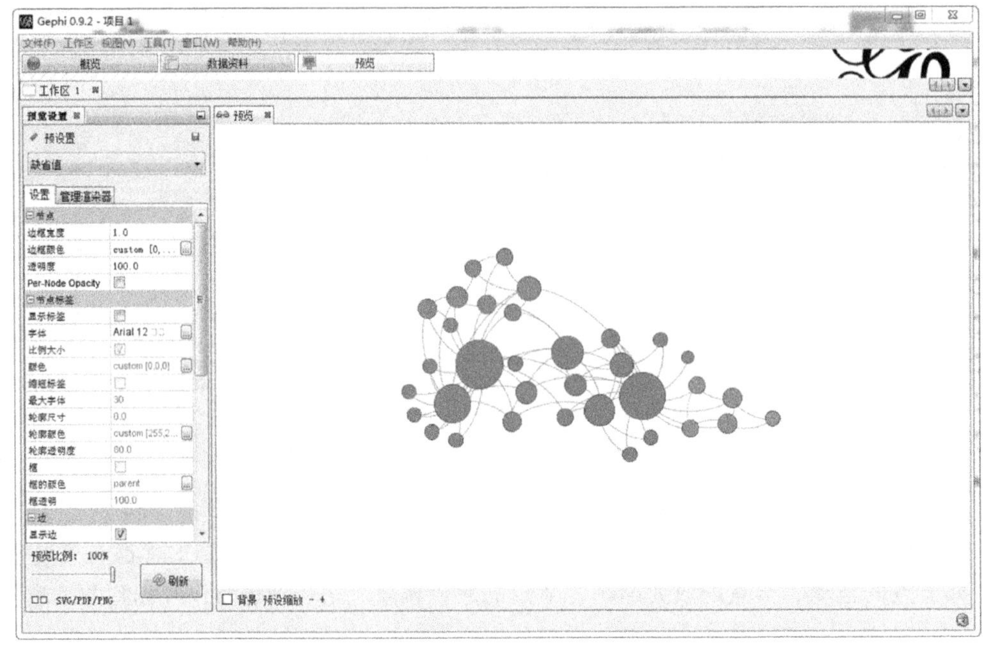

图 11-20　“预览”界面中的初始可视化图形

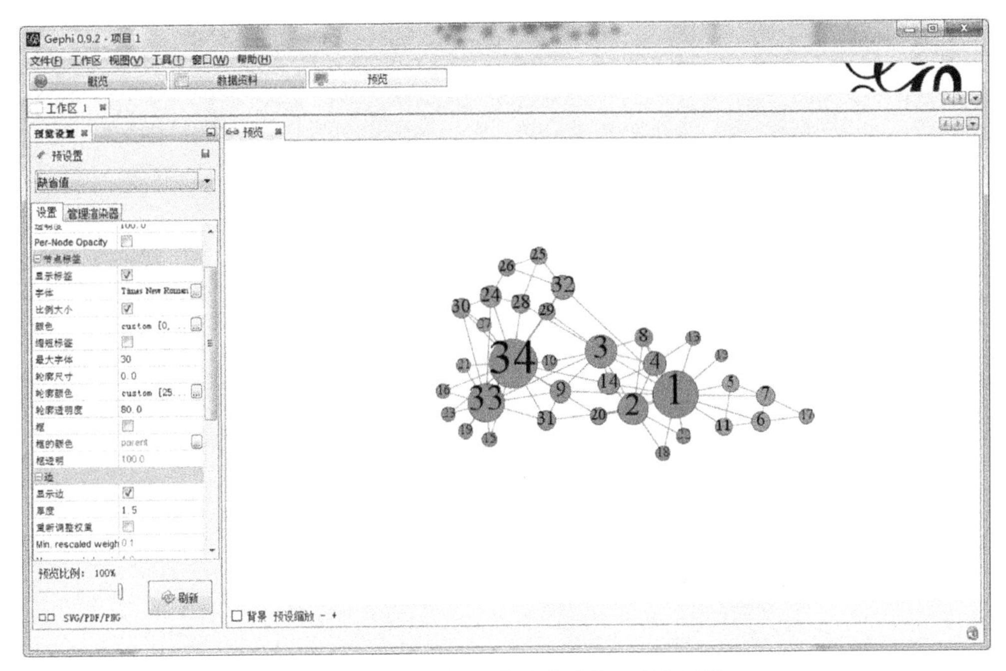

图 11-21 “预览”设置完成后的可视化图形